U0299484

SUPPLEMENTARY
CEMENTITIOUS MATERIALS USED FOR
CONCRETE

混凝土
辅助胶凝材料

第2版
SECOND EDITION

刘数华 冷发光 王军 著

人民交通出版社股份有限公司
北京

内 容 提 要

本书是在 2010 年第 1 版的基础上的修订再版。主要介绍了石灰石粉、天然火山灰、硅灰、玻璃粉、稻壳灰、烧结黏土砖粉、粉煤灰、矿渣及磷渣粉等九种辅助胶凝材料的组成、结构特性等，并重点介绍了不同辅助胶凝材料在混凝土中的作用机理、对混凝土性能的具体影响以及应用技术等内容。

本书体系完整、内容全面，配有大量的应用实例，可作为建筑企业、混凝土生产企业的工具书，以及混凝土专家、学者、高校师生的科研和教学参考用书。

图书在版编目(CIP)数据

混凝土辅助胶凝材料/刘数华,冷发光,王军著
. —2 版. —北京:人民交通出版社股份有限公司,
2020.12

  ISBN 978-7-114-16829-1

Ⅰ.①混… Ⅱ.①刘…②冷…③王… Ⅲ.①混凝土
—胶凝材料 Ⅳ.①TU528.044

中国版本图书馆 CIP 数据核字(2020)第 167473 号

Hunningtu Fuzhu Jiaoning Cailiao

书　　　名:	**混凝土辅助胶凝材料**(第 2 版)
著 作 者:	刘数华　冷发光　王　军
责任编辑:	刘彩云
责任校对:	孙国靖　扈　婕
责任印制:	张　凯
出版发行:	人民交通出版社股份有限公司
地　　　址:	(100011)北京市朝阳区安定门外外馆斜街 3 号
网　　　址:	http://www.ccpcl.com.cn
销售电话:	(010)59757973
总 经 销:	人民交通出版社股份有限公司发行部
经　　　销:	各地新华书店
印　　　刷:	北京印匠彩色印刷有限公司
开　　　本:	787×1092　1/16
印　　　张:	17.5
字　　　数:	413 千
版　　　次:	2010 年 6 月　第 1 版
	2020 年 12 月　第 2 版
印　　　次:	2020 年 12 月　第 1 次印刷
书　　　号:	ISBN 978-7-114-16829-1
定　　　价:	98.00 元

前　言

出于经济、技术和生态等方面的考虑,辅助胶凝材料已成为混凝土必需的第六组分。粉煤灰、硅灰、矿渣等已广泛地应用于不同混凝土工程中,不仅获得了良好的经济效益和环境效应,而且还因改善了混凝土的诸多性能,产生了巨大的技术效益。由于我国仍然处于工业化、城镇化快速发展期,基础设施建设规模宏大,使得水泥和混凝土用量非常大。加上混凝土应用技术的进步,对辅助胶凝材料在混凝土中的作用机理和应用效果认识逐渐深化,目前在混凝土中掺入辅助胶凝材料已经是配制混凝土,尤其是配制高性能混凝土不可缺少的技术手段。这一方面促进了混凝土技术的进步,另一方面又导致很多地区的优质掺合料(辅助胶凝材料),如优质粉煤灰、矿渣粉等非常紧缺,需要开发更多、更适合的可以替代水泥的辅助胶凝材料。近年来,石灰石粉、玻璃粉、磷渣等辅助胶凝材料受到空前的重视,与其相关的开发利用技术也取得了长足的进步。

本书于 2010 年首次出版,主要介绍了石灰石粉、天然火山灰、粉煤灰、硅灰、矿渣和磷渣粉等六种辅助胶凝材料在混凝土中的作用机理、对混凝土性能的影响以及应用技术等。本次修订再版主要是根据作者近几年的研究成果,结合国内外对辅助胶凝材料的研究和应用情况,增加了玻璃粉、稻壳灰及烧结黏土砖粉三种辅助胶凝材料,并对原有章节进行了补充完善,如第一章石灰石粉增加了酸性侵蚀、第七章粉煤灰增加了低品质粉煤灰和粉煤灰微珠等内容,其他各章也做了较大的修改、补充和完善。

本书由武汉大学刘数华教授、中国建筑科学研究院冷发光研究员和中建西部建设股份有限公司王军教授级高级工程师共同撰写,书中涵盖了三人多年来的研究成果,得到了国家重点研发课题(2018YFC1801704)、国家自然科学基金资助项目(51208391)、高等学校博士学科点专项科研基金资助项目(200804861060)以及水资源与水利工程科学国家重点实验室(武汉大学)的支持。清华大学阎培渝教授、武汉大学方坤河教授等也给予了热诚的帮助。我的学生高志扬、谢国帅、孔亚宁、代瑞平、王淑、王露、王志刚、李鑫、胡宁宁、曹可杰、魏建鹏、巫美强、王浩、葛宇川、方佩佩、欧阳嘉艺、任志盛等也参与了大量的文献调研、试验及校稿等工作。在此,深表感谢!

由于作者水平有限,难免有疏漏和不当之处,敬请读者批评指正。

刘数华

2020 年 5 月于武汉大学

目　　录

绪论

混凝土是当今世界上用量最大、用途最广的人造材料。由于其原材料丰富、可就地取材、价格低廉、制备简单、塑型方便、相对耐久性好、维护费低等不可取代的优点,在可预见的未来,混凝土仍将是主要的建筑材料。目前,我国水泥产量和混凝土用量均居世界首位。

最初,混凝土生产的原材料主要有三种:水泥、粗细骨料和水。其中,水泥几乎都是硅酸盐水泥。之后,为了提高新拌混凝土或硬化混凝土的某些性能,在拌合物中加入少量的化学物质,通常称作化学外加剂。随后,一些其他材料(天然的无机材料)也开始加入混凝土拌合物中。掺用这些材料的最初原因主要是出于经济性考虑:因其通常是天然矿物、工业生产中的副产品或固体废弃物,均较硅酸盐水泥便宜。在混凝土中掺用这些辅助材料可降低混凝土生产的能源成本,而近年来对生态环境的关注进一步推动了这些辅助材料的应用。一方面,硅酸盐水泥的生产对生态环境有害,不仅需要开采矿石,消耗大量的石灰石、燃煤和电能,还将向大气排放大量的可导致温室效应的 CO_2 气体和煤炭不完全燃烧过程中产生的 CO 或 NO 等;另一方面,大量工业固体废弃物(如粉煤灰、矿渣或磷渣等)如不及时处理将会对周边生态环境和地下水等造成污染,并且占用大量土地。

与以往不同,如今在混凝土中掺用辅助材料不仅仅出于经济原因,还因为它们赋予了混凝土不同的优异性能。很多时候,掺用辅助材料主要是因为改善混凝土性能的需要,而经济利益方面的考虑已经不是主要的,如大体积混凝土、自密实混凝土、海工混凝土等。在很多国家,大多数混凝土含有至少一种辅助材料。如前所述,该材料以前定义为"辅助材料",且用于配制混凝土时具有一定的胶结性,有时表述为具有活性(火山灰性或者潜在水硬性)。但在不同的文献中,该术语仍未统一。这些辅助材料如果用于生产水泥,则称为混合材料;如果直接加入混凝土中,则称为混凝土掺合料或矿物掺合料。不管是哪种添加方式,辅助材料在混凝土中的作用机理都是一样的。因此,可以称之为水泥替代材料或辅助胶凝材料,通常有助于混凝土强度的获得。

实际上,在这些材料中,有的具备胶结性,有的具备潜在胶结性,还有其他的一些主要是通过物理作用来提高混凝土的强度。表 0-1 描述不同胶凝材料的胶结性,可以看出,很难将水硬性(即纯粹的胶结性)区分出来。所有的胶凝材料有一共性:它们至少具有和硅酸盐水泥颗粒类似的细度,有时还更细。但在其他方面却大有不同,主要取决于它们的来源、化学成分及物理特性(如表面结构或相对密度)。辅助胶凝材料的掺量有很大的不同,有的较低,有的较高,甚至是胶凝材料的主要部分,这取决于其活性的大小和应用的目的。

不同胶凝材料的胶结性   表 0-1

材　　料	胶　结　性
硅酸盐水泥熟料	完全胶结性(水硬性)
磨细高炉矿渣	潜在水硬性,部分水硬性
天然火山灰(N 类)	掺入硅酸盐水泥中具有潜在水硬性(火山灰活性)
硅质粉煤灰(F 类)	掺入硅酸盐水泥中具有潜在水硬性(火山灰活性)
高钙粉煤灰(C 类)	掺入硅酸盐水泥中具有潜在水硬性(火山灰活性),但自身也具备较小的水硬性
硅灰	掺入硅酸盐水泥中具有潜在水硬性(火山灰活性),但物理作用很大
钙质填料	主要表现为物理作用,但掺入硅酸盐水泥中具有较低的潜在水硬性
其他填料	化学惰性,只具备物理作用

实际上,术语"胶凝材料"一般指除骨料极细颗粒之外的所有粉体材料,有时根据其品种和应用目的,在配合比设计时做不同的处理(如内掺和外掺处理方式有区别)。有些胶凝材料自身具有水硬性,即材料自身可以水化并提高混凝土的强度;或者具有潜在水硬性,它们能与拌合物中共存的水泥水化产物发生化学反应,进而表现出水化活性。但也有第三种可能,这些胶凝材料基本上呈化学惰性,但对其他材料的水化有催化作用(即促进成核和提高水泥浆的密实度)或对新拌混凝土的性能有物理作用。

本书将结合作者多年来的研究成果,对石灰石粉、天然火山灰、硅灰、玻璃粉、稻壳灰、烧结黏土砖粉、粉煤灰、矿渣及磷渣粉等九种不同的辅助胶凝材料在混凝土中的作用机理、对混凝土性能的影响以及应用技术等进行介绍。

第 1 章　石灰石粉

1.1　概述

我国水泥总产量几乎占到全球水泥总产量的"半壁江山",并且保持着很高的增长速度。2020年,我国水泥总产量23.77亿t,占世界水泥总产量的一半以上。但是,在国内水泥产能快速增长的背后,却有着一个不容回避且日益凸显的问题,那就是水泥工业的高能耗和高污染问题。由水泥生产带来的高碳排放,对环境造成严重污染;同时还消耗了大量资源,石灰石、煤大量使用,造成资源短缺。

为了解决水泥工业带来的能耗和污染问题,除了改良水泥的生产工艺外,最有效的方法是减少硅酸盐水泥熟料的用量,即掺入大量的矿物掺合料作为辅助胶凝材料。例如,现行欧洲标准《水泥——普通水泥的组分、规范和相符性标准》(BS EN 197-1)复合水泥中矿物材料组分最高可达60%~80%。更为常见的是将大量矿物掺合料掺入混凝土中,用作混凝土的辅助胶凝材料,特别是大体积混凝土中,辅助胶凝材料的掺量最高可达50%~70%。这些矿物掺合料多为工业废渣或磨细石粉,将它们与硅酸盐水泥熟料共同组成复合胶凝材料,不仅可以减少污染、节约熟料,还能改善复合胶凝材料的诸多性能,已成为配制高性能混凝土的必备组分。

粉煤灰是当前应用最广、用量最大的辅助胶凝材料,部分取代硅酸盐水泥熟料后,不仅节约了水泥熟料,还能够改善混凝土的各项性能(如新拌混凝土的工作性和硬化混凝土的强度、体积稳定性及耐久性等)。然而,由于近几十年来国内外各项基础和民用设施建设的迅速发展,逐渐面临粉煤灰紧缺的问题;而且,还有一些国家和地区(如邻国柬埔寨、我国西南部分省市)本身就没有粉煤灰,从外地长距离运输粉煤灰必将大大提高混凝土的成本、增加工程造价。因此,必须尽快找到一种容易获取、优质廉价的新型辅助胶凝材料。

《通用硅酸盐水泥》(GB 175—2007)中允许加入一定量的石灰石粉(Limestone Powder,LP)作为非活性混合材料。美国 *Admixtures for Concrete and Guide for Use of Admixtures in Concrete*(AC I212.1R-81)也指出石灰石粉可以用作混凝土的辅助胶凝材料。传统观点认为,磨细石灰石粉是一种惰性材料,细度很小,可与水泥等共同组成复合胶凝材料用于混凝土中,补充混凝土中缺少的细颗粒,减少泌水和离析,改善混凝土的和易性。

石灰石粉是一种容易得到且廉价的材料,骨料的加工过程中也会带来大量石粉,如果不加以利用,不仅要占用场地堆放,而且会对环境造成污染。如果能将其稍做加工,作为辅助胶凝材料使用,替代日益紧缺的粉煤灰和价格相对昂贵的硅灰或矿渣,对于解决实际工程中的原材料紧缺问题、降低工程造价和保护环境等将具有重大的现实意义,将有效推动混凝土的可持续性发展,是绿色建材的重要发展方向之一。

石灰石粉主要指石灰岩经机械加工后的颗粒小于 $80\mu m$ 的微细粒。目前,在混凝土材料中,对石灰石粉的使用主要有两个方面:一是用石灰石粉取代部分细骨料,二是将石灰石粉作为辅助胶凝材料使用。

在我国,普定、岩滩、江垭、汾河二库、白石、黄丹等水电工程中均采用石灰石粉取代部分细骨料,取得了良好的效果。石灰石粉在一定掺量范围内可起到填充密实和微集料效应,能明显改善新拌混凝土的和易性,而对混凝土的凝结时间几乎没有影响;可提高混凝土的强度和抗渗性能,还可减少水泥用量 $30 \sim 50kg/m^3$;从温控角度考虑,可以降低 $3 \sim 5℃$ 绝热温升,这对于减小温度应力、提高混凝土抗裂能力是非常有利的。

龙滩、漫湾、大朝山、小湾等水电工程中,采用石灰石粉作为辅助胶凝材料取代部分水泥,也得到了成功应用。例如,龙滩水电站中采用石灰石粉取代 25% 的粉煤灰,共同作为混凝土辅助胶凝材料,对碾压混凝土 VC 值的影响不大,而抗压强度、抗拉强度和抗渗性能也能得到保证。

陈改新等曾提出研究水泥、粉煤灰和石灰石粉三元复合胶凝材料。水泥、粉煤灰和石灰石粉三者颗粒间发生"填充效应",颗粒间的空隙减小,使空隙水减少,自由水增加,则浆体的流变性增大。通过试验提出优化配合比:水泥 34%、磨细锰铁矿渣 23% 和石灰石粉 43% 组成的三元复合胶凝材料。

2005 年,在长沙市举办的第一届国际自密实混凝土设计、性能和应用研讨会上,很多与会专家在配制自密实混凝土时掺入大量石灰石粉,掺量最高达到 $300kg/m^3$。石灰石粉的掺入不仅节约了大量水泥,还有效改善了自密实混凝土的性能。石灰石粉取代部分水泥可以降低混凝土的用水量,提高新拌混凝土的流动性,使其能够自流平、自密实;可以调节硬化混凝土的强度,既能配制高强度等级自密实混凝土,也能配制低强度等级自密实混凝土,特别是低强度等级自密实混凝土将有广阔的应用前景;可以降低混凝土的干缩,提高混凝土的徐变;可以降低水粉比,随着水粉比的减小,氯离子的扩散深度也将降低……总之,石灰石粉能够改善混凝土的多种性能,可以用作辅助胶凝材料。

但是,在对石灰石粉活性的认识上存在一个误区,认为石灰石粉属于惰性材料。辅助胶凝材料的活性实际上体现在两个方面:物理方面的填充效应和化学方面的活性效应。多数研究只认识到石灰石粉的物理填充效应,而对其化学方面的活性缺乏足够认识。

多数研究认为石灰石粉属于惰性材料,之所以能在混凝土中起到积极作用,主要是因为它具有微集料效应。得出这样结论的主要原因可能有两方面:

(1)采用的石灰石粉粒径较大,通常以 $80\mu m$ 或 0.16mm 为衡量指标,按照纳米材料的观点,随着粒径减小,比表面积大大增加。庞大的比表面积,使得处于表面的原子数越来越多,键态严重失配,同时表面能迅速增加,使这些表面原子具有高的活性,出现许多活性中心,极不稳定,很容易与其他原子结合。因而,把石灰石粉磨得更细将有可能观察到它的水化活性。

（2）水化环境的影响,石灰石粉需要一定的环境和足够的水化时间才能发生水化反应。

1.2 石灰石粉的基本特性

石灰石粉由石灰岩磨细加工而得,石灰岩属沉积岩类,俗称"青石",是一种在海、湖盆地中生成的沉积岩。大多数为生物沉积,主要由方解石微粒组成,常混入白云石、黏土矿物或石英。按混入矿物的不同,可分为白云质石灰岩、黏土质石灰岩、硅质石灰岩等。岩石呈多种颜色,有黑色、深灰色、灰色或白色。致密块状,遇稀冷盐酸剧烈起泡。石灰岩是烧制石灰的主要原料,在冶金、水泥、玻璃、制糖、化纤等工业生产中都有广泛的用途。白垩是石灰岩的特殊类型,为一种白色的、疏松的土状岩石,主要由粉末状的方解石组成,外貌似硅藻土,遇酸不起泡,是石灰和水泥的原料。

表1-1列出了石英岩、花岗岩、石灰岩和大理石的一些基本性能。其中,石灰岩和花岗岩是目前使用最广泛的骨料类型,与花岗岩相比,石灰岩的强度明显偏低,而其他性能较为接近。也正是由于石灰岩强度较低,很容易将其磨细加工成石灰石粉,粉磨能耗和加工成本较低,经济上可行。

几种岩石的基本性能   表1-1

性　　能	石英岩	花岗岩	石灰岩	大理石
抗压强度（MPa）	210	150	98	95
抗拉强度（MPa）	15	14	11	11
弹性模量（GPa）	110	75	60	64
断裂能（N/m）	125	110	119	115
线膨胀系数（$\times 10^{-6}$/℃）	11 ~ 13	7 ~ 9	6	4 ~ 7
热传导性[$W/(m^2 \cdot K)$]	—	3.1	3.1	—
比热[$J/(kg \cdot ℃)$]	—	800	—	—

表1-2为石灰石粉的化学成分和物理性质。由该表可以看出,石灰石粉的主要成分是$CaCO_3$,需水量比为92%,具有较高的减水作用。

石灰石粉的化学成分和物理性质   表1-2

化学成分（%）					物理特性
SiO_2	Al_2O_3	Fe_2O_3	CaO	MgO	表观密度（g/cm³）
2.50	0.60	0.36	54.03	0.54	2.73
TiO_2	SO_3	K_2O	Na_2O	烧失量	需水量比（%）
0.05	0.01	0.096	0.084	41.59	92

图1-1为石灰石粉的颗粒形貌。可以看出,石灰石粉基本上呈无规则几何结构,并拥有一定的级配,用作混凝土粉体材料时,具有良好的填充效果。

图 1-1 石灰石粉的颗粒形貌

图 1-2 和图 1-3 为石灰石粉、粉煤灰和水泥颗粒的区间百分含量和累计百分含量的激光粒度分析结果,其中水泥为 42.5 级普通硅酸盐水泥,粉煤灰为一级粉煤灰。对比这两张图,可明显看出,石灰石粉的颗粒粒径基本上都在 10.0μm 以下,比粉煤灰颗粒更细,而水泥的颗粒粒径最大,且细颗粒较少。

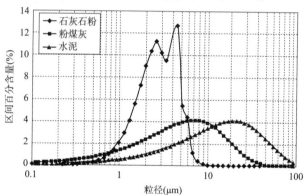

图 1-2 石灰石粉、粉煤灰和水泥颗粒的区间百分含量

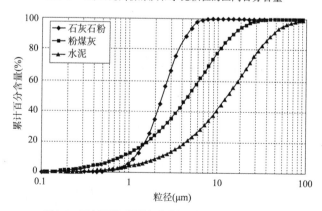

图 1-3 石灰石粉、粉煤灰和水泥颗粒的累计百分含量

1.3　石灰石粉的强度效应

　　石灰石粉可以单独与水泥组成二元体系复合胶凝材料,也可以再掺入其他辅助胶凝材料(如粉煤灰、矿渣、硅灰等),组成三元或多元体系复合胶凝材料。此处,主要针对石灰石粉—水泥二元体系复合胶凝材料和石灰石粉—粉煤灰—水泥三元体系复合胶凝材料进行介绍。

　　试验中,除了使用石灰石粉(Limestone Powder,LP)、粉煤灰(Fly Ash,FA)和水泥(Cement,C)以外,还使用了其他一些原材料,主要有磨细矿渣(Slag,SL)、聚羧酸减水剂 Glenium Ace 68(Superplasticizer,SP)、砂(Sand,S)和粒径 5~20mm 碎石(Gravel,G)。

1.3.1　石灰石粉—水泥二元体系复合胶凝材料

1)试验及初步分析

　　为了研究石灰石粉对复合胶凝材料强度的影响,设计系列胶砂试验配合比,见表1-3。试验以水泥和石灰石粉共同构成胶凝材料,总量为450g,通过变换石灰石粉的掺量(0%~60%)来研究它对复合胶凝材料强度的影响。砂和水(Water,W)的用量分别固定为1350g和225g。

石灰石粉—水泥二元体系复合胶凝材料的胶砂试验配合比　　　　表 1-3

编　号	C(g)	LP(g)	LP(%)	S(g)	W(g)
LP-0	450	0	0	1350	225
LP-10	405	45	10	1350	225
LP-20	360	90	20	1350	225
LP-30	315	135	30	1350	225
LP-40	270	180	40	1350	225
LP-50	225	225	50	1350	225
LP-60	180	270	60	1350	225

　　根据表1-3的配合比成型胶砂试件,按照《水泥胶砂流动度测定方法》(GB/T 2419—2005)测试流动度,按照《水泥胶砂强度检验方法》(GB/T 17671—1999)进行标准养护和测定抗压强度与抗折强度,试验结果见表1-4。

石灰石粉—水泥二元体系复合胶凝材料的胶砂试件性能　　　　表 1-4

编　号	胶砂流动度 f (mm)	抗压强度 R_c(MPa)					抗折强度 R_f(MPa)				
		7d	28d	90d	180d	365d	7d	28d	90d	180d	365d
LP-0	161	39.7	53.6	58.2	70.9	75.6	7.48	8.65	9.63	10.61	11.02
LP-10	174	36.2	48.2	56.3	68.6	71.1	6.56	8.65	9.13	10.53	10.91
LP-20	180	32.0	45.6	52.4	61.3	67.3	6.19	8.23	9.20	9.73	9.62
LP-30	183	27.2	40.4	43.9	52.6	58.2	5.36	7.58	8.58	8.91	9.43

续上表

编 号	胶砂流动度 f（mm）	抗压强度 R_c（MPa）					抗折强度 R_f（MPa）				
		7d	28d	90d	180d	365d	7d	28d	90d	180d	365d
LP-40	190	19.4	32.4	38.4	43.6	44.1	4.14	6.55	8.00	8.32	8.87
LP-50	193	12.8	21.0	31.1	32.0	38.1	2.88	5.58	7.33	7.45	7.86
LP-60	202	8.3	16.3	20.3	23.3	30.9	1.93	3.90	5.80	5.92	6.54

由表1-4可以看出,由于石灰石粉的需水量为92%,具有减水作用,随着石灰石粉掺量的增加,在用水量相同的情况下,可以较大幅度地提高胶砂流动度,并可由回归分析法得出胶砂流动度(f)与石灰石粉掺量(LP)之间的关系式:

$$f = 0.61LP + 164.96 \quad (R^2 = 0.964) \tag{1-1}$$

图1-4为石灰石粉掺量与胶砂试件抗压强度的关系曲线图。可以看出,抗压强度随龄期而增大,随石灰石粉掺量的增加而降低。但是,石灰石粉掺量在30%以内时,抗压强度的降低幅度较小;超过该掺量时,下降幅度加大。

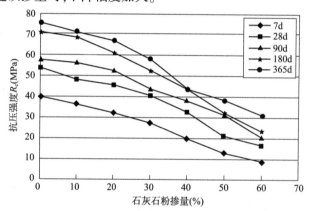

图1-4 石灰石粉掺量与胶砂试件抗压强度的关系曲线图

石灰石粉掺量对胶砂试件抗折强度的影响规律与抗压强度相似,如图1-5所示,抗折强度随龄期而增大,随着石灰石粉掺量的增加而降低;石灰石粉掺量在30%以内,对抗折强度的影响较小。

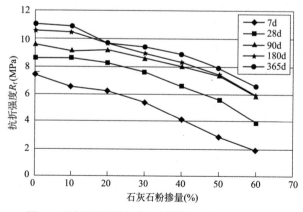

图1-5 石灰石粉掺量与胶砂试件抗折强度的关系曲线图

E Ringot 等认为改善混凝土的抗裂性最重要的是降低其脆性。脆性系数一般定义为混凝土的抗压强度与抗拉强度(或抗折强度、劈拉强度)之比,其值越小,混凝土脆性越小,韧性越大,抗裂性越好。此处定义胶砂试件的脆性系数为抗压强度与抗折强度之比,相应地绘出石灰石粉掺量与胶砂试件脆性系数的关系曲线图,如图 1-6 所示。显然,脆性系数随着石灰石粉掺量的增加而减小,这说明石灰石粉能够有效降低材料的脆性,对其抗裂性能有益。

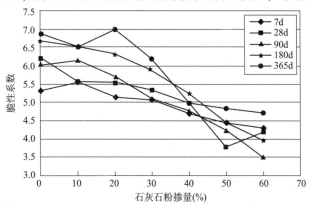

图 1-6　石灰石粉掺量与胶砂试件脆性系数的关系曲线图

2)石灰石粉的水化活性

从强度分析来看,石灰石粉的掺入对胶砂试件的强度有一定影响。那么,石灰石粉是否具有水化活性?关于辅助胶凝材料的活性评价方法很多,而且各有优点。此处采用蒲心诚教授提出的矿物材料活性指数评价方法,对石灰石粉的水化活性进行评价。该方法的计算步骤如下:

单位水泥用量(即 1% 的水泥用量)对混凝土强度的贡献(在讨论掺有辅助胶凝材料的水泥时,则用单位熟料用量),称之为混凝土水泥用量比强度,简称混凝土比强度。对于掺有辅助胶凝材料的混凝土比强度(R_{sa},MPa),有:

$$R_{sa} = \frac{R_a}{q_0} \tag{1-2}$$

式中:R_a——含辅助胶凝材料混凝土的强度绝对值(MPa);

q_0——含辅助胶凝材料的体系中水泥的质量分数(%)。

作为对比的基准混凝土,没有辅助胶凝材料,水泥的质量分数为 100%,其比强度(R_{sc},MPa)为:

$$R_{sc} = \frac{R_c}{100} \tag{1-3}$$

式中:R_c——基准混凝土的强度绝对值(MPa)。

尽管在含辅助胶凝材料的混凝土中,水泥用量相应减少,但由于水化活性效应的增强作用,R_a 时常大于 R_c,R_{sa} 也时常大于 R_{sc},两者的差值即是水化活性效应贡献的比强度,称之为水化活性效应比强度(R_{sp},MPa),即:

$$R_{sp} = R_{sa} - R_{sc} \tag{1-4}$$

由此,可以定义比强度系数 K 为:

$$K = \frac{R_{sa}}{R_{sc}} \qquad (1\text{-}5)$$

同时,水化活性效应强度贡献率(P_a,%)可以数值化表征辅助胶凝材料的水化活性效应对混凝土强度的贡献大小:

$$P_a = \frac{R_{sp}}{R_{sa}} \times 100\% \qquad (1\text{-}6)$$

同理,也可以定义出(水泥)水化反应的强度贡献率(P_h,%):

$$P_h = \frac{R_{sc}}{R_{sa}} \times 100\% \qquad (1\text{-}7)$$

显然,$P_a + P_h = 100\%$。

该方法的功能与优点如下:

(1)结果量化,可以用此量化的结果,对水化活性效应进行定量分析,而且准确可靠,这是该方法的最大优点;

(2)该方法具有普适性,可用于所有辅助胶凝材料活性的鉴别与分析,可以用活性指数比较各种类型、各种来源的辅助胶凝材料的活性大小,这是其他方法都不能做到的;

(3)该方法能分析不同掺量及不同龄期下,各种矿物材料的水化活性效应行为,这也是其他方法所不能做到的;

(4)可以分析胶凝材料中各组分对混凝土强度的贡献率,并可以分析混凝土的强度构成,从而进一步深入人们对混凝土强度来源的认识,并为混凝土强度构成分析提供工具;

(5)方法简单,无须其他化学、物理、微观的测试方法,只需在同条件下多制备一组基准试件。

针对石灰石粉各掺量对应的抗压强度,按照上述方法,分别计算出比强度、比强度系数和水化活性效应强度贡献率,并分别绘出石灰石粉掺量与它们的关系曲线图,如图1-7 ~ 图1-9 所示。

图1-7 为石灰石粉掺量对胶砂试件比强度的影响曲线图。可以看出,当石灰石粉掺量较小时,如30%以内,随着掺量的增加,比强度不断增大;但掺量过大,则会使比强度降低,低于不掺石灰石粉的基准试件。

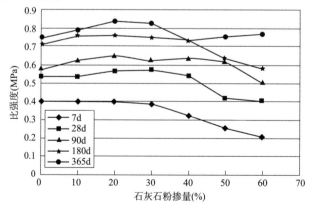

图1-7 石灰石粉掺量对胶砂试件比强度的影响曲线图

图 1-8 为石灰石粉掺量对胶砂试件比强度系数的影响曲线图,该图与图 1-7 的规律一致。当石灰石粉掺量较小时,如 30% 以内,比强度系数 $K > 1$;超过此值,则 $K < 1$,并不断减小。

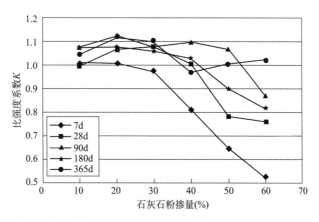

图 1-8 石灰石粉掺量对胶砂试件比强度系数的影响曲线图

图 1-9 为石灰石粉掺量对胶砂试件水化活性效应强度贡献率的影响曲线图。当石灰石粉掺量较小时,如早期 7d 的 20% 和后期的 40%,水化活性效应强度贡献率是大于 0 的;但掺量过大,水化活性效应强度贡献率就小于 0。这说明石灰石粉掺量较小时具有一定的水化活性效应强度贡献。

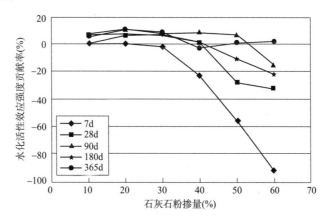

图 1-9 石灰石粉掺量对胶砂试件水化活性效应强度贡献率的影响曲线图

从以上试验结果和分析,可以得出以下结论:

(1)石灰石粉能够减小复合胶凝材料的需水量,具有良好的减水效应。

(2)胶砂试件的抗压强度和抗折强度都随龄期的增长而提高,随石灰石粉掺量的增加而减小;掺量较小时,影响程度较小;超过 30% 时,强度随石灰石粉掺量的增加而迅速下降。

(3)石灰石粉掺量对胶砂试件比强度和比强度系数的影响规律一致。掺量较小时,能提高比强度和比强度系数;掺量较大时,则使比强度和比强度系数低于基准值。

(4)石灰石粉掺量较小时具有一定的促进强度发展的作用,在复合胶凝材料中掺入一定量的石灰石粉对强度不会造成较大的不利影响。

1.3.2 石灰石粉—粉煤灰—水泥三元体系复合胶凝材料

粉煤灰是当前应用最广、用量最大的矿物掺合料,针对粉煤灰的研究和应用也最为成熟。特别是在水工混凝土中,基本上形成了"低水泥用量、高粉煤灰掺量"的特色,掺量通常为30%~50%,最高可达70%。粉煤灰具有改善新拌混凝土的和易性、降低混凝土的水化温升、提高后期强度及耐久性等优点。那么,与粉煤灰相比,石灰石粉在混凝土中又有多大的作用呢?

为此,试验设计石灰石粉—粉煤灰—水泥三元体系复合胶凝材料的胶砂试验配合比,见表1-5。试验中,水泥固定为225g,石灰石粉和粉煤灰共同组成辅助胶凝材料,总量为225g,通过变换石灰石粉和粉煤灰的掺量搭配来研究它对强度的影响。砂和水的用量仍分别固定为1350g和225g。实际上,表1-5中的LF-50配合比与表1-3中的LP-50相同。

石灰石粉—粉煤灰—水泥三元体系复合胶凝材料的胶砂试验配合比　　表1-5

编　号	C(g)	LP(g)	LP(%)	FA(g)	FA(%)	S(g)	W(g)
LF-0	225	0	0	225	50	1350	225
LF-10	225	45	10	180	40	1350	225
LF-20	225	90	20	135	30	1350	225
LF-30	225	135	30	90	20	1350	225
LF-40	225	180	40	45	10	1350	225
LF-50	225	225	50	0	0	1350	225

根据表1-5的配合比成型胶砂试件,按照《水泥胶砂流动度测定方法》(GB/T 2419—2005)测试流动度,按照《水泥胶砂强度检验方法》(GB/T 17671—1999)进行标准养护和测定抗压强度与抗折强度,试验结果见表1-6。

石灰石粉—粉煤灰—水泥三元体系复合胶凝材料的胶砂试件性能　　表1-6

编　号	胶砂流动度f (mm)	抗压强度 R_c(MPa)					抗折强度 R_f(MPa)				
		7d	28d	90d	180d	365d	7d	28d	90d	180d	365d
LF-0	173	11.6	23.9	32.6	39.1	47.2	2.88	5.95	7.48	8.04	10.49
LF-10	178	12.7	26.0	33.6	41.5	48.9	2.83	5.95	7.35	8.11	10.19
LF-20	182	13.6	25.7	35.1	42.9	47.9	3.02	6.18	7.75	9.52	9.43
LF-30	186	13.3	27.0	35.8	37.4	45.1	3.05	6.13	7.78	8.14	8.92
LF-40	189	12.9	24.6	33.7	34.4	41.0	2.65	5.30	7.41	7.72	8.94
LF-50	193	12.8	21.0	31.1	32.0	38.1	2.88	5.58	7.33	7.45	7.86

由表1-6可以看出,尽管石灰石粉和粉煤灰都具有减水效应,但石灰石粉的减水作用要高于粉煤灰。因此,在石灰石粉—粉煤灰—水泥三元体系复合胶凝材料中,随着石灰石粉掺量的增加,胶砂试件的流动度仍有所提高,可以由回归分析法得出胶砂流动度(f)与石灰石粉(LP)和粉煤灰(FA)掺量之间的关系式:

$$f = 0.59LP + 0.16FA + 165.16 \quad (R^2 = 0.966) \tag{1-8}$$

六组胶砂试件在各龄期的抗压强度如图 1-10 所示。7d 时,试件的抗压强度随着石灰石粉掺量的增加(粉煤灰掺量降低)而增大,掺量超过 20% 后开始下降,但 LF-50 的抗压强度仍高于 LF-0,即掺 50% 石灰石粉的胶砂试件抗压强度高于相同掺量粉煤灰的试件;由于粉煤灰水化活性效应的作用,粉煤灰掺量多者,抗压强度随龄期的增长更大,但直至 365d,LF-10 和 LF-20 的抗压强度仍比 LF-0 高,这是充分发挥了粉煤灰的水化活性效应和石灰石粉的填充效应的结果。

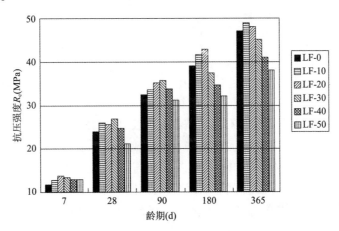

图 1-10　石灰石粉—粉煤灰—水泥三元体系复合胶凝材料的胶砂试件抗压强度柱状图

石灰石粉—粉煤灰—水泥三元体系复合胶凝材料抗折强度的发展规律与抗压强度有所不同。如图 1-11 所示,早期,石灰石粉掺量较小时对抗折强度的影响很小;而后期(365d),随着石灰石粉掺量的增加(粉煤灰掺量降低),抗折强度明显下降,这说明粉煤灰比石灰石粉更有益于抗折强度的增长。

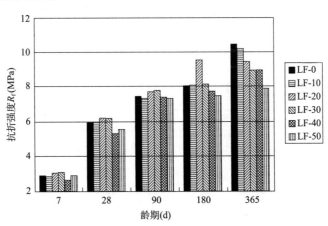

图 1-11　石灰石粉—粉煤灰—水泥三元体系复合胶凝材料的胶砂试件抗折强度柱状图

同样定义脆性系数为抗压强度与抗折强度之比,据此绘出各龄期的脆性系数柱状图 1-12。六组胶砂试件在各龄期的脆性系数变化规律较为混乱,没有规律。但总的来说,变化幅度很小,随着石灰石粉掺量的增加(粉煤灰掺量降低),脆性系数稍有提高。

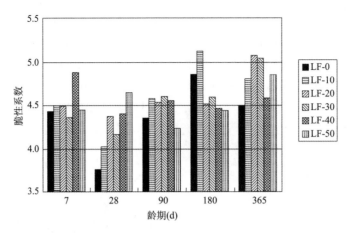

图1-12 石灰石粉—粉煤灰—水泥三元体系复合胶凝材料的胶砂试件脆性系数柱状图

由以上试验结果和分析,可以得出以下结论:

(1)相对于粉煤灰,石灰石粉更有益于减小复合胶凝材料的需水量,具有更好的减水效应。

(2)在石灰石粉—粉煤灰—水泥三元体系复合胶凝材料中,石灰石粉和粉煤灰掺量相同时,其复合胶凝材料的抗压强度较单掺粉煤灰前期高、后期低,但两者复合时,强度会更高;石灰石粉掺量较小时对早期抗折强度的影响很小,后期则随着石灰石粉掺量的增加,抗折强度明显下降;石灰石粉对脆性系数的影响很小,随着石灰石粉掺量的增加,脆性系数稍有提高。

1.3.3 石灰石粉对混凝土强度的影响

混凝土的配合比设计主要以其强度等级为基础,四个配合比编号分别为 C30、C40、C50 和 C60,对应四个强度等级。四个配合比中,均掺入 $100kg/m^3$ 的石灰石粉,同时还掺入粉煤灰和矿渣,通过减小水胶比和水粉比来获得相应的强度,见表1-7。此处,水胶比指水与胶凝材料(水泥、粉煤灰和矿渣)掺量之比,水粉比指水与粉体材料(水泥、粉煤灰、矿渣和石灰石粉)掺量之比。

掺石灰石粉混凝土的配合比　　　　　　　　　　　　表 1-7

编号	C30	C40	C50	C60
水(kg/m³)	123	123	130	130
水泥(kg/m³)	110	130	160	200
石灰石粉(kg/m³)	100	100	100	100
粉煤灰(kg/m³)	60	60	80	0
矿渣(kg/m³)	110	130	160	200
砂(kg/m³)	948	912	820	831
碎石(kg/m³)	989	988	1002	1017
Glenium Ace 68(%)	0.6	0.6	0.6	0.6
砂率(%)	49	48	45	45
水胶比	0.44	0.38	0.33	0.33
水粉比	0.32	0.29	0.26	0.26

表1-8是四组掺石灰石粉混凝土的坍落度和抗压强度测试结果。尽管四组混凝土配合比中的用水量都低于130kg/m³,但新拌混凝土坍落度均为220mm左右;抗压强度随龄期而增大,早期增长较快,后期增长很慢,28d抗压强度均高于相应设计强度等级,满足设计要求。

掺石灰石粉混凝土的坍落度和抗压强度 表1-8

编 号		C30	C40	C50	C60
坍落度(mm)		225	220	220	225
抗压强度(MPa)	3d	38.3	44.0	51.8	53.1
	7d	50.4	55.2	63.7	69.2
	28d	61.8	66.5	74.2	81.1
	60d	66.6	70.5	75.8	85.4

国内外在混凝土的配合比设计方面已经进行了很多研究,有很多专著和规范出版。传统的配合比设计方法中,主要是依据粗骨料的品种和粒径来确定用水量。P K Mehta也认为,坍落度一定时,影响混凝土用水量的主要因素是粗骨料的最大粒径、形状和级配,以及混凝土的含气量,水泥用量的影响很小。

在混凝土配合比设计中,首先确定的基本参数就是用水量,由此可见用水量在配合比设计中的重要意义。在很多混凝土配合比设计规程中,即便是干硬性混凝土的用水量也高于145kg/m³,坍落度超过50mm的普通混凝土拌合物的用水量超过160kg/m³,而本试验只用130kg/m³的水就能配制坍落度高达220mm的拌合物。如此之低的用水量,如此之高的坍落度,毫无疑问,这对传统的混凝土配合比设计将是一次触动。

究其原因,主要有两个方面促成这一结果的实现:第一是高效减水剂Glenium Ace 68的掺用,四组混凝土拌合物都掺入了0.6%的Glenium Ace 68;第二是石灰石粉的掺用,四组混凝土拌合物也都掺入了100kg/m³的石灰石粉。

普通混凝土中,由于水泥、矿物掺合料混合后的粉体粒径分布不合理,胶凝材料浆体内粉体堆积结构中存在大量10μm以下的空隙,属不密实堆积结构,胶凝材料浆体中一部分水被吸附在粉体颗粒表面,另一部分水填充在粉体颗粒之间的空隙中,为填充水。混凝土内掺入石灰石粉后可使粉体粒径分布得以优化,当混凝土掺用高效减水剂后,在搅拌过程中水泥、矿物掺合料、石灰石粉颗粒被充分分散,石灰石粉颗粒填充到水泥与矿物掺合料颗粒间的空隙中,使粉体颗粒之间发生紧密堆积效应,混合体系的堆积密实度增大,可填充空隙减少,需水量降低。因此在保持混凝土流变性能一致的情况下,可以显著降低混凝土的用水量,从而改善硬化后的混凝土孔隙结构,使得混凝土的内部结构更加密实。

从前面的流动度试验来看,石灰石粉具有减水效应,能够减少混凝土的用水量。高效减水剂不仅具有减水作用,而且还具有较好的分散效应,能使石灰石粉很好地分散在水泥浆体中,填充浆体的空隙,使其达到紧密堆积状态,这可以进一步减少混凝土的用水量。

在用水量降低的情况下,即便混凝土拌合物的胶凝材料用量不大,但其水胶比仍然较小,这是混凝土抗压强度得到保证的原因之一。第二个原因仍是石灰石粉在水泥浆体中的密实填充作用,减少了混凝土中的空隙,从而提高强度。

1.4 石灰石粉的填充效应和孔结构分析

孔结构分析是材料科学中最重要的内容之一,材料的强度和耐久性等均与其孔结构密切相关,研究石灰石粉对水泥净浆的填充效应以及石灰石粉对砂浆和混凝土孔结构的影响非常重要。

1.4.1 石灰石粉对水泥净浆的填充效应

首先研究石灰石粉对水泥净浆的填充效果,试验中各组复合胶凝材料的组成见表1-9。按照该表配制试样,观察石灰石粉的微集料填充效应。由于石灰石粉主要表现为惰性,保持四种试样的流动度相当时,含石灰石粉的试样用水量更低,这说明石灰石粉具有较好的减水效应。

复合胶凝材料的组成   表 1-9

编　号	C(g)	SL(g)	FA(g)	LP(g)	W(g)	SP(%)
1	300	0	0	0	87	7.5
2	150	75	75	0	87	7.5
3	100	100	0	100	60	7.5
4	85	85	30	100	60	7.5

在试样初凝前进行环境扫描电镜(Environment Scanning Electron Microscope, ESEM)观察和分析各组试样的填充效果,此时胶凝材料的水化程度很低,ESEM照片能够较好地反映浆体的密实程度和石灰石粉的填充效应。分别对试样 1~4 随机进行 ESEM 拍照,每个样品任意拍摄 4 张照片,如图 1-13~图 1-16 所示,它们基本上能代表水泥浆初凝前的微观结构。

图 1-13　试样 1 的 ESEM 照片

　　显然,纯水泥净浆试样1(见图1-13)由于颗粒粒径较大,细颗粒较少,空隙最多;试样2(见图1-14)加入矿渣和粉煤灰后,胶凝材料的颗粒级配有所改善,空隙有所减少;试样3(见图1-15)和试样4(见图1-16)中加入石灰石粉,由于石灰石粉的粒径很小,能与水泥熟料、粉煤灰和矿渣形成良好的级配,因此具有很好的填充效果,特别是试样4,石灰石粉很好地填充了水泥熟料、粉煤灰之间的空隙。

图1-14　试样2的ESEM照片

图1-15　试样3的ESEM照片

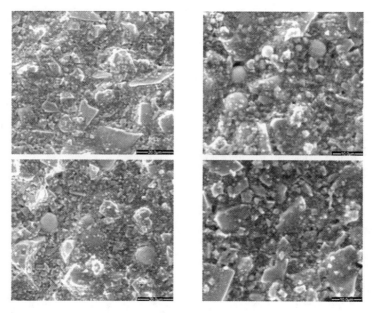

图 1-16　试样 4 的 ESEM 照片

1.4.2　石灰石粉对砂浆孔结构的影响

采用吸水动力学法和压汞测孔法分析石灰石粉对砂浆孔结构的影响,并采用分形数学法分析孔结构的分形特征。

1)吸水动力学测孔试验及分析

吸水动力学法测定混凝土等材料孔结构,是以毛细现象为基础的测试方法,可测量材料孔结构的积分参数(显孔隙率),也可测量微分参数(平均孔径、孔大小的均匀性),是一种无损检测法,具有测试设备简单、操作容易等优点。

混凝土和砂浆的吸水动力学与孔结构指标密切相关,其指标可以通过建立一支圆柱形毛细管模型而获得。等温条件下混凝土发生毛细孔吸附时,可以采用下面的微分方程来描述:

$$\frac{d^2 x}{dt^2} + \frac{1}{x}\left(\frac{dx}{dt}\right)^2 + \frac{8\eta}{r\rho}\left(\frac{dx}{d\tau}\right) - \frac{1}{x}\frac{2\sigma}{r_m \rho} + g\sin\beta = 0 \tag{1-9}$$

式中:x——毛细管中液柱长度;

$\quad t$——液体沿毛细管运动的时间;

$\quad r$——毛细管半径;

$\quad \eta$——液体动黏性系数;

$\quad \rho$——被吸收液体密度;

$\quad g$——重力加速度;

$\quad \sigma$——液体的表面张力;

$\quad r_m$——毛细管液体弯液面半径;

β——毛细管轴与水平面倾斜角。

方程(1-9)的解为：

$$x_t = x_{max}(1 - e^{\lambda t^{\alpha}}) \tag{1-10}$$

式中：t——吸收液体时间；

x_t——在 t 时间内毛细管中液柱长度；

x_{max}——最大液柱长度；

λ——表征毛细管尺寸；

α——表征毛细管的均匀程度。

该模型虽然只能粗略地表示混凝土材料的孔结构，但是不同材料在同一种液体中试验，尺寸相同的试件，λ 值的变化只代表毛细孔孔径 r 的差别，因此可以评定它们的微分孔隙率的差别，进而分析试样的孔结构。

水泥石、砂浆、混凝土等材料的吸水曲线具有平稳的指数函数特征，采用吸水动力学法进行孔结构分析，做以下参数变换：

$$m_t = m_{max}(1 - e^{\overline{\lambda} t^{\alpha}}) \tag{1-11}$$

式中：m_t——经过时间 t 的质量吸水率；

m_{max}——最大质量吸水率；

$\overline{\lambda}$——毛细孔的平均孔径，$\overline{\lambda}$ 越大，材料的平均孔径越大；

α——毛细孔径的均匀性，α 值的波动范围为 $0 < \alpha < 1$，单毛细孔材料 $\alpha = 1$，α 越小，材料的孔径越不均匀。

当 $t = 1h$ 时，式(1-11)变为 $m_1 = m_{max}(1 - e^{\overline{\lambda}_1})$，可独立确定 $\overline{\lambda}_1$ 值；然后用另一个 t 值(0.25h)求得 α 和 $\overline{\lambda}_2$。具体试验方法还可参考 1984 年中国建筑工业出版社出版的译著《水泥混凝土的结构与性能》。

对表 1-3 和表 1-5 成型的砂浆试件标准养护 180d 后进行吸水动力学测孔试验，试验结果见表 1-10，其中 W_0 为砂浆的质量吸水率。

吸水动力学测孔试验结果 表 1-10

编　号	$W_0(\%)$	α	$\overline{\lambda}_1$	$\overline{\lambda}_2$
LP-0	16.04	0.6684	0.7465	0.4648
LP-10	17.55	0.6517	0.7849	0.5124
LP-20	16.61	0.6491	0.8261	0.5623
LP-30	16.79	0.6548	0.8694	0.6173
LP-40	18.87	0.6238	0.9151	0.6259
LP-50	20.19	0.6108	0.9632	0.7016
LP-60	21.32	0.5827	0.9639	0.8177
LF-0	15.98	0.5195	0.9064	0.6593
LF-10	15.47	0.5995	0.8653	0.6462

编　号	$W_0(\%)$	α	$\overline{\lambda}_1$	$\overline{\lambda}_2$
LF-20	15.58	0.5994	0.8188	0.5848
LF-30	16.77	0.6345	0.8348	0.6156
LF-40	18.70	0.6535	0.9291	0.6696
LF-50	20.19	0.6514	0.9632	0.7016

采用石灰石粉—水泥二元体系复合胶凝材料配制的砂浆,随着石灰石粉掺量的增加,砂浆的质量吸水率 W_0 随之增大,说明砂浆的孔隙率随石灰石粉掺量的增加而增大;毛细孔的平均孔径指标 $\overline{\lambda}_1$ 和 $\overline{\lambda}_2$ 也随着石灰石粉掺量的增加而略有提高,说明平均孔径随石灰石粉掺量的增加而增大;毛细孔径的均匀性指标 α 随石灰石粉掺量的增加而略有减小,说明石灰石粉使砂浆的孔径分布更分散,改善了砂浆的孔结构。

采用石灰石粉—粉煤灰—水泥三元体系复合胶凝材料配制砂浆进行吸水动力学测孔试验,得到的数据规律有些波动,但总的来讲,随着石灰石粉掺量的增加,砂浆的质量吸水率 W_0 和毛细孔的平均孔径指标 $\overline{\lambda}_1$、$\overline{\lambda}_2$ 都略有提高,说明砂浆的孔隙率和平均孔径随石灰石粉掺量的增加(或粉煤灰掺量的减少)而增大;毛细孔径的均匀性指标 α 随石灰石粉掺量的增加也略有提高,说明砂浆的孔径分布稍微分散一些。

2)压汞测孔试验及分析

吸水动力学测孔是一种比较粗糙的测孔方法,得到的孔结构参数并不精确,一般只用作系列试样孔结构的对比分析。

压汞测孔试验(Mercury Intrusion Porosimetry,MIP)相对来说更为精确可靠。汞不会浸润被它压入的大多数材料(汞与固体之间的润湿角 $\theta > 90°$),必须在外力作用下,汞才能被压入多孔固体中微小的孔内。通常,外界所施加的压力与毛细孔中汞的表面张力相等。毛细孔半径与外界施加的压力之间有以下关系:

$$r = \frac{-2\sigma\cos\theta}{p} \tag{1-12}$$

式中:r——毛细孔半径;

　　　p——施加给汞的压力;

　　　θ——汞对固体的润湿角;

　　　σ——汞的表面张力。

由式(1-12)可知,只要知道测孔压力,就可以计算出在此压力下汞所进入的孔的最小半径,式中 $2\sigma\cos\theta$ 一般近似地取为 $-7500(\text{MPa}\cdot\text{Å})$,则上式为:

$$r = \frac{7500}{p} \tag{1-13}$$

如果压力从 p_1 改变到 p_2,分别测出孔径 r_1 和 r_2,并设法测出单位质量试样在此两孔径的孔之间的孔内所压入的汞体积,则在连续改变测孔压力时,就可测出汞进入不同孔级孔中的汞量,从而得到试样的孔径分布。

对标准养护 180d 的五组试件 LP-0、LP-30、LP-50、LF-30 和 LF-0 进行压汞测试试验,分析石灰石粉和粉煤灰对砂浆孔结构的影响。根据孔隙对混凝土耐久性的影响,对孔结构的分析主要以总孔隙率和孔径分布为主。

表1-11 列出了它们的孔隙率、总进汞体积、比表面积和孔径分布,图1-17 和图1-18 分别是石灰石粉对砂浆孔径分布微分曲线和积分曲线的影响,图1-19 和图1-20 分别是石灰石粉和粉煤灰对砂浆孔径分布的微分曲线和积分曲线的影响。

砂浆的孔结构参数　　　　　　　　　　　　　　表1-11

编　　　号	孔隙率(%)	总进汞体积(mL/g)	比表面积(m²/kg)	孔径分布(%)			
				<20nm	20~50nm	50~200nm	>200nm
LP-0	13.65	0.0623	21.252	50.08	24.76	6.22	18.94
LP-30	14.74	0.0696	25.350	52.57	30.36	0	17.07
LP-50	21.64	0.1052	32.891	48.79	33.35	9.99	7.87
LF-30	16.25	0.0785	18.510	48.05	35.74	3.43	12.78
LF-0	18.62	0.0901	25.470	47.38	27.24	7.77	17.61

由表1-11 可以看出,各试样的孔隙率和总进汞体积都相对较小,具有较高密实度;孔径主要集中在 50nm 和 20nm 以下,说明该孔级孔隙较多,大多数的孔隙都为少害孔或无害孔。

图1-17 和图1-18 显示,对于石灰石粉—水泥二元体系复合胶凝材料,LP-0、LP-30 及 LP-50 这三组砂浆的孔隙率依次增大,说明砂浆的孔隙率随着石灰石粉掺量的增加而增大,这与吸水动力学测孔试验结果是一致的。但同时也可以发现,石灰石粉对孔径分布的改善作用,随着石灰石粉掺量的增加,孔径大于 200nm 的孔隙明显减少,该孔级为多害孔,对材料的耐久性会造成较大破坏;孔径 50nm 和 20nm 以下的孔隙明显增加,该孔级为少害孔或无害孔。由此可见,石灰石粉对砂浆孔隙的细化作用非常明显,这对胶凝材料的性能,特别是耐久性的提高具有重要意义。

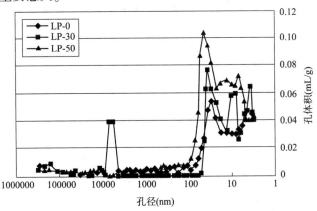

图1-17　石灰石粉对砂浆孔径分布微分曲线的影响

图1-19 和图1-20 说明,对于石灰石粉—粉煤灰—水泥三元体系复合胶凝材料,LP-50、LF-30 和 LF-0 这三组砂浆都含 50% 辅助胶凝材料,它们的孔隙率由小到大依次为 LF-30、LF-0、LP-50。掺 50% 粉煤灰的砂浆孔隙率略低于同样掺量石灰石粉的砂浆,这主要是由于

后期粉煤灰的二次水化作用引起的。而在石灰石粉和粉煤灰复掺时,砂浆的孔隙率最低,这说明石灰石粉的填充效应和粉煤灰的火山灰效应两者共同作用,能更有效地改善砂浆的微观结构,使其更为致密。就多害孔级(孔径大于200nm)而言,掺石灰石粉砂浆的多害孔比例明显低于掺粉煤灰砂浆。总的来说,掺入比水泥和粉煤灰更细的石灰石粉后,由于石灰石粉具有良好的填充效应,使浆体更为致密,降低砂浆的孔隙率,减少大孔比例,从而改善其孔径分布。

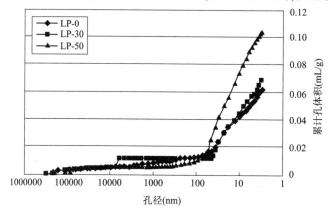

图1-18　石灰石粉对砂浆孔径分布积分曲线的影响

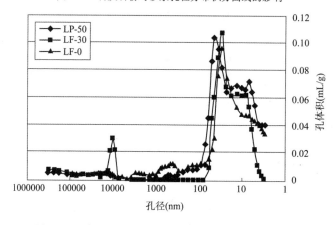

图1-19　石灰石粉和粉煤灰对砂浆孔径分布微分曲线的影响

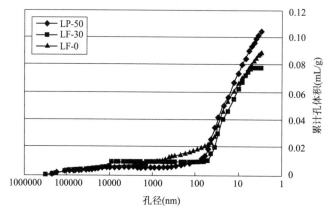

图1-20　石灰石粉和粉煤灰对砂浆孔径分布积分曲线的影响

3)砂浆孔结构的分形特征

孔的形貌是孔结构的重要组成部分,相同尺寸的孔具有不同的形状。在通常的孔结构研究中,如采用压汞法测定浆体内的孔径分布时,对浆体的孔几何形状作了过分的简化,这种简化对高度不规则的水泥浆体结构显得过于粗糙。近年来,随着断裂力学、孔隙学即分形理论的发展,有关学者已发现一些多孔材料的孔结构有明显的分形特征,分数维概念被引用到硬化水泥浆体的孔结构研究中。

对于相同的压汞数据,采用不同的孔隙模型得到不同的分形维数。理想的模型有立方体模型、球形模型、椭圆形模型和毛管束模型等,此处采用的是立方体模型。立方体模型的构造源于 Menger 海绵体构造,如图 1-21 所示。

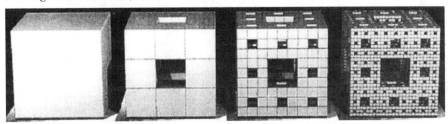

图 1-21 Menger 海绵体模型

取一个边长为 R 的立方体,将它分成 m^3 个等大的小立方体。选定一个原则去掉部分这样的小立方体,剩下的小立方体为 $N_1(m)$ 个。如此不断操作,剩余小立方体的尺寸不断减小,而数目不断增大。剩余的无限个小立方体构成材料的基体,而去掉的不同阶次的小立方体空间构成材料内不同阶次的孔隙。在 k 次操作后,剩余立方体的尺寸为 $r_k = R/m^k$,其数目为:

$$N_k = N_1^k = \left(\frac{r_k}{R}\right)^{-D} \tag{1-14}$$

这里 $D = \dfrac{\lg N_1}{\lg m}$,按分形理论,$D$ 即为孔隙体积分维数。第 k 次操作后,剩余结构的体积为:

$$V_k = N_k \times v_k = \left(\frac{R}{r_k}\right)^D \times r_k^3 = R^D \times r_k^{3-D} \tag{1-15}$$

即有:

$$V_k = R^D \times r_k^{3-D} \tag{1-16}$$

对式(1-16)取微分有:

$$\frac{dV_k}{dr_k} = R^D \times (3-D) \times r_k^{2-D} \tag{1-17}$$

因为孔隙体积 $V_p = R^3 - V_k$,则有:

$$-\frac{dV_p}{dr_k} = R^D \times (3-D) \times r_k^{2-D} \tag{1-18}$$

对式(1-18)两边取对数,即有:

$$\lg\left(-\frac{\mathrm{d}V_\mathrm{p}}{\mathrm{d}r_k}\right) = (2-D)\lg r_k + \lg\left[R^D \times (3-D)\right] \qquad (1\text{-}19)$$

式(1-19)中,D、R 均为常数,即右边第二项为常量。因此,对于具有 Menger 海绵体分形结构的研究对象,若能通过试验方法确定其孔隙体积 V_p 与其对应尺寸 r_k 的关系,就能按式(1-19)求解出 $\lg\left(-\dfrac{\mathrm{d}V_\mathrm{p}}{\mathrm{d}r_k}\right)$ 与 $\lg r_k$ 的线性关系,进而求解出具有分形结构研究对象的分形维数 D。

压汞测孔法可以给出不同压力点时汞进入材料内部的数量。根据材料中压入汞的数量与所加压力之间的函数关系式,可以计算孔的直径和不同大小孔的体积。通过孔隙体积与孔径的变化特征,可以直接用压汞测孔的试验数据求出孔隙体积的分形维数。如果试验所得的压汞测孔数据符合式(1-19),则可证明水泥浆体孔结构具有分形特征,并可由试验数据计算出其体积分形维数。

对标准养护 180d 的五组试件 LP-0、LP-30、LP-50、LF-30 和 LF-0 压汞测孔试验结果进行分形分析,将 $\dfrac{\mathrm{d}V}{\mathrm{d}r}$ 和 r 取对数后作图,如图 1-22 所示。

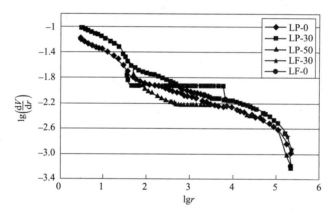

图 1-22 孔结构的分形分析

由图 1-22 可知,五组曲线的线性关系都比较突出。线性化后,它们的线性方程见表 1-12。同时计算出分形维数 D,一并列入该表中。

孔结构的分形分析 表 1-12

编　号	线　性　方　程	R^2	D
LP-0	$y = -0.2978x - 1.1579$	0.9625	2.2978
LP-30	$y = -0.2760x - 1.1559$	0.8728	2.2760
LP-50	$y = -0.3575x - 0.9783$	0.8728	2.3575
LF-30	$y = -0.3151x - 0.9707$	0.9555	2.3151
LF-0	$y = -0.3153x - 0.9704$	0.9551	2.3153

由表 1-12 的 R^2 来看,五组试验结果都较大,拟合曲线的相关性很好,试验所得的压汞测孔数据符合式(1-19),说明水泥浆体孔结构具有分形特征。

孔隙分形维数 D 表征的是断面孔隙的复杂程度,该值越大,孔隙的表面就越复杂。试验数据计算出的孔隙分形维数 D 由大到小依次为 LP-50、LF-0、LF-30、LP-0、LP-30,这也是五组试件孔隙复杂程度的排列次序。而且,这个次序与表 1-9 中总孔隙率是基本一致的。总孔隙率越高,孔隙断面就会呈现出更加复杂的形状,分形维数 D 就越大。

1.4.3 石灰石粉对混凝土孔结构的影响

由表 1-7 配合比成型的四组混凝土 C30、C40、C50 和 C60,标准养护 28d 后进行压汞测孔试验。表 1-13 列出了它们的孔隙率、比表面积和总进汞体积,图 1-23 和图 1-24 分别为试样孔径分布的微分曲线图和积分曲线图。

各试样的孔结构参数 表 1-13

编 号	孔隙率(%)	比表面积(m²/kg)	总进汞体积(mL/g)
C30	9.99	18.977	0.0445
C40	6.91	12.000	0.0285
C50	4.06	5.766	0.0170
C60	2.21	0.001	0.0083

由表 1-13 可以看出,各试验的孔隙率和总进汞体积均较小,说明各试样都很密实;随着混凝土强度等级的提高,孔隙率和总进汞体积(即总孔体积)减小。同时,C60 混凝土试样的总孔体积非常小,只有 0.0083mL/g,基本可以忽略不计。

由图 1-23 和图 1-24 还可以看出,随着孔径的逐渐减小,总进汞体积越来越大,各试样的孔径集中在 50nm 以下孔级,主要为少害孔级或无害孔级。同时,还可以看到 C30、C40 和 C50 三组混凝土试样孔径分布的微分曲线中,在孔径 10nm 以下存在一个峰,说明此段的孔隙较多。C60 混凝土试样由于孔隙很少,分布曲线接近于 0。

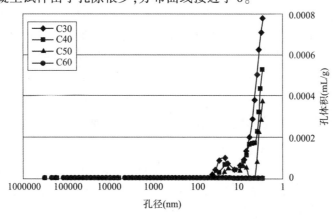

图 1-23 不同强度等级混凝土孔径分布的微分曲线图

通过采用 ESEM 拍照观察石灰石粉对水泥浆体的填充效果,采用 MIP 分析石灰石粉对砂浆和混凝土孔结构的影响,可得出以下结论:

(1)ESEM 照片显示,水泥净浆试样由于颗粒粒径较为单一,且孔径 10μm 以下颗粒较少,填充效果最差,空隙最多;加入石灰石粉后,由于石灰石粉的粒径很小,能与水泥熟料及粉煤灰和矿渣形成良好的级配,因而具有很好的填充效果。

（2）采用吸水动力学法和压汞测孔法对砂浆的孔结构进行分析,两种方法都发现了石灰石粉对孔结构的改善作用。随着石灰石粉掺量的增加,孔径大于200nm的多害孔明显减少,孔径50nm和20nm以下的少害孔或无害孔明显增加,石灰石粉对砂浆孔隙的细化作用明显。并且,砂浆试样的孔结构具有分形特征。

（3）混凝土中掺入100kg/m³石灰石粉,孔隙率很小,且主要集中在孔径50nm以下的少害孔级或无害孔级。

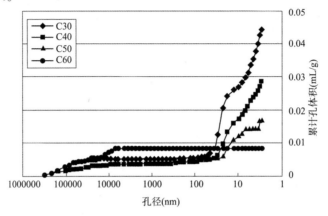

图1-24 不同强度等级混凝土孔径分布的积分曲线图

1.5 石灰石粉对复合胶凝材料水化动力学的影响

1.5.1 石灰石粉对复合胶凝材料水化放热过程的影响

水泥水化过程中放出的热量称为水泥水化热。在冬季施工中,水化热有助于混凝土的保温。但在大体积混凝土结构中,由于混凝土的导热能力很低,水泥发出的热量聚集在结构物内部长期不易散失。因此,往往在大体积混凝土中形成巨大的温差和温度应力,易于引起温度裂缝,给工程带来不同程度的危害,应予以特别重视。

当用水泥水化时的放热速率曲线（见图1-25）表示水泥水化过程时,可将其划分为三个阶段:

钙矾石形成时期:C_3A率先水化,在石膏存在的条件下,迅速形成钙矾石,导致第一个水化放热峰。在此期间,浆体的pH值快速增至12以上。钙矾石的形成使C_3A的水化速率迅速降低,反应进入诱导期。

C_3S水化期:C_3S开始迅速水化,形成大量的C-S-H和CH相,放出热量,形成第二放热峰。第三放热峰是由于体系中石膏消耗完毕后,AFt相向AFm相转化引起的。在此过程中,C_4AF及C_2S也不同程度地参与了反应,水泥浆体达到了初凝和终凝,开始硬化。

结构形成与发展:此阶段的放热速率很小并趋于稳定。随着水化产物的增多,相互交织连生,浆体逐渐硬化。

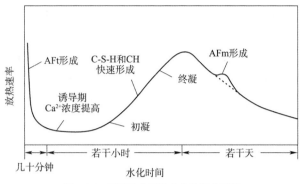

图 1-25　硅酸盐水泥的水化放热曲线图

1）石灰石粉—水泥二元体系复合胶凝材料的水化放热规律

图 1-26 和图 1-27 分别为石灰石粉对复合胶凝材料水化放热速率的影响曲线图和总放热量的影响曲线图。石灰石粉对水化放热曲线的影响主要有两个方面：一方面是降低了水化放热速率，减小了总放热量，随着石灰石粉掺量的增加，复合胶凝材料 3d 的总放热量减小；另一方面是缩短了诱导期，使第二放热峰提前出现。

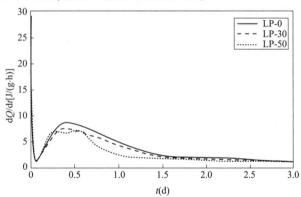

图 1-26　石灰石粉对复合胶凝材料水化放热速率的影响曲线图

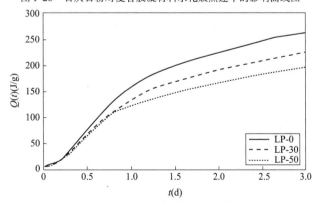

图 1-27　石灰石粉对复合胶凝材料水化总放热量的影响曲线图

2）石灰石粉—粉煤灰—水泥三元体系复合胶凝材料的水化放热规律

图 1-28 和图 1-29 分别为石灰石粉和粉煤灰对复合胶凝材料水化放热速率的影响曲线

图和总放热量的影响曲线图。在石灰石粉和粉煤灰总掺量为50%的条件下,石灰石粉(或粉煤灰)对水化放热曲线有显著影响。LP-50、LF-0、LF-30的石灰石粉掺量依次为50%、0%、30%,由两图可以看出,随着石灰石粉掺量的增加(或粉煤灰掺量的减少),复合胶凝材料的水化放热速率加快,3d的总放热量增加。同时,还缩短了诱导期,使第二放热峰提前出现。

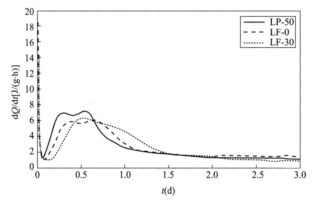

图1-28　石灰石粉和粉煤灰对复合胶凝材料水化放热速率的影响曲线图

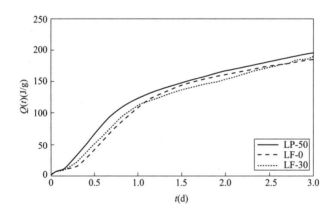

图1-29　石灰石粉和粉煤灰对复合胶凝材料总放热量的影响曲线图

　　将复合胶凝材料水化放热曲线与表1-6中7d抗压强度进行比较,可以发现早期抗压强度规律与水化放热规律之间有一定的相符性,LP-50的7d抗压强度高于LF-0。与粉煤灰相比,石灰石粉在相同掺量的情况下,7d抗压强度更高。从水化放热曲线来看,与LF-0相比,LP-50的第二放热峰提前了,3d的总放热量也增加了。这说明LP-50早期的水化速率更快,水化程度更高,因而早期强度也稍高。

1.5.2　水化动力学分析

　　化学动力学是研究化学反应过程的速率和反应机理的物理化学分支学科,它的研究对象是物质性质随时间变化的非平衡的动态体系。时间是化学动力学的一个重要变量。

　　化学动力学的研究方法主要有两种。一种是唯象动力学研究方法,也称为经典化学动力学研究方法,它是从化学动力学的原始试验数据——浓度与时间的关系出发,经过分析获得某些反应动力学参数——反应速率常数、活化能、指前因子等。用这些参数可以表征反应体系的速率,化学动力学参数是探讨反应机理的有效数据。化学反应动力学是以动态的观点,研究化学反应过程,从而揭示化学反应过程的宏观和微观机理的一门科学。定温条件下均相反应的动力学方程为:

$$\frac{\mathrm{d}c}{\mathrm{d}t} = k(T)f(c) \tag{1-20}$$

式中:c——浓度;

　$k(T)$——速率常数;

　$f(c)$——反应机理函数。

到19世纪末,热分析法在上述基础上开始用来研究不定温条件下非均相反应,浓度c在非均相体系中不再适用,因而用(反应物向产物)转化度α来表示。速率常数可用阿伦尼乌兹定理得到$k = Ae^{-E/RT}$,从而得到非均相体系中的定温动力学方程为:

$$\frac{\mathrm{d}\alpha}{\mathrm{d}t} = Ae^{\frac{-E}{RT}}f(\alpha) \tag{1-21}$$

热分析动力学研究的目的就是求出上述方程中的动力学参数:E、A和$f(\alpha)$。

很多学者进行了水泥基材料的水化动力研究,例如西班牙的 A Fernández-Jiménez 和比利时的 G De Schutter。R Krstulovicâ 和 P Dabicâ 提出了一个水化动力学模型:假设水泥基材料水化反应发生三个基本过程:结晶成核与晶体生长(NG)、相边界反应(I)和扩散(D)。假设以上三个过程可以同时发生,但是整体上看水化过程发展取决于其中最慢的一个。式(1-22)～式(1-24)分别反映由 NG、I 和 D 控制的水化反应过程:

$$\frac{\mathrm{d}\alpha}{\mathrm{d}t} = F_1(\alpha) = K_1 n (1-\alpha) \left[-\ln(1-\alpha) \right]^{\frac{n-1}{n}} \tag{1-22}$$

$$\frac{\mathrm{d}\alpha}{\mathrm{d}t} = F_2(\alpha) = 3K_2 R^{-1} (1-\alpha)^{\frac{2}{3}} \tag{1-23}$$

$$\frac{\mathrm{d}\alpha}{\mathrm{d}t} = F_3(\alpha) = \frac{\frac{3}{2} \left[K_3 R^{-2} (1-\alpha)^{\frac{2}{3}} \right]}{1 - (1-\alpha)^{\frac{1}{3}}} \tag{1-24}$$

以上式中:α——水化度;

　　　　K——反应速率常数;

　　　　n——反应级数;

　　　　R——气体常数。

由于R为气体常数,可令$K_1' = K_1$,$K_2' = K_2 \cdot R^{-1}$,$K_3' = K_3 \cdot R^{-2}$。

水化热的试验数据可以通过式(1-25)～式(1-27)计算上述动力学方程所需的水化度α,水化度变化速率$\frac{\mathrm{d}\alpha}{\mathrm{d}t}$和$\infty$龄期的水化放热量$Q_{\max}$。

$$\alpha = \frac{Q}{Q_{\max}} \tag{1-25}$$

$$\frac{\mathrm{d}\alpha}{\mathrm{d}t} = \frac{\mathrm{d}Q}{\mathrm{d}t} \cdot \frac{1}{Q_{\max}} \tag{1-26}$$

$$\frac{1}{Q} = \frac{1}{Q_{\max}} + \frac{t_{50}}{Q_{\max}(t - t_0)} \tag{1-27}$$

以上式中：Q——t 时刻的累计放热量；

$\quad\quad\quad t_0$——诱导期结束时间；

$\quad\quad\quad t_{50}$——放热量达到 $Q_{\max}$ 的50%的时间。

采用德国 TONI Technik 公司的 ToniCal 差热式量热仪测试 LP-0、LP-30、LP-50 及 LF-0 四组胶凝材料在 72h 内的放热速率以及放热量，测试结果如图 1-26～图 1-29 所示。

根据式(1-27)按照图 1-30 可以回归计算出 $Q_{\max}$，德国 TONI Technik 公司的 ToniCal 差热式量热仪自带程序测试的 $Q_{\max}$ 也与拟合的值是吻合的。根据式(1-25)可计算出水化度 $\alpha(t)$，代入式(1-22)，利用线性拟合可得到三组试件在不同配合比条件下晶体生长(NG)的动力学参数 K_1' 和 n，即令 $\ln[-\ln(1-\alpha)] = n\ln K_1' + n\ln(t - t_0)$。同理，将 $\alpha(t)$ 代入式(1-23)和式(1-24)，利用线性拟合可得到三种试样在不同配合比的条件下相边界反应(I)的动力学参数 K_2' 和扩散过程(D)的动力学参数 K_3'，如图 1-31 所示。

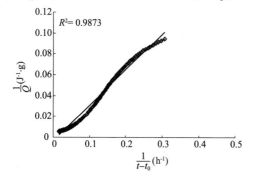

图 1-30　线性拟合求 $Q_{\max}$

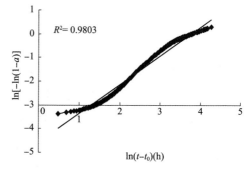

图 1-31　线性拟合求反应级数 n 及动力学参数 K

图 1-32～图 1-35 为试验所得数据根据水化动力学模型给出的三个过程的微分方程，分别代入式(1-22)～式(1-24)得到的理论曲线 $F_1(\alpha)$、$F_2(\alpha)$ 和 $F_3(\alpha)$，三条曲线共同模拟实际 $d\alpha/dt$ 数据的结果。图中曲线的交点 α_1、α_2 分别表示结晶成核与晶体生长(NG)向相边界反应(I)的转变以及相边界反应(I)向扩散过程(D)的转变，分别反映了不同的水化机理。添加了掺合料以后，水化过程与水化机理也有了改变，由图 1-33～图 1-35 可以看出，模型的拟合效果与普通硅酸盐水泥相比稍差，但是仍然较好地反映了实际水化曲线，通过比较 α_1 和 α_2 的大小，我们可以确定试验选取的四种不同水泥基材料的反应机理。

图 1-32～图 1-35 中三条理论曲线 $F_1(\alpha)$、$F_2(\alpha)$ 和 $F_3(\alpha)$ 分别各有一段与实际曲线符合得比较好，能较好地分段模拟由量热试验得到的水泥基材料实际水化速率 $d\alpha/dt$ 曲线，验证了三个过程微分方程式的正确性，说明水泥基材料的水化反应不是单一的反应过程，而是具有多种反应机制的复杂过程。在不同的反应阶段，其控制因素有所不同。在水化初期，水分供应比较充足，水化产物较少时，结晶成核与晶体生长(NG)起主导作用；随着水化时间延长，水化产物越来越多，离子迁移变得困难，水化反应转由相边界反应(I)或扩散过程(D)控制。

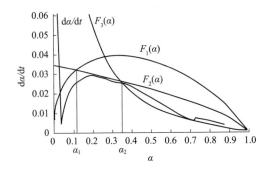

图1-32　试件LP-0的水化反应速率曲线图

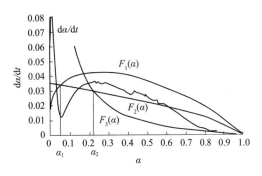

图1-33　试件LP-30的水化反应速率曲线图

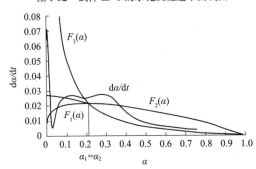

图1-34　试件LP-50的水化反应速率曲线图

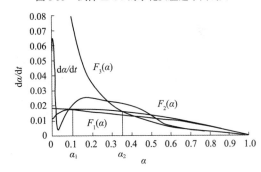

图1-35　试件LF-0的水化反应速率曲线图

纯水泥和石灰石粉掺量较小(30%)时,复合胶凝材料的水化反应机制表现为:反应首先由结晶成核与晶体生长(NG)控制过程转变为相边界反应(I)控制过程,然后由相边界反应控制过程转变为扩散控制(D)过程,如图1-32和图1-33所示。两图中显示三条曲线各有一段与试验曲线吻合较好,是对应时段的主要控制因素。$F_2(\alpha)$曲线分别与$F_1(\alpha)$和$F_3(\alpha)$相交,其交点对应的水化度α_1表示NG到I的转变点,α_2表示I到D的转变点。这说明两试件的水化反应比较和缓、水化过程持续时间较长。此时水化产物逐渐生成,浆体结构平稳变化,使得水化反应的控制机制的转变也比较平稳。

当石灰石粉掺量较大(50%)时,复合胶凝材料的水化反应机制表现为:反应不经历相边界反应控制过程,直接由结晶成核与晶体生长控制过程转变为扩散控制过程。此时$F_2(\alpha)$曲线在所有时段与试验曲线相差都很大,三条曲线只有一个交点,$\alpha_1=\alpha_2$表示NG到D的转变点,如图1-34所示。这说明石灰石粉掺量较多时,复合胶凝材料的水化反应剧烈且水化过程持续时间较短。在短时间内水化产物大量生成,离子迁移的势垒急剧增高,反应很快进入由扩散控制的阶段。

与前面两种情况相比,掺入50%粉煤灰的复合胶凝材料的水化反应机制与纯水泥更接近。如图1-35所示,反应过程由NG-I-D过程控制,水化反应比较和缓、水化过程持续时间较长,水化反应的控制机制的转变也比较平稳。

表1-14给出了水化动力学分析所得的水化动力学参数。从中也可以看出,纯水泥净浆、石灰石粉掺量30%和粉煤灰掺量50%三组试件都是由NG-I-D过程控制;而石灰石粉掺量50%的试件由NG-D过程控制,没有经历I过程。这说明掺入较大掺量的石灰石粉后,反应机理发生了变化,反应过程加快了,石灰石粉具有较强的加速效应。

水化动力学参数 表 1-14

试件	n	K'_1	K'_2	K'_3	过程	α_1	α_2
C	1.699	0.05	0.0115	0.003	NG-I-D	0.127	0.345
CL-30	1.4165	0.05778	0.0117	0.0019	NG-I-D	0.066	0.239
CL-50	1.310	0.029	0.009	0.0012	NG-D	0.228	0.228
CF-50	1.2195	0.0232	0.006	0.0019	NG-I-D	0.103	0.368

通过以上分析可知:掺入石灰石粉和粉煤灰将引起复合胶凝材料水化机理的变化,掺入石灰石粉促进了水泥的早期水化,在石灰石粉掺量较小时,对复合胶凝材料水化机理的影响也较小,虽然也促进了水泥水化,但是反应仍然经历了较长的过程;而当石灰石粉掺量增大到50%时,复合胶凝材料的水化变得剧烈,控制机理也发生改变,影响较大。当掺入粉煤灰时,水化反应机制更接近于纯水泥净浆,但是明显使复合胶凝材料的早期水化变得缓慢,掺入粉煤灰会使最大放热速率出现的时间推迟,反映了明显的缓凝作用。

1.6 石灰石粉对复合胶凝材料水化性能的影响

1.6.1 石灰石粉对水化产物的影响

1)试验设计

试验采用 XRD 分析石灰石粉对水化产物的影响。试验分三批进行:第一批用于测试石灰石粉对早期水化产物生成的影响;第二批主要用于测试水化 180d 的水化产物;第三批使用铝酸钙水泥 Ciment Fondu® 对石灰石粉进行激化,观察水化产物。

第一批试样的原材料与前面相同,主要有 P.O 42.5 级水泥(C)、超细石灰石粉(LP)、首钢磨细矿渣(SL)、粉煤灰(FA)及聚羧酸减水剂 Glenium Ace 68(SP),配合比见表 1-15。

第一批 XRD 检测试样配合比(单位:g) 表 1-15

编 号	C	SL	FA	LP	W	SP
1	700	0	0	0	203	3.6
2	256	256	0	188	117	4.2
3	198	198	117	187	117	4.2

第二批试样的原材料与前面也相同,配合比见表 1-16。

第二批 XRD 检测试样配合比(单位:g) 表 1-16

编 号	C	LP	FA	W
LP-0	2000	0	0	800
LP-30	1400	600	0	800
LF-30	1000	600	400	800

第三批试样的原材料主要有石灰石粉和铝酸钙水泥 Ciment Fondu®。铝酸钙水泥 Ciment Fondu®由凯诺斯(中国)铝酸盐技术有限公司提供,是一种水硬性胶凝材料,主要成分为铝酸钙,最突出的特点是促进凝结和硬化,基本成分见表1-17。第三批 XRD 检测试样的配合比见表1-18。

Ciment Fondu® 的基本成分(单位:%)　　　　　　　　表 1-17

基 本 成 分	一般波动范围	技术要求指标
Al_2O_3	37.5 ~ 41.5	>37.0
CaO	36.5 ~ 39.5	<41.0
SiO_2	2.5 ~ 5.0	<6.0
Fe_2O_3	14.0 ~ 18.0	<18.5
MgO	—	<1.5
TiO_2	—	<4.0

第三批 XRD 检测试样配合比(单位:g)　　　　　　　　表 1-18

编　　号	Ciment Fondu®	LP	W
Al-LP-0	2000	0	800
Al-LP-30	1400	600	800

2)试验结果及分析

图1-36 ~ 图1-38 分别为第一批三组试件(试件1、试件2和试件3)的 XRD 分析结果。由图1-36 可以看出,试件1 纯硅酸盐水泥的水化产物主要为钙矾石、$Ca(OH)_2$,测试出的 $CaCO_3$是由于碳化所致。

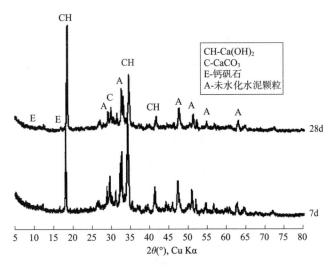

CH-$Ca(OH)_2$
C-$CaCO_3$
E-钙矾石
A-未水化水泥颗粒

图 1-36　试件 1 的 XRD 分析

与图1-36 纯硅酸盐水泥的水化产物不同,加入矿渣和石灰石粉的胶凝材料水化产物 $Ca(OH)_2$ 衍射峰明显减弱,而 $CaCO_3$ 衍射峰明显增强,这是由于胶凝材料中加入的石灰石粉引起的,如图 1-37 所示。由于加入了矿渣,水化产物中还夹杂着未参与水化的水泥颗粒。与 7d 试样 XRD 相比,28d 试样的水泥熟料衍射峰明显降低,说明有更多的未水化水泥参与了水化。

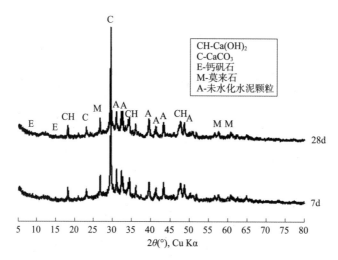

图 1-37　试件 2 的 XRD 分析

与图 1-37 相似,加入粉煤灰和石灰石粉的试件 3 也有很强的 $CaCO_3$ 衍射峰(图 1-38),同时夹杂着未参与水化的水泥颗粒。由于二次水化作用,$Ca(OH)_2$ 衍射峰明显减弱。28d 试样的水泥熟料衍射峰也较 7d 更低,这是未水化水泥熟料进一步水化的结果。

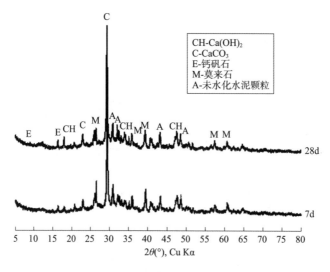

图 1-38　试件 3 的 XRD 分析

在试件 2 与试件 3 的 7d 和 28d 的 XRD 衍射图中,石灰石粉的三种主要水化产物 $CaAl_2(CO_3)_2(OH)_4 \cdot 3H_2O$(6.25Å,6.50Å,3.23Å,7.21Å)、$3CaO \cdot Al_2O_3 \cdot 3CaCO_3 \cdot 32H_2O$(9.41Å,2.51Å,3.80Å)、$3CaO \cdot Al_2O_3 \cdot CaCO_3 \cdot 11H_2O$(7.57Å,3.75Å,2.85Å)的衍射峰并未出现。因此,石灰石粉在水化早期(28d)基本上不参与水化反应,它在胶凝材料体系中主要起微集料填充作用。石灰石粉并未水化生成水化碳铝酸钙。

按照表 1-15 配制的纯水泥净浆,养护 28d 和 180d 后,进行 XRD 试验。LP-0、LP-30 和 LF-30 三组试件的 XRD 分析结果分别如图 1-39 ~ 图 1-41 所示。图 1-39 为试件 LP-0 (纯硅酸盐水泥)的水化产物 XRD 分析结果,纯硅酸盐水泥 28d 和 180d 水化产物的最强衍射峰是 $Ca(OH)_2$,$Ca(OH)_2$ 是它的主要水化产物。

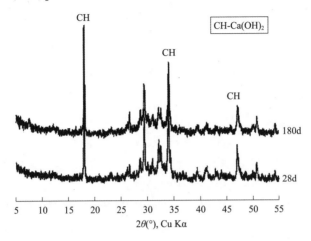

图 1-39　试件 LP-0 的 XRD 分析

图 1-40 为试件 LP-30 的水化产物 XRD 分析结果,掺入了 30% 的石灰石粉。LP-30 水化 28d 和 180d 的主要衍射峰都是 $CaCO_3$ 和 $Ca(OH)_2$;180d 的水化产物中可以观察到三碳水化铝酸钙 $C_3A \cdot 3CaCO_3 \cdot 32H_2O$(9.41Å,2.51Å,3.80Å)和单碳水化铝酸钙 $C_3A \cdot CaCO_3 \cdot 11H_2O$(7.57Å,3.75Å,2.85Å)的衍射峰,而且单碳水化铝酸钙的衍射峰还比较明显,这说明石灰石粉在 180d 已经参与水化反应。

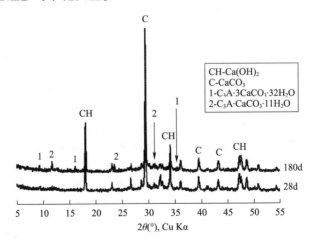

图 1-40　试件 LP-30 的 XRD 分析

图 1-41 为试件 LF-30 的水化产物 XRD 分析结果,掺入了 30% 的石灰石粉和 20% 的粉煤灰。LF-30 水化 28d 和 180d 的主要衍射峰仍是 $CaCO_3$ 和 $Ca(OH)_2$;180d 的水化产物中也可以观察到三碳水化铝酸钙和单碳水化铝酸钙的衍射峰,尽管两者的衍射峰相对 LP-30 更弱,这进一步说明石灰石粉在 180d 能够参与水化反应。

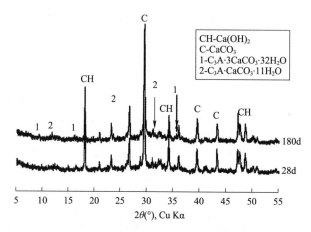

图1-41 试件 LF-30 的 XRD 分析

总的来说,石灰石粉在早期(28d)不参与水化,主要以惰性填充为主;后期(180d)能够参与水化,生成三碳水化铝酸钙和单碳水化铝酸钙。

采用铝酸钙水泥 Ciment Fondu® 和石灰石粉,按照表1-18 配制试样28d 和90d 的水化产物 XRD 分析结果分别如图1-42 和图1-43 所示。由图1-42 可以清楚地看到水化28d 时生成的三碳水化铝酸钙和单碳水化铝酸钙的衍射峰,特别是单碳水化铝酸钙;90d 时,单碳水化铝酸钙的衍射峰更强(见图1-43),说明随着水化的不断进行,单碳水化铝酸钙的生成量增加了。总的来说,在铝酸钙水泥 Ciment Fondu® 的激发下,石灰石粉早期(28d)就会参与水化反应。

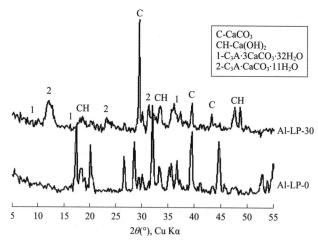

图1-42 铝酸钙水泥 Ciment Fondu® 与石灰石粉 28d 水化产物的 XRD 分析

由以上研究成果可得出以下结论:

(1)石灰石粉与普通硅酸盐水泥在早期(28d 以前)基本不参加水化反应,后期(180d)水化生成三碳水化铝酸钙和单碳水化铝酸钙,且以单碳水化铝酸钙为主;

(2)在铝酸钙水泥的激发下,石灰石粉早期(28d)就能参与水化,主要生成单碳水化铝酸钙;

(3)石灰石粉能够参与水化反应,但必须有一定的铝酸钙激发条件或足够的反应龄期。

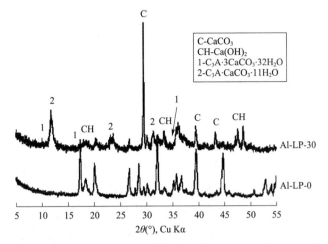

图1-43　铝酸钙水泥 Ciment Fondu® 与石灰石粉 90d 水化产物的 XRD 分析

1.6.2　石灰石粉对水化产物形貌的影响

试验分两部分进行,第一部分是采用电子扫描照片(Scanning Electron Microscopy, SEM),观察按照表 1-3 和表 1-5 配制的五组试样 LP-0、LP-30、LP-50、LF-30、LF-0 标准养护 180d 的砂浆微观形貌;第二部分是采用 SEM 和背散射电子像(Backscattering Scanning Electron,BSE),观察按照表 1-7 配制的四组试样 C30、C40、C50、C60 标准养护 28d 的水泥砂浆基体和断面的微观形貌。

1)砂浆的 SEM 分析

试样 LP-0、LP-30、LP-50、LF-30、LF-0 标准养护 180d 的 SEI 照片分别如图 1-44 ~ 图 1-48 所示。

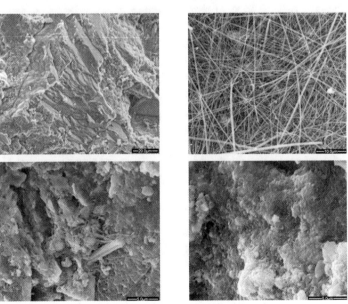

图 1-44　试样 LP-0 标准养护 180d 的 SEM 照片

由图 1-44 的 4 个小图可看到 Ca(OH)$_2$、钙矾石晶体以及 I 型纤维状 C-S-H 凝胶,它们是 LP-0 的主要水化产物,反应产物结构比较密实;由图 1-45 的 4 个小图也可以看到 Ca(OH)$_2$、钙矾石晶体以及 II 型网状和 III 型粒状 C-S-H 凝胶,三者仍是 LP-30 的主要水化产物,同时可以观察到石灰石粉表面已经被严重侵蚀,可以断定石灰石粉参与了水化,反应产物结构也比较密实;LP-50(见图 1-46)的水化产物与 LP-30 相同,可以观察到更多的参与了水化反应的石灰石粉,它们的表面都已经被严重侵蚀;由图 1-47 可以观察到石灰石粉和粉煤灰都受到严重侵蚀,表面有新的水化产物生成;图 1-48 为单掺粉煤灰的砂浆,图中有很多球形的粉煤灰颗粒,表面也已经被严重侵蚀,发生了二次水化。

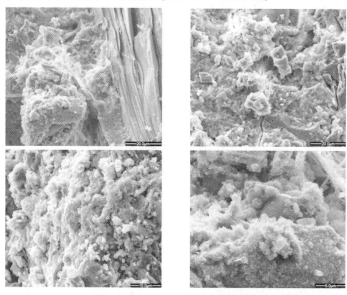

图 1-45　试样 LP-30 标准养护 180d 的 SEM 照片

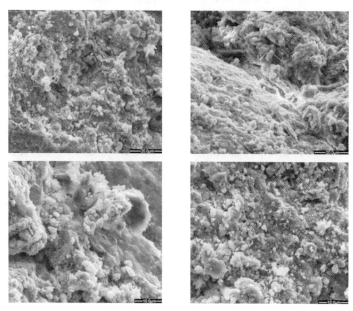

图 1-46　试样 LP-50 标准养护 180d 的 SEM 照片

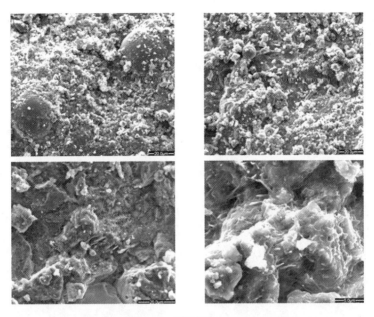

图 1-47　试样 LF-30 标准养护 180d 的 SEM 照片

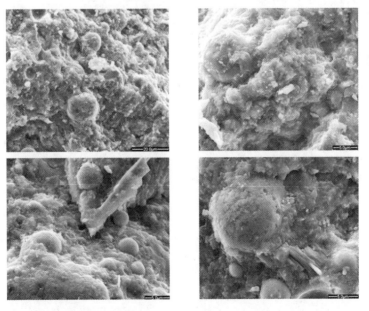

图 1-48　试样 LF-0 标准养护 180d 的 SEM 照片

2）混凝土的 SEM 和 BSE 分析

采用 SEM 和 BSE 观察混凝土试件 C30、C40、C50、C60 水泥砂浆基体和断面的微观形貌,测试龄期为 28d。

根据扫描电镜中背散射电子成像原理,背散射电子是被固体样品中的原子所反射回来的一部分入射电子,它的成像衬度与样品表面原子序数的分布有关。样品表面上平均原子序数较高的区域,产生较强的信号,在背散射电子图像上呈现较亮的衬度,因此可以根据背散射电子图像衬度来判断相应区域原子序数的相应高低。对于纯水泥体系样品,BSE 图片中原子序数最高的未水化水泥颗粒呈亮白区域,其中 C_4AF 因含有原子序数较大的 Fe 而较 C_3S 和 C_2S 更亮,而 C_3A 因含有大量原子序数较 Ca 低的 Al,在未水化水泥颗粒成像区域中稍显暗淡;其次为水化产物,最暗为孔隙。对于水泥基复合体系样品,CaO 含量高的未水化水泥颗粒平均原子序数最高,在 BSE 图片中呈亮白区域;其次是水化产物中,未水化的活性掺合料,如粉煤灰等因 SiO_2 含量较高,平均原子序数较低,因此在 BSE 的成像区域较未水化水泥颗粒暗,最暗区为孔隙。

　　图 1-49 和图 1-50 分别为 C30 混凝土的 BSE 和 SEM 照片。由图 1-49 可看出,断面较为疏松,有较多的孔隙;而石灰石粉很好地分散在浆体中和骨料周围,填充其中的空隙。由图 1-50 可以看到球形粉煤灰颗粒、$Ca(OH)_2$ 六方晶体、网状 C-S-H 凝胶,右上图中上侧的块状物质经能谱分析(见图 1-51)为 $CaCO_3$,即石灰石粉,它们很好地分散在浆体和骨料周围,填充浆体和界面过渡区的空隙。粉煤灰颗粒表面受到侵蚀,已经开始二次水化;而石灰石粉表面仍然完整,未参与水化。

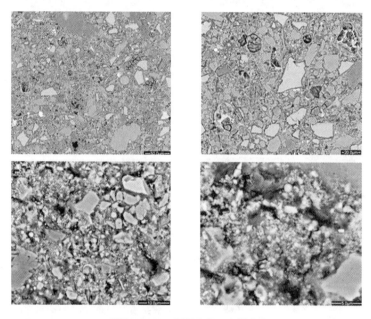

图 1-49　C30 混凝土的 BSE 照片

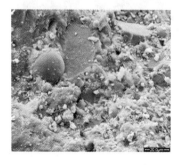

图　1-50

图 1-50　C30 混凝土的 SEM 照片

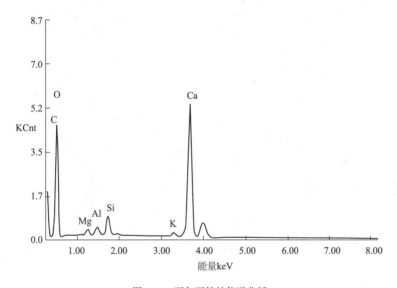

图 1-51　石灰石粉的能谱分析

图 1-52 和图 1-53 分别为 C40 混凝土的 BSE 和 SEM 照片。由图 1-52 可以看出,粉煤灰和石灰石粉颗粒的分散效果较好,很好地填充了浆体和界面过渡区的空隙,断面较为致密。由图 1-53 可以看出,粉煤灰颗粒表面受到侵蚀,开始二次水化;$Ca(OH)_2$ 六方晶体的生成量减少,而钙矾石和 C-S-H 凝胶增多。同时也有大量未水化的石灰石粉,它们表面光滑,没有被侵蚀迹象。

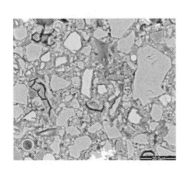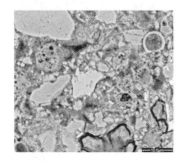

图　1-52

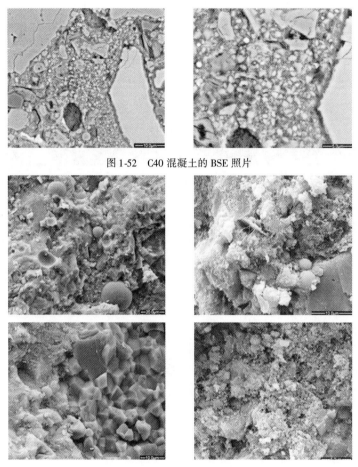

图 1-52　C40 混凝土的 BSE 照片

图 1-53　C40 混凝土的 SEM 照片

图 1-54 和图 1-55 分别为 C50 混凝土的 BSE 和 SEM 照片。与 C30 和 C40 混凝土相比，C50 混凝土断面更密实，但石灰石粉填充了其中的大部分空隙；粉煤灰颗粒表面侵蚀更为严重，说明二次水化程度更高；同时生成大量的 $Ca(OH)_2$ 和钙矾石晶体，而且 $Ca(OH)_2$ 晶体也逐渐转化为 C-S-H 凝胶。

图 1-56 和图 1-57 分别为 C60 混凝土的 BSE 和 SEM 照片。C60 混凝土断面很密实，绝大部分空隙都被石灰石粉所填充。由于水化产物非常密实，已经很难分辨生成产物的种类，只能看见少量的 $Ca(OH)_2$ 晶体和 C-S-H 凝胶。

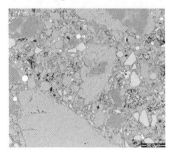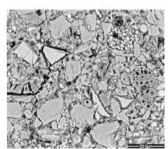

图　1-54

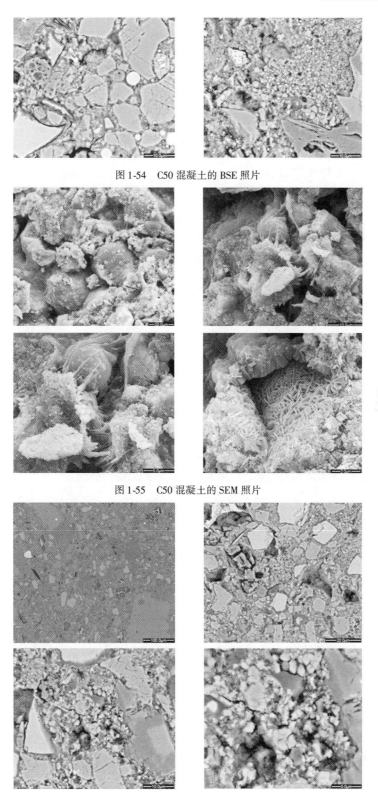

图 1-54 C50 混凝土的 BSE 照片

图 1-55 C50 混凝土的 SEM 照片

图 1-56 C60 混凝土的 BSE 照片

图 1-57　C60 混凝土的 SEM 照片

通过 BSE 和 SEM 分析进一步证实了石灰石粉的填充效应和水化活性。石灰石粉很好地填充了砂浆和混凝土的空隙,特别是界面过渡区的空隙,使其结构更为密实,改善孔结构;SEM 照片中,石灰石粉 28d 颗粒表面光滑完整,而 180d 颗粒表面已经被严重侵蚀,说明水化已经发生,验证了石灰石粉具有水化活性这一特性。

1.7　石灰石粉在复合胶凝材料中的作用机理

水泥基材料的微观结构决定其宏观性能,而宏观性能又反映其微观结构。石灰石粉在复合胶凝材料中的作用机理主要包括填充效应、活性效应和加速效应。在水化早期(28d 以前)以填充效应和加速效应为主,而在后期(180d)则以填充效应和活性效应为主。

1.7.1　填充效应

与粉煤灰相比,石灰石粉在早期虽然不具备火山灰活性,但由于它在搅拌期间不参与水化反应,将获得更好的形态效应,因而具有更好的减水作用;同时,石灰石粉颗粒比粉煤灰更细,所以具有更好的微集料填充效应。

石灰石粉在复合胶凝材料中的填充效应,主要表现为石灰石粉对水泥浆基体和界面过渡区中空隙的填充作用,使浆体更为密实,减小孔隙率和孔隙直径,改善孔结构。

ESEM 照片显示,纯水泥试样由于颗粒粒径较为单一,且粒径 10μm 以下的颗粒较少,填充效果最差,空隙最多;加入石灰石粉后,由于石灰石粉的粒径很小,能与水泥熟料及粉煤灰和矿渣形成良好的级配,因而具有很好的填充效果。

MIP 试验表明,石灰石粉对砂浆和混凝土的孔结构均具有明显的改善作用,随着石灰石粉掺量的增加,孔径大于 200nm 的多害孔明显减少,孔径 50nm 和 20nm 以下的少害孔或无害孔明显增加,石灰石粉对砂浆孔隙的细化作用明显。

而砂浆和混凝土的 SEM 和 BSE 照片也可以清楚地说明石灰石粉在其中的填充效应,特别是对界面过渡区中空隙的填充,效果明显。

可以说,石灰石粉对复合胶凝材料性能影响最大的就是其填充效应。也正是由于石灰石粉具有良好的填充效应,30% 石灰石粉取代水泥使用,对复合胶凝材料强度的影响不大;同样取代 50% 的水泥,石灰石粉比粉煤灰的早期强度效果更好;掺 100kg/m³ 石灰石粉,混凝土的抗压强度仍能满足设计要求。

1.7.2　活性效应

XRD 分析表明,水化早期(7d 和 28d),石灰石粉不参与水化反应,没有新的水化产物生成;SEM 照片也显示石灰石粉表面完整,没有侵蚀迹象。两种分析均说明石灰石粉在水化早期不具备水化活性。

随着水化反应的不断进行,水化后期(180d),在 XRD 照片中可以发现单碳水化铝酸钙($C_3A \cdot CaCO_3 \cdot 11H_2O$)和三碳水化铝酸钙($C_3A \cdot 3CaCO_3 \cdot 32H_2O$),而采用铝酸钙水泥激发时,28d 就有单碳水化铝酸钙和三碳水化铝酸钙生成,90d 衍射峰更强。这说明石灰石粉在水化后期是具备水化活性的。在 SEM 照片中也可以看到,水化 180d 的石灰石粉表面已经被严重侵蚀,这也进一步证实石灰石粉在后期具备水化活性。

在强度试验中,由石灰石粉的水化活性分析也证明了石灰石粉确实具有一定的水化活性强度贡献。此外,水化碳铝酸盐还可以与其他水化产物相互搭接,使水泥石结构更加密实,从而提高其强度和耐久性。

1.7.3　加速效应

石灰石粉在复合胶凝材料的水化和硬化过程中有加速作用,石灰石粉颗粒作为一个个成核场所,致使溶解状态中的 C-S-H 遇到固相粒子并沉淀其上的概率有所增大,这种作用在早期是显著的,而往往 28d 后被忽略不计。无论何种水泥,掺入石灰石粉后均加速了其水化,石灰石粉的细度越大,其早期抗压强度增长越明显。

对于石灰石粉的加速效应和活性效应而言,我们不能将两者绝对地分开,加速效应和活性效应是一对孪生姊妹,只要我们在水泥基材料中掺入石灰石粉,两者便同时作用于水泥基材料,只是它们对水泥基材料性能的贡献程度可能有所不同。例如对于普通硅酸盐水泥,铝酸钙含量较少,石灰石粉对水泥胶砂早期强度的贡献中加速效应起主导作用,活性效应可忽略不计。对于铝酸钙水泥,铝酸钙含量较多,石灰石粉对水泥胶砂后期强度的贡献中活性效应起主要作用,而加速效应则处于次要地位。

水泥的水化过程经历了一系列极为复杂的物理化学过程,但仅从相变热力学的角度考察,可以认为 C-S-H 凝胶形成过程的推动力是其相变前后自由能的下降,即

$$\Delta G_{T,P} \leqslant 0 \tag{1-28}$$

式中，$\Delta G_{T,P} < 0$ 表示该过程自发进行，C-S-H 凝胶大量生成；$\Delta G_{T,P} = 0$ 表示该过程达到了平衡，即当一微小 C-S-H 颗粒出现时，由于颗粒很小，因此其溶解度远高于平面状态的溶解度，在相平衡温度下，这些晶粒被重新溶解。

外界条件发生变化，可使系统中的某一相处于亚稳状态，它有转变为另一较为稳定新相的趋势。若相变的驱动力足够大，则这种转变将借助于小范围内较大的涨落而开始。C-S-H 不断析晶的第一步是晶核的形成，它分为均匀成核和非均匀成核。在水泥水化的实际过程中，晶核往往借助于骨料(粗细骨料和微集料)表面、界面等区域形成。如果晶核依附于石灰石粉颗粒表面形成，则高能量的晶核与液体的界面被低能量的晶核与成核基体(石灰石粉颗粒表面)所取代，从而降低了成核位垒。

非均匀成核的临界位垒 ΔG_k^* 与接触角 θ 的关系为：

$$\Delta G_k^* = \Delta G_k \cdot f(\theta) \tag{1-29}$$

$$f(\theta) = \frac{(2 + \cos\theta)(1 - \cos\theta)^2}{4}$$

式中：ΔG_k^*——非均匀成核时自由能的变化(临界成核位垒)；

ΔG_k——均匀成核时自由能的变化。

由非均匀成核的临界位垒 ΔG_k^* 与接触角 θ 的关系可知，在成核基体上形成晶核时，成核位垒应随着接触角 θ 的减小而下降。若 $\theta = 180°$，则 $\Delta G_k^* = \Delta G_k$；若 $\theta = 0°$，则 $\Delta G_k^* = 0$。由于 $f(\theta) \leq 1$，所以非均匀成核比均匀成核的位垒低，析晶过程容易进行。

适当掺量的石灰石粉充当了 C-S-H 的成核基体，降低了成核位垒，加速了水泥的水化。从强度来看，石灰石粉掺量不大时，胶砂强度降低幅度较小；同样掺量(50%)的石灰石粉和粉煤灰，前者的早期强度要高于后者。在水化早期，石灰石粉和粉煤灰均可看作惰性材料，此时便凸显出石灰石粉在复合胶凝材料水化中的加速作用。

相同的规律在水化热试验中也出现了。石灰石粉和粉煤灰复掺50%时，石灰石粉的掺量越大，早期(3d)的水化速率越快，水化放热总量越高；甚至是与纯水泥相比时，掺有50%石灰石粉的复合胶凝材料第二放热峰也提前了；水化动力学分析结果又进一步证实了石灰石粉在复合胶凝材料水化早期具有较强的加速效应。

1.8　石灰石粉对砂浆和混凝土性能的影响

石灰石粉除了能满足砂浆和混凝土的工作性和强度要求外，还能改善其体积的稳定性和耐久性。体积稳定性和耐久性包含很多方面，此处主要涉及石灰石粉对砂浆在干燥状态下的行为影响和对砂浆抗硫酸盐侵蚀的影响。

1.8.1　石灰石粉对砂浆在干燥状态下的行为影响

1)石灰石粉对砂浆干缩的影响

干缩是混凝土的主要变形性能之一，也是混凝土开裂和耐久性损失的主要起因。混凝土在干燥过程中,首先发生在粗大孔隙中水分的蒸发,这时并不引起混凝土的收缩。粗大孔隙中水分蒸发后是毛细孔水的蒸发,此时毛细孔内水面后退,弯月面曲率增大。在表面张力的作用下,水的内部压力比外部压力小。随着空气相对湿度的降低,毛细孔中水的负压逐渐增大,产生收缩力使混凝土收缩。当毛细孔的水蒸发完后,若继续干燥,则凝胶颗粒的吸附水也发生部分蒸发。失去水膜的凝胶体颗粒由于分子间引力的作用使粒子间距离变小而发生收缩。

按照表 1-3 和表 1-5 成型砂浆干缩试件,试件尺寸为 40mm×40mm×160mm。试件成型 2d 后拆模,移入恒温干缩室测试基准长度,并在恒温干缩室存放。恒温干缩室的温湿度按照《水工混凝土试验规程》(DL/T 5150—2017)控制,室内温度控制在 20℃ ±2℃,相对湿度控制在 60% ±5%,测试 1d、2d、3d、5d、7d、14d、28d、60d、90d、120d、150d 和 180d 的干缩值。严格来说,干缩应为混凝土在干燥条件下实测的变形扣除相同温度下的自生体积变形。但考虑到干燥收缩变形与自生体积变形对工程的效应是相似的,为了方便起见,观测干燥收缩变形不再与自生体积变形分开,故观测结果反映两者的综合结果。

图 1-58 为石灰石粉—水泥二元体系复合胶凝材料拌制砂浆的干缩曲线图。早期(7d 以前),砂浆的干缩值受石灰石粉掺量的影响较小;但随着干燥龄期的增加,石灰石粉对减小砂浆干缩的作用逐渐加强,虽然这几条干缩曲线仍有交叉,但总的规律是石灰石粉掺量越高,砂浆的干缩越小。

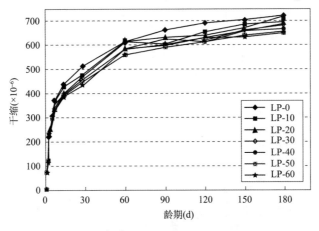

图 1-58　石灰石粉对砂浆干缩的影响曲线图

图 1-59 为石灰石粉—粉煤灰—水泥三元体系复合胶凝材料拌制砂浆的干缩曲线图。初看该图,很难看出各组砂浆试件干缩有何差别,六组试件的干缩曲线几乎重合,这说明石灰石粉和粉煤灰对减小砂浆干缩的作用基本相当。

2)长期干燥对复合胶凝材料强度的影响

我国西部地区长期处于干燥气候环境下,如干燥的石河子地区,在该地建设的石河子水电站,从混凝土浇筑到蓄水期间或多或少总有一部分混凝土不能得到很好的养护。长期干燥对混凝土性能的影响如何?大坝蓄水后,混凝土重新置于水中,这对它的强度又会造成什么样的影响呢?在进行干缩试验的同时进行长期干燥对复合胶凝材料强度的影响试验研究,试件与干缩试件相同,成型 2d 后拆模,移至恒温干缩室,一批试件在 180d 后测试其强度;另一批试件干燥 180d 后转移到水中养护,90d 后测试其强度。

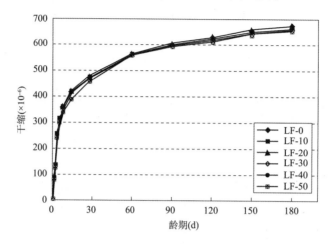

图 1-59   石灰石粉和粉煤灰对砂浆干缩的影响曲线图

180d 恒温干缩室养护的强度和干燥—水养 90d 的强度如图 1-60 和图 1-61 所示。对于石灰石粉—水泥二元体系复合胶凝材料,干燥 180d 和干燥—水养 90d 的抗压强度随石灰石粉掺量的增加而减小;抗折强度表现的规律略有不同,石灰石粉掺量较小时,抗折强度还略有提高,之后再减小。对于石灰石粉—粉煤灰—水泥三元体系复合胶凝材料,当石灰石粉掺量为20%～30%(粉煤灰掺量30%～20%)时,干燥 180d 和干燥—水养 90d 的抗压强度和抗折强度均较高。

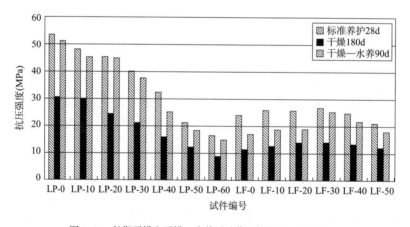

图 1-60   长期干燥和干燥—水养对砂浆试件抗压强度的影响

此外,长期干燥对复合胶凝材料强度的影响还可以与 28d 标准养护试件的强度对比。对于石灰石粉—水泥二元体系复合胶凝材料,干燥 180d 再水养 90d 的抗压强度和抗折强度都能得到较好的恢复。石灰石粉掺量 20% 时,干燥—水养 90d 的抗压强度能够恢复到标准养护 28d 的水平,这说明石灰石粉掺量较小时,长期干燥后再水养的试件抗压强度有较好的恢复能力;但掺量过大时的抗压强度恢复则较小。干燥—水养 90d 的抗折强度基本上都能恢复到标准养护 28d 的水平,特别是石灰石粉掺量 20%,甚至超过该水平。

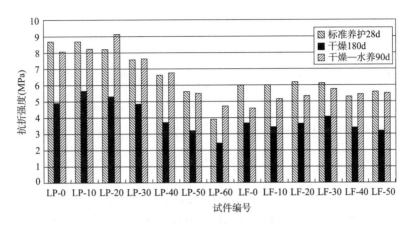

图 1-61 长期干燥和干燥—水养对砂浆试件抗折强度的影响

对于石灰石粉—粉煤灰—水泥三元体系复合胶凝材料,干燥—水养90d的抗压强度在石灰石粉掺量较多时更接近标准养护28d的水平,特别是石灰石粉掺量为30%(粉煤灰掺量20%)时,两者基本相当;抗折强度也表现出了基本相似的规律,LF-40和LF-50的抗折强度恢复得较高,甚至高于标准养护28d的试件抗折强度。

总之,砂浆的干缩随石灰石粉掺量的增加而降低,石灰石粉和粉煤灰都具有减小砂浆干缩的作用,而且效果相当;石灰石粉掺量在30%以内时,长期干燥对砂浆的抗压强度和抗折强度影响较小,而且再次水养后强度恢复较高。

1.8.2 石灰石粉对砂浆抗硫酸盐侵蚀的影响

美国混凝土协会(ACI)201委员会将普通硅酸盐水泥混凝土的耐久性,定义为混凝土对大气侵蚀、化学侵蚀、磨耗或任何其他劣化过程的抵抗能力。也就是说,耐久的混凝土暴露于服役环境中能保持其原有的形状、质量和功能。目前,对抗冻耐久性和抗化学侵蚀耐久性的研究较多。一般而言,只要保证混凝土有足够的强度和引气量,抗冻耐久性就能有保障。因此,我们着重研究抗硫酸盐侵蚀性能。

硫酸盐侵蚀以混凝土的膨胀和开裂形式表现。当混凝土开裂时,渗透性增加,侵蚀水就很容易渗入内部,加速劣化过程。有时,混凝土膨胀会造成严重的结构问题,例如由于板的膨胀而引起水平推力会导致建筑物墙壁的移位。硫酸盐侵蚀由于破坏了水泥水化产物的黏聚性,因此也可表现为强度和质量的逐渐损失。硫酸盐有很多种类,此处主要研究硫酸钠侵蚀和硫酸镁侵蚀。

1)硫酸钠侵蚀

硫酸钠侵蚀试验中,硫酸钠溶液浓度一般为5%(摩尔浓度为0.352mol/L)。本次试验也使用该浓度的硫酸钠溶液。试件分两种,一种为砂浆试件,与前面的强度和干缩试件相同,五组试件依次为LP-0、LP-30、LP-50、LF-30和LF-0,用作测试膨胀量和强度变化;另一种为纯水泥净浆试件,水粉比增大到0.4,石灰石粉和粉煤灰的掺量与砂浆试验相对应,配合比见表1-19,用作XRD样品,观察水化产物。

纯水泥净浆试件的配合比(单位:g)　　　　　表 1-19

编　号	C	LP	FA	W
LP-0	2000	0	0	800
LP-50	1000	1000	0	800
LF-0	1000	0	1000	800

砂浆试件和净浆试件的尺寸均为 40mm × 40mm × 160mm,成型后标准养护 28d,然后浸入 5% 浓度的硫酸钠溶液中,容器大小为 30L,每隔 28d 换一次溶液,用以保证硫酸钠溶液浓度。

当硫酸钠含量较高时,将出现石膏型腐蚀,其反应式为:

$$Na_2SO_4 + Ca(OH)_2 + 2H_2O \rightarrow CaSO_4 \cdot 2H_2O + 2NaOH \tag{1-30}$$

NaOH 的溶解度大,会逐渐从水泥石中溶出;$CaSO_4 \cdot 2H_2O$ 积聚在孔隙中,由于水分蒸发达到结晶的饱和浓度,发生石膏析晶,产生体积膨胀,进而影响强度和膨胀量。试验测试砂浆试件在 5% 硫酸钠溶液中浸泡 7d、28d、56d 和 90d 的强度和膨胀量,分别如表 1-20 和图 1-62 所示;测试净浆试件在硫酸钠溶液浸泡 90d 的水化产物,如图 1-63 和图 1-64 所示。

硫酸钠侵蚀对砂浆强度的影响　　　　　　　表 1-20

编　号	抗折强度(MPa)					抗压强度(MPa)				
	0d	7d	28d	56d	90d	0d	7d	28d	56d	90d
LP-0	8.65	8.43	9.23	8.37	8.05	53.6	55.8	57.0	51.6	48.3
LP-30	7.58	7.88	7.97	7.28	7.37	40.4	42.1	44.1	41.8	37.4
LP-50	5.58	6.15	6.31	5.46	6.01	21.0	22.1	22.5	21.3	22.3
LF-30	6.13	6.43	6.29	5.69	5.13	27.0	29.5	31.9	28.6	25.6
LF-0	5.95	6.28	6.17	5.45	5.16	23.9	25.3	24.7	21.2	20.3

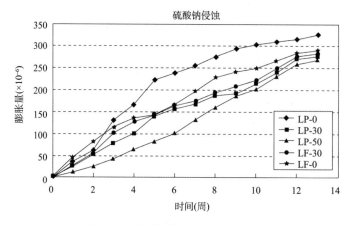

图 1-62　硫酸钠侵蚀对砂浆膨胀量的影响

由表 1-20 可知,在 5% 硫酸钠溶液中浸泡 28d 以内,砂浆的抗压强度和抗折强度都有所提高,这是由于 Na_2SO_4 与水泥的水化产物 $Ca(OH)_2$ 反应生成石膏膨胀,填充了砂浆中的孔隙,从而提高强度;随着反应的进行,砂浆的抗压强度和抗折强度都有所下降,这是由于

$CaSO_4 \cdot 2H_2O$ 不断结晶析出膨胀破坏,$Ca(OH)_2$ 逐渐损失,对砂浆的黏结性产生破坏。

虽然硫酸钠侵蚀对砂浆的强度产生影响,但五组试件却也表现出了不同的规律。纯水泥砂浆的强度下降得最快;掺有石灰石粉的砂浆抗压强度下降很少,特别是试件 LP-50,浸泡 90d 的抗压强度还略有提高;掺有粉煤灰的砂浆强度降低也较少。这说明石灰石粉和粉煤灰都有益于砂浆抗硫酸钠侵蚀能力的提高。

图 1-62 为五组试件在 5% 硫酸钠溶液中浸泡后的膨胀曲线,从 1 周测至 13 周。显然,随着侵蚀时间的延长,试件不断膨胀;硫酸钠溶液浸泡 13 周后,膨胀量由大至小依次为 LP-0、LF-0、LF-30、LP-30、LP-50,这说明石灰石粉和粉煤灰都能减小砂浆在硫酸钠侵蚀下的膨胀量,而石灰石粉的作用更明显。

图 1-63 为五组试件在 5% 硫酸钠溶液中浸泡 90d 后的砂浆照片。可以看出,五组试件表面均出现白色斑点,浆体已经有水化产物析出,试件受到硫酸钠侵蚀的破坏。在取试件时,发现试件边角比较松散,并开始掉落。由于硫酸钠溶液的侵蚀,砂浆由表及里不断地受到破坏,致使强度降低。

图 1-63 硫酸钠侵蚀 90d 的砂浆照片

部分学者认为,硫酸钠对含石灰石粉浆体的侵蚀破坏主要是由于钙矾石和碳硫硅酸钙($CaCO_3SiO_3SO_4 \cdot 14H_2O$)的生成和膨胀所致。对 LP-0、LP-50 和 LF-0 净浆试件在硫酸钠侵蚀 90d 进行 XRD 测试,测试结果如图 1-64 所示。三组试件在 5% 硫酸钠溶液中浸泡 90d 后都有石膏生成,钙矾石的衍射峰并不明显,因此,石膏的结晶膨胀是强度损失的主要原因。

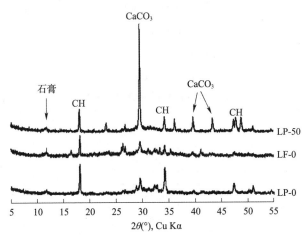

图 1-64 硫酸钠侵蚀 90d 的水化产物分析(XRD)

此外,试件 LP-0 的主要水化产物是 $Ca(OH)_2$;LF-0 掺 50% 粉煤灰试件的水化产物中也有 $Ca(OH)_2$,但衍射峰更小,$Ca(OH)_2$ 的生成量更少;LP-50 掺 50% 石灰石粉试件的最强衍射峰是碳酸钙,这是石灰石粉的主要成分,三个 $Ca(OH)_2$ 衍射峰也较强,但没有发现碳硫硅酸钙(9.56Å,5.51Å,3.41Å)的衍射峰。之所以出现与前人研究不同的结果,可能是因为硫酸钠侵蚀的时间不够长。文献中硫酸盐侵蚀试验的时间通常是 1~2 年,甚至更长,而 90d 的硫酸钠侵蚀时间可能不足以生成碳硫硅酸钙。

2)硫酸镁侵蚀

在进行硫酸盐侵蚀试验时,常推荐使用硫酸镁。硫酸镁侵蚀的反应式为:

$$MgSO_4 + Ca(OH)_2 + 2H_2O \rightarrow CaSO_4 \cdot 2H_2O + Mg(OH)_2 \tag{1-31}$$

$$3MgSO_4 + 3CaO \cdot 2SiO_2 \cdot 3H_2O + 8H_2O \rightarrow 3(CaSO_4 \cdot 2H_2O) + 3Mg(OH)_2 + 2SiO_2 \cdot H_2O$$

$$\tag{1-32}$$

在硫酸镁侵蚀的情况下,$Ca(OH)_2$ 转变为石膏的同时,也生成 $Mg(OH)_2$,它不可溶解并降低系统的碱性,系统中 C-S-H 的稳定性下降并且会受到硫酸盐溶液的侵蚀[式(1-32)]。因此,硫酸镁对混凝土的侵蚀更为严重。

硫酸镁侵蚀试验中,溶液浓度为2%。试件与硫酸钠侵蚀试验一样分两种,一种为砂浆试件,五组试件依次为 LP-0、LP-30、LP-50、LF-30 和 LF-0,用作测试膨胀量和强度变化;另一种为净浆试件,配合比仍与表 1-19 一致,用作 XRD 样品,观察水化产物。试件尺寸 40mm × 40mm ×160mm,成型后标准养护 28d,然后浸入 2% 浓度的硫酸镁溶液中,容器大小为 30L,28d 换一次溶液。试验测试砂浆试件在硫酸镁溶液浸泡 7d、28d、56d 和 90d 的强度和膨胀量,测试净浆试件在硫酸镁溶液浸泡 90d 的水化产物。

LP-0、LP-30、LP-50、LF-30 和 LF-0 五组试件在 2% 硫酸镁溶液中浸泡 7d、28d、56d 和 90d 的抗压强度和抗折强度试验结果见表 1-21。硫酸镁侵蚀对砂浆强度的影响规律与硫酸钠侵蚀相似。在 28d 以内,砂浆的抗压强度和抗折强度都有所提高,这是由于 $MgSO_4$ 与水泥的水化产物反应,生成物对砂浆孔隙密实填充,提高强度;随着反应的进行,砂浆的抗压强度和抗折强度都有所下降,这是由于 $CaSO_4 \cdot 2H_2O$ 不断结晶析出膨胀破坏,$Ca(OH)_2$ 和水化硅酸钙的不断损失所致。纯水泥砂浆的强度下降得最快;掺入石灰石粉和粉煤灰的砂浆强度下降很少,特别是 LF-30,浸泡 90d 的抗压强度还略有提高。这说明石灰石粉和粉煤灰都有益于砂浆抗硫酸镁侵蚀能力的提高,两者复掺效果更佳。

硫酸镁侵蚀对砂浆强度的影响　　　　　　　　　　　　　　表 1-21

编　号	抗折强度(MPa)					抗压强度(MPa)				
	0d	7d	28d	56d	90d	0d	7d	28d	56d	90d
LP-0	8.65	8.19	8.86	8.32	8.01	53.6	55.0	55.9	49.7	44.5
LP-30	7.58	7.93	7.34	7.18	6.55	40.4	41.6	42.1	40.8	38.9
LP-50	5.58	6.07	5.35	5.49	5.23	21.0	20.6	23.2	21.2	19.8
LF-30	6.13	6.76	6.16	5.74	5.51	27.0	28.8	29.1	28.0	27.4
LF-0	5.95	6.42	6.22	5.27	4.98	23.9	25.3	24.8	22.9	20.8

图 1-65 为 LP-0、LP-30、LP-50、LF-30 和 LF-0 五组试件在 2% 硫酸镁溶液中浸泡后的膨胀曲线图,从 1 周测至 13 周。硫酸镁侵蚀对砂浆膨胀的影响与硫酸钠侵蚀也基本一致:试件随着侵蚀时间的延长而不断膨胀;13 周后,膨胀量由大至小依次为 LP-0、LF-0、LP-30、LF-30、LP-50,这说明石灰石粉和粉煤灰都能减小砂浆在硫酸镁侵蚀下的膨胀量,石灰石粉的作用比粉煤灰更明显,两者复合效果也较好。

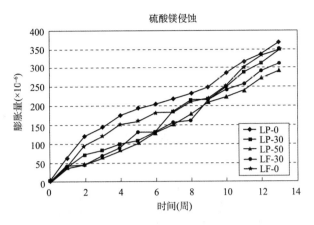

图 1-65 硫酸镁侵蚀对砂浆膨胀量的影响

图 1-66 为五组试件在 2% 硫酸镁溶液中浸泡 90d 后的砂浆照片。五组试件表面也都出现了白色溶出物,浆体已经有水化产物析出,试件受到硫酸镁侵蚀的破坏。试件边角比较松散,并出现掉落。由于硫酸镁溶液对砂浆由表及里的不断侵蚀,使胶结产物受到破坏,致使强度降低。

图 1-66 硫酸镁侵蚀 90d 的砂浆照片

图 1-67 为 LP-0、LP-50 和 LF-0 净浆试件在硫酸镁侵蚀 90d 后的 XRD 图片。由该图可知,三组试件都有石膏生成。试件 LP-0 的主要水化产物仍是 $Ca(OH)_2$;试件 LF-0 的水化产物中也有 $Ca(OH)_2$,但生成量更少;LP-50 掺 50% 石灰石粉试件中,碳酸钙的衍射峰仍最强,$Ca(OH)_2$ 的三个衍射峰也较强。三组试件的碳硫硅酸钙和 $Mg(OH)_2$ 的衍射峰都不明显,因此,石膏的结晶膨胀是强度损失的主要起因。

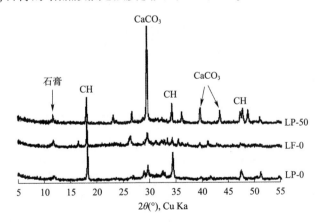

图 1-67 硫酸镁侵蚀 90d 的水化产物分析(XRD)

总的来讲,硫酸钠侵蚀和硫酸镁侵蚀出现了很多相似的规律:

(1)就强度而言,28d 以内,硫酸钠侵蚀和硫酸镁侵蚀都会使砂浆的抗压强度和抗折强度有所提高,但之后又会下降。石灰石粉和粉煤灰的掺用都能减小硫酸盐侵蚀对砂浆强度的破坏作用。

（2）就膨胀性而言,基本上都是随硫酸钠和硫酸镁侵蚀时间的延长而膨胀量呈线性增加。石灰石粉和粉煤灰都能减小砂浆在两种硫酸盐侵蚀下的膨胀量,且石灰石粉的作用更明显,与粉煤灰复掺作用时效果也较好。

（3）就水化产物而言,两种侵蚀都有石膏生成。石膏的结晶膨胀、水泥水化产物 $Ca(OH)_2$ 和水化硅酸钙的流失是砂浆强度损失和膨胀的主要原因。

1.8.3　石灰石粉对净浆酸性侵蚀劣化特性的影响

随着工业的持续发展,生态环境的污染使得混凝土结构的服役环境不断恶化。国内主要河流和湖泊都受到不同程度的污染,主要体现为两点:①pH 值呈减小趋势,20 世纪 80 年代 pH 值大多为 8 左右(弱碱性),现在很多测点在 6 以下,逐步酸性化;②对混凝土结构有害的杂质增多, SO_4^{2-} 、 Cl^- 及 Mg^{2+} 等有害介质显著增加。河流污染以珠江较为严重,湖泊以太湖较为典型。以太湖为例,各测点中 pH 值最小为 4.15(国外曾有 pH 值为 0.5 的报道),为现行欧洲标准 EN 206-1 中 XA2 侵蚀等级; SO_4^{2-} 含量最大为 261.10mg/L(XA1 侵蚀等级), Cl^- 含量最大为 201.51mg/L, Mg^{2+} 含量最大为 48.75mg/L。而且,我国酸雨污染也呈加速上升趋势,受酸雨影响的地区已占国土面积的 30%,成为继欧洲和北美之后世界第三大酸雨区。同时,我国的强酸雨区(pH < 4.5)面积最大,长江以南地区是全球强酸雨中心。酸雨的化学组成仍属硫酸型,但正在向硫酸—硝酸混合型转变,主要化学离子包括 SO_4^{2-} 、 Ca^{2+} 、 NH_4^+ 、 NO_3^- 及 Mg^{2+} 等。可见,现今的混凝土更可能受到环境水的化学侵蚀破坏,尤其是酸性侵蚀。

为了研究不同矿物掺合料对水泥石抗酸性侵蚀性能的影响,设计配合比见表1-22。拟定两个水胶比,分别为 0.3 和 0.5;两种酸性侵蚀,分别为醋酸(pH = 4)和硫酸(pH = 2);考查石灰石粉单掺,与粉煤灰及硅灰复掺和三掺对水泥石抗酸性侵蚀特性的影响。净浆试件成型并标准养护 28d 后,测试抗压强度,并分别放置在静态醋酸溶液与硫酸溶液中浸泡,测试浸泡 1d、3d、7d、14d 及 28d 后的抗压强度,并取侵蚀后试样进行微观测试分析。

酸性侵蚀试件的配合比　　　　表 1-22

编　号	W/B	W	C	LP	FA	SF
L-1	0.3	0.3	1	0	0	0
L-2	0.3	0.3	0.7	0.3	0	0
L-3	0.3	0.3	0.5	0.5	0	0
L-4	0.3	0.3	0.5	0.25	0.25	0
L-5	0.3	0.3	0.5	0.4	0	0.1
H-1	0.5	0.5	1	0	0	0
H-2	0.5	0.5	0.7	0.3	0	0
H-3	0.5	0.5	0.5	0.5	0	0
H-4	0.5	0.5	0.5	0.25	0.25	0
H-5	0.5	0.5	0.5	0.4	0	0.1

图 1-68 为低水胶比净浆试件在静态醋酸溶液中酸性侵蚀后的抗压强度测试结果；在水胶比较低时，醋酸侵蚀后试件的抗压强度呈现先增大后减小的规律。这主要是因为水胶比较低时，浆体的初始结构密实，侵蚀过程从表面开始，并由表及里地进行。因此，尽管试件表面已经发生侵蚀，但内部水化仍在进行，因而早期酸性侵蚀的破坏较小，强度仍有所增加。随着侵蚀时间的延长，试件内部也开始被侵蚀破坏，因而后期的强度降低。

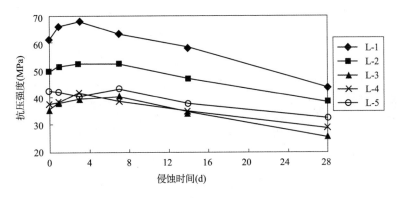

图 1-68　低水胶比净浆试件在静态醋酸溶液中酸性侵蚀后的抗压强度

图 1-69 为高水胶比净浆试件在静态醋酸溶液中酸性侵蚀后的抗压强度测试结果：由于水胶比较高时浆体的结构疏松，孔隙率大，溶液较容易进入浆体内，因而侵蚀破坏过程迅速发生，强度降低更多。

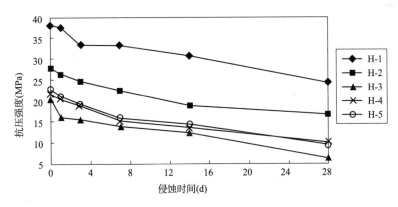

图 1-69　高水胶比净浆试件在静态醋酸溶液中酸性侵蚀后的抗压强度

掺入石灰石粉后，浆体的强度降低；在醋酸侵蚀下，强度远低于基准浆体，但在与粉煤灰及硅灰复掺时，侵蚀后强度降低较小。石灰石粉与粉煤灰和硅灰复掺时，能与 $Ca(OH)_2$ 发生火山灰反应，生成较多的水化硅酸钙，因而浆体中 $Ca(OH)_2$ 的量减少，能更有效地抵抗酸性侵蚀，侵蚀后的强度降低也较小。

图 1-70 为试件 H-3 在静态醋酸溶液中酸性侵蚀 28d 后的 SEM 照片。试件 H-3 掺加了 50% 的石灰石粉，从图中可看到钙矾石晶体、纤维状 C-S-H 凝胶以及表面已经发生侵蚀的石灰石粉。整体来看，反应产物结构较为疏松，而且 $Ca(OH)_2$ 已被酸性溶液侵蚀消耗。

图 1-71 为低水胶比净浆试件在静态硫酸溶液中酸性侵蚀后的抗压强度测试结果：在水胶比较低时，硫酸侵蚀后试件的抗压强度呈现先增大后减小的规律。这主要是因为水胶比

较低时,浆体的初始结构密实,侵蚀过程从表面开始,并由表及里地进行。因此,尽管试件表面已经发生侵蚀,但内部水化仍在进行,因而早期酸性侵蚀的破坏较小,强度仍有所增加。且在硫酸侵蚀的过程中,硫酸与浆体内部的 $Ca(OH)_2$ 反应生成石膏,少量的石膏晶体对强度的增长有益。随着侵蚀时间的延长,试件内部也开始被侵蚀破坏,石膏晶体增多,结晶压力过大超过浆体的抗拉强度,造成浆体微结构的破坏,因而后期的强度降低。

图 1-70   试件 H-3 在静态醋酸溶液中酸性侵蚀 28d 后的 SEM 照片

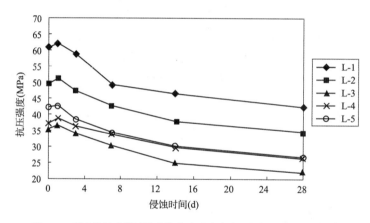

图 1-71   低水胶比净浆试件在静态硫酸溶液中酸性侵蚀后的抗压强度

图 1-72 为高水胶比净浆试件在静态硫酸溶液中酸性侵蚀后的抗压强度测试结果:由于水胶比较高时浆体的结构疏松,孔隙率大,溶液较容易进入浆体内,反应生成石膏晶体,破坏浆体内部的碱环境,导致侵蚀破坏过程迅速发生。

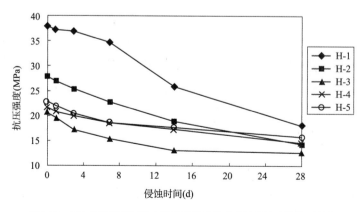

图 1-72   高水胶比净浆试件在静态硫酸溶液中酸性侵蚀后的抗压强度

与醋酸溶液中酸性侵蚀相似,在掺有石灰石粉的净浆中复掺粉煤灰和硅灰强度下降减少,这是因为粉煤灰和硅灰发生了火山灰反应,消耗了浆体内部的 $Ca(OH)_2$,生成了水化硅酸钙,且改善了浆体的孔隙结构,降低了渗透性,从而增强了浆体对硫酸侵蚀的抵抗性。

图 1-73 为试件 H-3 在静态硫酸溶液中酸性侵蚀 28d 后的 SEM 照片,试件 H-3 掺加了 50% 的石灰石粉,但图中已难看到石灰石粉颗粒,说明已被硫酸消耗。图中可以看到钙矾石晶体、纤维状 C-S-H 凝胶以及石膏晶体,片状石膏堆积现象很明显,说明硫酸与 $Ca(OH)_2$ 发生了反应。整体来看,反应产物结构较为疏松,说明在硫酸溶液中酸性侵蚀下,浆体的结构遭受了较为严重的破坏。

图 1-73　试件 H-3 在静态硫酸溶液中酸性侵蚀 28d 后的 SEM 照片

1.9　石灰石粉在超高性能水泥基材料中的应用

超高性能水泥基材料是 20 世纪 90 年代初开始研制并应用于实际工程中的新型水泥基材料,能为基础设施工程提供一百年以上的寿命,优越的耐久性条件使得高性能水泥基材料备受科研工作者青睐。超高性能水泥基材料的基本配制原理是:通过提高组分的比表面积与活性,使材料内部的缺陷(孔隙与微裂缝)减到最少,以获得超高强度与高耐久性。超高性能水泥基材料具有广阔的应用前景,短短几年内,它就已经在工程建设领域里获得了应用。但是,超高性能水泥基材料有个很大的缺陷,就是水泥参加水化的程度较低,浪费水泥。采用石灰石粉部分取代水泥用于超高性能水泥基材料中,用一定的制作成型工艺和湿热养护方法,可获得很高的强度,能够达到节约水泥、降低成本的目的。

1.9.1　超高性能水泥基材料试验

试验使用的原材料主要有 42.5 级普通硅酸盐水泥(C)、硅灰(SF)、粉煤灰(FA)、石灰石粉(LP)、河砂(S,最大粒径为 2.5cm)、高效减水剂(WR)及自来水(W)。此处采用的石灰石粉比表面积为 457.9 m^2/kg、45μm 筛筛余为 16%、需水量比为 98%。

试验采用的试件尺寸为 40mm × 40mm × 40mm,分别采用砂浆和净浆试件。砂浆、净浆试验配合比见表 1-23 和表 1-24,砂浆试件的胶砂比为 1:1,水胶比为 0.18,石灰石粉的掺量分别为 0%、10%、20%,并与掺粉煤灰者作对比。试件制作步骤为:将胶凝材料(水泥、硅灰、石灰石粉和粉煤灰)搅拌 2min,加砂再搅拌 1min,加水和减水剂搅拌 8min。浇筑入模 24h 后拆模,并立即放入 90℃ 的养护箱进行 72h 蒸养,之后让其在养护箱内自然冷却 24h。

自加水时算起,5d 后测试强度,并采用 XRD、DTA-TG 及 SEM 分析石灰石粉的水化反应产物。

砂 浆 配 合 比 表 1-23

编 号	S/B	C/B	SF/B	LP/B	FA/B	W/B	WR/B
S1	1	90	10	0	0	0.18	0.03
S2	1	70	10	10	10	0.18	0.03
S3	1	70	10	20	0	0.18	0.03
S4	1	70	10	0	20	0.18	0.03

净 浆 配 合 比 表 1-24

编 号	C/B	SF/B	LP/B	FA/B	W/B	WR/B
J1	90	10	0	0	0.18	15
J2	70	10	10	10	0.18	15
J3	70	10	20	0	0.18	15
J4	70	10	0	20	0.18	15
J5	100	0	0	0	0.18	15
J6	80	0	0	20	0.18	15
J7	80	0	20	0	0.18	15

1.9.2　石灰石粉在超高性能水泥基材料中的作用机理

表 1-25 列出了砂浆、净浆试件的抗压强度,石灰石粉的掺入降低了超高性能水泥基材料的抗压强度,但是当掺量为 10% 时,抗压强度仅降低了 4.3MPa,降低幅度不到 5%,非常小,这说明石灰石粉掺量较小(≤10%)时,对超高性能水泥基材料强度的影响很小。

抗压强度试验结果 表 1-25

编　号	抗压强度(MPa)	编　号	抗压强度(MPa)
S1	154.5	J1	129.9
S2	150.2	J2	115.7
S3	125.1	J3	102.1
S4	120.9	J4	92.3
		J5	83.5
		J6	83.8
		J7	85.9

图 1-74 为试件 J1 水化产物的 XRD 图谱。可以看出,不掺石灰石粉或粉煤灰时超高性能水泥基材料试样的主要结晶矿物是 $Ca(OH)_2$ 和 $CaCO_3$。其中,$CaCO_3$ 可能是制样过程中 $Ca(OH)_2$ 部分发生碳化而产生。

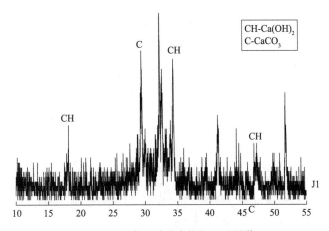

图1-74 试件 J1 水化产物的 XRD 图谱

图1-75 为试件 J2 水化产物的 XRD 图谱。可以看出,在 90℃蒸养 3d 后试样的主要结晶矿物是 $CaCO_3$ 和 $Ca(OH)_2$,并且还有少量的单碳水化碳铝酸钙生成。而在前面的研究中,标准养护条件下,28d 水化产物中单碳水化碳铝酸钙和三碳水化碳铝酸钙的衍射峰几乎没有,180d 的水化产物中才明显看到单碳水化碳铝酸钙和少量三碳水化碳铝酸钙。结合水化产物的 SEM 照片(见图 1-76)也可以看到,有一部分石灰石粉表面开始被侵蚀,这说明经过高温蒸养后的高性能水泥基材料中,掺入的石灰石粉已经有部分参与了水化。

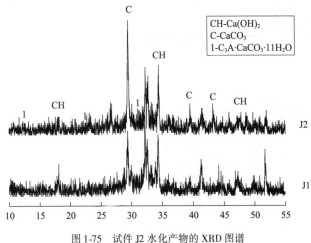

图1-75 试件 J2 水化产物的 XRD 图谱

图1-76 掺石灰石粉后超高性能水泥基材料的 SEM 照片

图1-77 为试件 J3 水化产物的 XRD 图谱,此时石灰石粉的掺量为 20%,单碳水化碳铝酸钙的衍射峰更加明显,并生成了少量的三碳水化碳铝酸钙,在蒸养条件下,石灰石粉的早期水化现象更加明显了。

图1-78 为试件 J4 水化产物的 XRD 图谱,作为对比试验,此时粉煤灰掺量为 20%,水化产物与净浆试件相似,主要结晶矿物是 $Ca(OH)_2$ 和 $CaCO_3$。但 $Ca(OH)_2$ 生成量明显少于净浆试件,这说明在蒸养条件下,粉煤灰也提高了化学活性,进行二次水化反应。

同时,作为对比,也做了不掺硅灰的高性能水泥基材料试验,有效地证明了高性能水泥基材料中外掺硅灰的必要性。图1-79 为试件 J5、J6、J7 水化产物的 XRD 图谱,与试件 J2、J3

相同,掺有20%石灰石粉的试件J7有单碳水化碳铝酸钙和少量三碳水化碳铝酸钙的生成,进一步说明了石灰石粉在高性能水泥基材料中的水化活性。

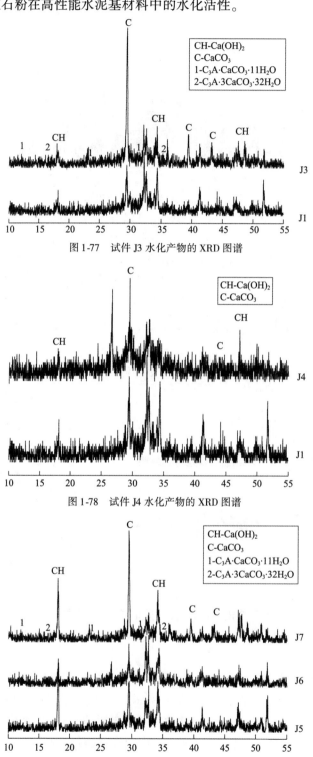

图1-77　试件J3水化产物的XRD图谱

图1-78　试件J4水化产物的XRD图谱

图1-79　试件J5、J6、J7水化产物的XRD图谱

将石灰石粉掺入高性能水泥基材料后,水泥熟料首先水化,可以通过测得 $Ca(OH)_2$ 的量来反映石灰石粉的加速水化作用,而 TG(热重分析)法通过加热过程中质量的损失可以大致计算出试样脱水前 $Ca(OH)_2$ 的生成量。对比 DTA(差热分析)曲线,400 ~ 600℃之间有一个 $Ca(OH)_2$ 的吸热峰,并且准确显示了 $Ca(OH)_2$ 脱水的温度区间,结合 DTA-TG 曲线可以定量地计算出 $Ca(OH)_2$ 的量,验证石灰石粉的加速作用。图 1-80 ~ 图 1-82 分别为试件 J5、J6、J7 的 DTA-TG 曲线图,计算结果见表 1-26。

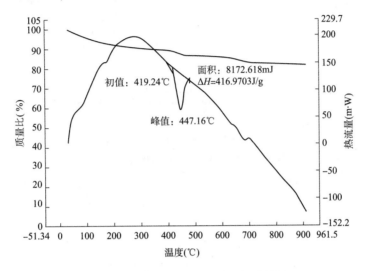

图 1-80 试件 J5 水化产物的 DTA-TG 曲线图

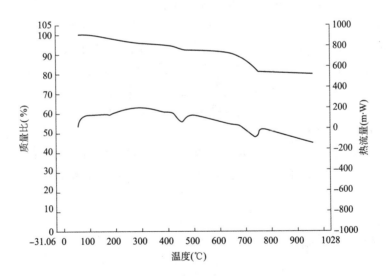

图 1-81 试件 J6 水化产物的 DTA-TG 曲线图

高温蒸养条件下,石灰石粉的加速水化效应更加明显地表现出来,由生成的 $Ca(OH)_2$ 的量间接反映了掺入 20% 石灰石粉的高性能水泥基材料的水化程度虽然低于纯水泥材料,但是远高于掺入 20% 粉煤灰的高性能水泥基材料,保证了高性能水泥基材料强度的增长,体现了石灰石粉作为矿物掺合料的优越性。

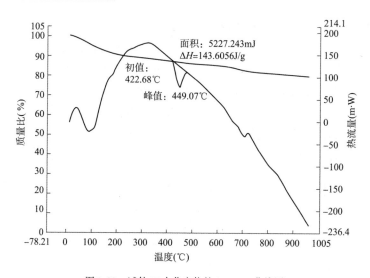

图 1-82　试件 J7 水化产物的 DTA-TG 曲线图

浆体水化产物中 $Ca(OH)_2$ 的含量 (单位:%)　　　　表 1-26

编　　号	LP	FA	质量损失百分率	$Ca(OH)_2$
J5	0	0	2.162	8.888
J6	0	20	1.286	5.287
J7	20	0	1.997	8.211

　　石灰石粉磨细到一定程度时也会产生类似于粉煤灰的颗粒形貌效应、微集料效应和化学活性。石灰石粉与高效减水剂同时掺入高性能水泥基材料中,可使粉体粒径分布得到优化,粉体颗粒被充分分散,填充效应发挥得更加充分,从而更好地填充浆体空隙。在超高性能水泥基材料中,由于水胶比很小,并不需要所有的水泥都完全水化,掺入的石灰石粉不仅降低了配制超高性能水泥基材料的成本,而且在起到填充作用的同时,适当掺量的石灰石粉还充当了 C-S-H 的成核基体,加速了水泥的水化。从抗压强度来看,石灰石粉掺量不大时,胶砂抗压强度降低幅度较小,说明石灰石粉在复合胶凝材料水化早期能够加速水泥的水化,具有较强的加速效应。此外,石灰石粉还具有水化活性。这种水化活性在高温的催化作用下表现得更加明显,使得石灰石粉早期就能参与水化,生成水化碳铝酸钙,主要是单碳水化碳铝酸钙。在高温蒸养条件下,很快生成少量的单碳水化碳铝酸钙,石灰石粉的水化活性更早地体现出来,保证了超高性能水泥基材料强度的提高。

本章参考文献

[1] 孙伟. 现代混凝土材料的研究和进展[J]. 商品混凝土,2009(1):1-6.

[2] Mario Collepardi. 混凝土新技术[M]. 刘数华,冷发光,李丽华,译. 北京:中国建材工业出版社,2008.

[3] 秦蛟,陈世其. 普定碾压混凝土拱坝施工[J]. 水力发电,1995(10):34-37.

[4] 林家骅,姜长全,李继海. 江垭大坝碾压混凝土配合比的特点[J]. 人民长江,1999

(6):20-26.

[5] 陈连瑜. 汾河二库碾压混凝土筑坝技术[J]. 山西水利科技,2004(2):32-33.

[6] 周云虎. 龙滩大坝碾压混凝土用石粉替代部分粉煤灰的研究[J]. 水力发电,1996(6):51-53.

[7] 梅国兴,刘伟宝. 掺凝灰岩粉、磷矿渣粉水泥浆体水化的 SEM 分析[J]. 混凝土,2003(3):49-51.

[8] 陈改新,姜福田. 大坝混凝土抗裂性影响因素的分析[C]//2005 年生态环境与混凝土技术国际学术研讨会论文集. 乌鲁木齐,2005:237-242.

[9] 黄绪通,韩正江. 人工砂石粉含量对混凝土性能影响的研究与应用[J]. 水力发电,1995(1):32-35.

[10] 李兴贵. 高石粉含量人工砂在混凝土中的应用研究[J]. 建筑材料学报,2004(3):66-71.

[11] 张立德,牟季美. 纳米材料和纳米结构[M]. 北京:科学出版社,2001.

[12] 邵国有. 硅酸盐岩相学[M]. 武汉:武汉工业大学出版社,1993.

[13] 蒲心诚. 超高强高性能混凝土[M]. 重庆:重庆大学出版社,2004.

[14] 陈健中. 用吸水动力学法测定混凝土的孔结构参数[J]. 混凝土,1989(6):9-13.

[15] 尹红宇. 混凝土孔结构的分形特征研究[D]. 南宁:广西大学,2006.

[16] 唐明,李晓. 多种因素对混凝土孔结构分形特征的影响研究[J]. 沈阳建筑大学学报(自然科学版),2005(5):232-237.

[17] 韦江雄,余其俊,曾小星,等. 混凝土中孔结构的分形维数研究[J]. 华南理工大学学报(自然科学版),2007(2):121-124.

[18] 唐明,王甲春,李连君. 压汞测孔评价混凝土材料孔隙分形特征的研究[J]. 沈阳建筑工程学院学报(自然科学版),2001(10):272-275.

[19] 袁润章. 胶凝材料学[M]. 武汉:武汉工业大学出版社,1989.

[20] 范丽红,崔彦军,何清,等. 新疆石河子地区近 40a 来气候变化特征分析[J]. 干旱区研究,2006(6):334-338.

[21] 冯乃谦,顾晴霞,郝挺宇. 混凝土结构的裂缝与对策[M]. 北京:机械工业出版社,2006.

[22] Hiroshi Uchikawa,Shunsuke Hanehara,Hiroshi Hirao. Influence of microstructure on physical properties of concrete prepared of fine aggregate [J]. Cement and Concrete Research,1996,26(1):101-111.

[23] H J T Brouwers,H J Radix. Self-compacting concrete,the role of the particle size distribution [C]//First international symposium on design, performance and use of self-consolidating concrete,SCC'2005-China,2005.

[24] Mario Collepardi,Michele Valate. Recent developments in self-compacting concrete in Europe [C]//First international symposium on design, performance and use of self-consolidating concrete,SCC'2005-China,2005.

[25] Zhou Mingkai,Peng Shaoming,Xu Jian,et al. Effect of stone powder on stone chippings concrete[J]. Journal of wuhan university of technology (Materials Sciences Edition),1996

（11）:29-34.

[26] Sidney Mindess,J. Francis Young. Concrete[M]. Prentice-Hall INC,New Jersey:Englewood ClifLF,1981.

[27] E Ringot,A Bascoul. About the Analysis of Microcracking in Concrete[J]. Cement and Concrete Composites,2001(23):261-266.

[28] P K Mehta,Paulo J M. Monteiro. Concrete-Microstructure,Properties,and Materials[M]. 3rd ed. New York:McGraw-Hill,2006.

[29] E F Irassar,V L Bonavetti,M. Gonzalez. Microstructural study of sulfate attack on ordinary and limestone Portland cements at ambient temperature[J]. Cement and concrete research, 2002(6):31-41.

[30] S A Hartshorn,J H Sharp,R N Swamy. Thaumsite formation in Portland-limestone cement pastes[J]. Cement and Concrete Research,1999(8):1331-1340.

[31] M E Gaze,N J Gammond. The formation of thaumsite in a cement-lime-sand mortar exposed to cold magnesium and potassium sulfate solutions[J]. Cement and Concrete Research,2000 (3):209-222.

第 2 章 天然火山灰

2.1 概述

凡是天然的或人工的含有以活性氧化硅、氧化铝为主的矿物质材料,经磨成细粉后与石灰加水混合,不但能在空气中硬化,而且还能在水中继续硬化者,都称之为火山灰材料。火山灰具有玻璃相和微晶相的两重性质。名词火山灰最初指由火山剧烈喷发活动产生的玻璃质火山碎屑材料,现在则通指所有遇水能与石灰反应并发生凝结、硬化及强度增长的材料。这说明火山灰是一种活性材料,可以用作混凝土的辅助胶凝材料。当前火山灰材料的范围还在继续扩大,但它们的来源、结构、化学和矿物组成却大不相同。火山灰材料的种类包括天然火山灰、煅烧黏土及页岩、粉煤灰、硅灰以及农业产品的煅烧残余灰。天然火山灰、粉煤灰、硅灰及矿渣的典型化学成分见表2-1,四者用作辅助胶凝材料的作用机理很大程度上取决于火山灰反应,本章将围绕火山灰活性以及火山灰反应对天然火山灰进行介绍。

硅酸盐水泥、天然火山灰、粉煤灰、硅灰及矿渣的典型化学成分(单位:%)　　　表2-1

氧化物	硅酸盐水泥	天然火山灰	粉煤灰	硅灰	矿渣
SiO_2	23	45	48	94	36
CaO	63	10	5	0.5	44
Al_2O_3	5	18	29	0.5	14
Fe_2O_3	1	9	6	1	1
SO_3	3	—	1	0.2	1
烧失量	2	5	5	2	—

古罗马人在意大利发现了一种适合生产水硬性砂浆的火山土,这种土在波佐利镇(Pozzuoli)附近发现,后来作为一种火山灰材料而被世人所知。人们发现在石灰中掺入火山爆发时喷出的"火山灰"后,不但能在空气中硬化,而且还能在水中硬化,获得与普通水泥相似的水硬性质。古罗马人将石灰—火山土砂浆广泛地运用于帝国建造以及殖民统治中,其中一个有利的证据便是莱茵河边的古罗马建筑中使用了含有火山灰的砂浆。

由于火山灰来源于火山,通常在一些近期发生过火山活动的地区发现。火山灰仅仅在火山活动产生一种爆炸式喷发的形态时才能够形成,熔化的岩浆向大气中剧烈喷发导致这种玻璃质材料的形成;不剧烈的喷发所产生的火山灰尽管具有相同的化学结构,但与石灰反应的活性就低多了。

维苏威火山是欧洲大陆唯一的活火山，曾在公元 79 年喷发过一次，这次著名的喷发破坏了庞贝和赫尔库拉涅乌姆，但也产生了火山灰。这些天然火山灰已经被使用了很多个世纪，起先用于石灰砂浆，后来又用于硅酸盐水泥混凝土。仅在 1977 年，意大利就生产了 1500 万 t 火山灰水泥，同时还使用了大量的火山灰材料。毫无疑问，天然火山灰的贡献是巨大的。

由于很多国家蕴藏有丰富的天然火山灰矿产资源，将天然火山灰用作水泥替代材料已成为必然。例如，希腊、德国、罗马尼亚、俄罗斯、美国等国家已经大量使用天然火山灰。美国第一次大量使用火山灰是在 1910—1912 年建造洛杉矶高架渠工程时，该工程使用的火山灰材料超过 10 万 t。从那时起，天然火山灰开始大量应用于大坝、桥梁以及其他大型工程的建设中。

2.2　火山灰反应机理

火山灰反应的本质由其特性(即火山灰的组成与结构)所决定。真正的火山灰基本上是由少量晶质矿物嵌入大量玻璃质中所形成的，玻璃质或多或少地因风化而变质，其多孔性又似凝胶，具有较大的内比表面积。火山灰除含可溶性 SiO_2 外，还含有相当数量的可溶性 Al_2O_3。其化学成分的波动范围：SiO_2 为 45% ~ 60%，$Al_2O_3 + Fe_2O_3$ 为 15% ~ 30%，$CaO + MgO + R_2O$ 为 15% 左右，烧失量为 10% 左右。火山灰活性的来源是其中的活性 SiO_2 和活性 Al_2O_3 对石灰的吸收与反应。无定形的 SiO_2 为主要活性成分，与石灰的反应能力强，活性高。除以 SiO_2 为主要成分外，还会有一定数量的 Al_2O_3 和少量的碱性氧化物($Na_2O + K_2O$)，是由高温熔体经过不同程序的急速冷却而成。其活性取决于化学成分及冷却速度，并与玻璃体含量有直接关系。

火山灰活性常用于表征石灰—火山灰的反应程度，但在石灰—火山灰反应的机理问题上仍存在不同的解释。

一种观点认为，石灰—火山灰反应是因为火山灰中存在沸石，沸石通过碱交换机理吸收石灰。很多早期文献认为，天然的火山灰都是一些沸石状的化合物，并且它的许多性质都是碱交换的结果。后来，许多学者发现，将石灰—火山灰化合物或火山灰与硝酸钙溶液一起振荡，只有少量碱溶出。很多试验也表明，火山灰的交换活性很低，因而不能用于解释大量石灰的化学结合问题。而且，很多火山灰中不含沸石，石灰—火山灰反应将产生新的产物，这些都不能用碱交换机理来解释。X 射线观察说明主要反应并不是碱交换反应，而是生成了一些新的化合物。显然碱交换对于天然火山灰和石灰的反应只起很小的作用，它能否对强度发展起作用，值得怀疑。在碱交换时，沸石化合物的晶格没有任何变化，而是一个碱离子被另外一个离子所代换，并进入到晶格的同一位置上。虽然它对于从硬化水泥中去除游离氧化钙可能有好处，但这个反应未必能起到胶凝作用。

另一种观点认为，火山灰反应可以用石灰溶液中长石类结构的溶解性来解释。四面体二氧化硅单元在材料内部位置不变，因为氧离子能稳定地存在于四面体端点。但在表面，氧离子将转变成氢氧根：

$$O^{2-} + H_2O \rightarrow 2(OH)^- \tag{2-1}$$

这破坏了材料内部二氧化硅单元的空间平衡，并使其进入石灰溶液，与钙离子反应形成难溶于水的水化硅酸钙。随着材料与溶液界面处的二氧化硅单元的迁出，另一个单元又露出界面，因而反应得以继续。该反应机理更容易出现在火山碎屑火山灰中，因为二氧化硅四面体之间的连接更弱。对于沸石火山灰，当溶液扩散进入开口结构时，反应将加速。最后，该机理解释了火山灰磨得越细、孔隙越多，则反应速度越快。

火山灰活性是酸性硅酸盐在碱侵蚀下与氧化钙反应的结果。火山灰在高碱性石灰溶液中更容易受到水的侵蚀，颗粒表面的 Si 和（OH）$^-$ 离解成 SiO_4^{4-} 和 H^{2+}。因而在颗粒表面带有负电，吸收 Ca^{2+}，导致火山灰中的碱溶解进入液相。颗粒表面的 Ca^{2+} 与硅、铝反应形成一层薄膜，该薄膜随时间而增厚。薄膜内外的浓度梯度引起的渗透压力将使其破裂。由于水化铝酸钙和水化硅酸钙的扩散特性不同，水化硅酸钙常在火山灰表面发现，而水化铝酸钙则在远离火山灰处。该机理即为扩散控制溶解。

沸石凝灰岩 – CaO – H$_2$O 系统的反应动力学和机理研究结果也验证了扩散控制溶解理论。反应由沸石矿物和石灰的扩散溶解所组成，且钙离子和氢氧根离子通过沸石界面 C-S-H 薄膜的扩散控制着反应速度。C-S-H 在反应开始时（7d）就在沸石表面形成。SEM 照片显示 C-S-H 形成于火山灰颗粒上，而其他水化产物则在基体中结晶成核。该机理也是一种典型的局部化学过程。

2.3　火山灰活性的影响因素

火山灰与石灰反应的活性受混凝土的内在特性影响，如化学和矿物成分、形态、玻璃相的含量以及细度。此外，还有一些外在因素，如外加剂的掺加和热处理。

除沸石凝灰岩外，所有火山灰的 $SiO_2 + Al_2O_3$ 的含量都较高，而且是玻璃质或无定形结构。火山灰的长期强度与 $SiO_2 + Al_2O_3$ 的含量有关，但早期（7d 内）与石灰的活性更多受 BET[①] 比表面积影响。但以砂浆强度表征的活性与 BET 比表面积之间不存在普遍关系。强度随细度的增加而提高，但在高细度下强度的增加较小。对于某些火山灰，石灰吸收性与 Blaine 比表面积之间存在一定关系，但这种关系对于其他火山灰并不适用。

有研究表明，加入氢氧化钠可以加快火山灰—石灰砂浆的强度发展。如图 2-1 所示，随着氢氧化钠掺量的增加，砂浆的抗压强度发展越快，强度越高。碳酸钠在拌合水中对火山

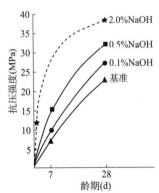

图 2-1　氢氧化钠掺量对火山灰—石灰砂浆强度发展的影响

----

① BET 为 Brunauer、Emmett 和 Teller 三位科学家名字首字母的缩写，他们推导出的多分子层吸附公式，即 BET 方程，广泛应用于颗粒表面吸附性能及比表面积等的测试分析。

灰—石灰反应的加速作用与氢氧化钠基本相当。此外,还有很多其他外加剂能够加速石灰—煅烧页岩和石灰—页岩火山灰的强度发展。除石膏外,其他外加剂对天然火山灰的影响仍未完全弄清。5%以内含量的石膏能够加速火山灰的凝结和硬化,并提高其抗海水侵蚀的能力。

提高温度也能加速石灰—火山灰反应。热处理与火山灰活性的关系取决于火山灰个体的特性,但大致趋势是温度越高,火山灰活性也越大。热处理还需考虑成本问题,有时以这种方法提高火山灰活性并不可取。

2.4 火山灰活性的评价

评价火山灰活性的试验已经讨论了很多年,通常有三种方法:化学方法、物理方法和力学方法。三种方法的相关性较差,例如石灰吸收与力学强度之间没有很好的关联。从终端用户的角度来看,力学试验是评价火山灰活性最有效的方法。而反应动力学(受化学和矿物成分、颗粒粒径分布及温度等因素影响)对火山灰—石灰反应过程的理解特别重要。但砂浆和混凝土的性能才是我们最关心的,因而常用抗压强度评价火山灰活性。

化学方法可分为两大类。一种是测试火山灰反应中提供的可溶性物质 $SiO_2 + Al_2O_3 + Fe_2O_3$ 含量,硅酸盐火山灰砂浆的抗压强度与 $SiO_2 + Al_2O_3 + Fe_2O_3$ 溶解性相关。另一种方法是测试火山灰加入饱和石灰溶液时钙离子的减少,通过比较液相中氢氧化钙的数量评价火山灰活性。但是由于火山灰本身没有胶凝性,只有在与石灰或水泥混合时才能发挥其作用,因此火山灰活性评价试验比较复杂。后来又提出结合水量可以作为评定火山灰活性的依据,但目前还没有统一说法。通常认为火山灰的化学分析不能作为评定其活性的充分依据,而只能把它作为初步分级的方法。

最近采用 X 射线衍射技术测试硅酸盐火山灰水泥的水化产物演变过程,发现 6 月和 1 年龄期时的火山灰反应程度与抗压强度之间存在很好的相关性。此外,图像分析法也能跟踪火山灰的水化过程,可以用作评价火山灰活性。但物理评价方法取决于当前的测试技术,随着现代物相测试分析技术的进步,火山灰活性的评价方法将更加丰富。

对于终端用户而言,基于抗压强度(即力学方法)的火山灰活性评价方法才是最有用的,但不利之处是石灰—火山灰和硅酸盐水泥—火山灰的强度发展相对较慢。通过高温(如 50℃)养护,可以加速强度发展,缩短力学方法评价火山灰活性所需时间。

2.5 火山灰反应的产物

对于天然火山灰,主要的水化产物通常有水化硅酸钙($C-S-H$)、水化铝酸钙(C_4AH_x)($x = 9 \sim 13$)、水化钙铝黄长石(C_2ASH_8)、碳铝酸钙($C_3A \cdot CaCO_3 \cdot 12H_2O$)、钙矾石($C_3A \cdot 3CaSO_4 \cdot 32H_2O$)、单硫型水化硫铝酸钙($C_3A \cdot CaSO_4 \cdot 12H_2O$)。

但是,这些水化产物的出现还取决于火山灰的化学成分、石灰的供给、水化反应的程度或龄期以及水化期间的环境条件。通常，以上全部水化产物不会同时出现。例如，单硫型水化硫铝酸钙只出现在水化开始阶段，随后转变为钙矾石。水化钙铝黄长石通常只出现在高铝火山灰中，此时 C-S-H 的数量将减少。碳铝酸钙可能是水化铝酸钙碳化引起的。

石灰与火山灰的反应将导致火山灰中的碱进入溶液。释放的碱的数量取决于石灰—火山灰反应的进程，因而受时间、温度和火山灰细度影响。火山灰中的碱含量可能高达 10%，如果硅酸盐水泥碱含量也较高，则可能引起膨胀性的碱—骨料反应。实际上，这种情况很复杂，当骨料具有碱活性时，火山灰水泥实际上能够防止膨胀反应的发生。

2.6　火山灰—硅酸盐水泥反应

火山灰水泥加水后，首先是硅酸盐水泥中的熟料水化，生成 $Ca(OH)_2$，成为与火山灰产生二次水化反应的激发剂；火山灰中高度分散的活性氧化物吸收 $Ca(OH)_2$，进而相互反应形成以水化硅酸钙为主体的水化产物，即水化硅酸钙凝胶和水化铝酸钙凝胶。实际上，火山灰水泥的两次水化反应是交替进行的，而且彼此互为条件、互相制约。例如，由于发生了二次反应，在一定程度上消耗了熟料水化的生成物，液相中的 $Ca(OH)_2$ 与活性的 SiO_2 和 Al_2O_3 发生二次水化反应，形成水化硅酸钙和水化铝酸钙，由此使其浓度降低（碱性降低），反过来又促使熟料矿物继续水化，如此反复进行，直到反应完全为止。

通常，加入火山灰会加速硅酸盐水泥的水化，其水化活性还取决于硅酸盐水泥和火山灰的特性。硅酸盐水泥的主要矿物为 C_3S、C_2S、C_3A 和 C_4AF，C_3S 和 C_3A 与火山灰的反应起主导作用。相对于含有火山玻璃的火山灰，含有蛋白石和水铝英石的火山灰与 C_3S 的反应活性更高。火山灰与 C_3S 的反应机理如图 2-2 所示。火山灰颗粒作为成核位置，将加速 C_3S 与水的反应。而且，钙离子与火山灰的化合反应将加速 C_3S 的溶解。C_3S 颗粒的水化进程遵循保护层理论。

对于 C_3A—火山灰系统，火山灰能加速 C_3A 的水化。C_3A—火山灰系统反应过程如图 2-3 所示，是包含扩散和溶解的局部化学过程，与 C_3S—火山灰反应过程相似。

具体机理如下：

第一阶段，C_3A 遇水反应向溶液中释放 Ca^{2+}，并在 C_3A 颗粒表面形成一层富含铝的无定形薄膜。

第二阶段，硫酸根和氢氧化钙溶解析出 Ca^{2+} 和 SO_4^{2-}。钙离子吸附在水化 C_3A 颗粒表面，并与富铝层结合。该过程达到离子平衡时，反应暂时停止。

第三阶段，渗透压力使薄膜破裂，释放 Ca^{2+} 和 SO_4^{2-}。

第四阶段，在薄膜破裂处形成钙矾石，而在 SO_4^{2-} 不足的地方（特别是内表面）形成单硫型水化硫铝酸钙，析出物通过 C_3A 颗粒表面的水化膜扩散。

第五阶段，钙矾石将转变为其他类型的水化硫铝酸钙（取决于 SO_4^{2-} 浓度、碱离子浓度和结晶生长空间）。通过吸收钙离子并给钙矾石提供成核位置，火山灰能加速 C_3A 的水化。

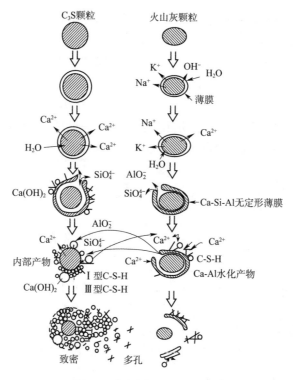

图 2-2 火山灰与 C_3S 反应机理

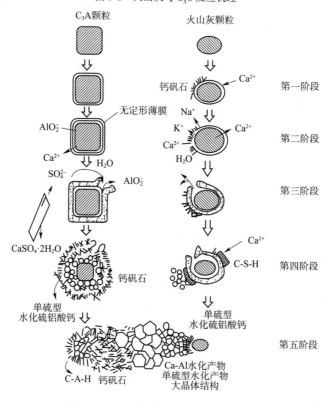

图 2-3 C_3A—火山灰系统反应过程示意图

对于 C_3S—火山灰系统和 C_3A—火山灰系统,火山灰反应的主要阶段相同。包括第二阶段火山灰颗粒表面含铝和硅薄膜的形成,第三阶段由于渗透压力而破裂。对于低碱火山灰,在火山灰表面将生成水化铝酸钙;钙矾石和单硫型水化硫铝酸钙将在随后的反应中形成,这取决于距离 C_3S 或 C_3A 的远近。

硅酸盐—火山灰水泥的主要水化产物与硅酸盐水泥和石灰—火山灰的水化产物相似。但必须认识不同水泥矿物之间的相互作用以及石膏、火山灰的化学和矿物特性的影响。另外,铁和铝可能结合在 C-S-H 结构中。因此,反应产物可能有很大的不同。

由于火山灰水泥的熟料相对减少,水泥的水化速度和水化热都较低,但总的硅酸钙凝胶数量比硅酸盐水泥水化时还多,故后期强度有较大的增长。火山灰水泥早期强度低,后期强度增长大,需要较长时间的养护。此外,由于火山灰是多孔细颗粒,因而火山灰水泥需水量大,标准稠度需水量随火山灰掺量的增加而增大,干缩也比较大。

2.7　火山灰对混凝土性能的影响

火山灰与石灰的主要反应产物是水化硅酸钙和水化铝酸钙。实际上,石灰不仅出现在石灰—火山灰混合物中,在硅酸盐水泥中,C_3S 和 C_2S 水化也会生成石灰。对于石灰—火山灰混合物,火山灰的作用主要有降低凝结时间、提高强度并大大提高耐久性。对于硅酸盐—火山灰水泥,加入火山灰将对混凝土的性能产生以下影响:

(1)延缓强度发展速度,但对最终强度影响较小;

(2)改善孔结构,提高抗渗性;

(3)提高耐久性,特别是降低碱—骨料反应,提高抗硫酸盐侵蚀能力;

(4)降低水化热;

(5)降低混凝土成本。

火山灰水泥适用于地下、水中及潮湿环境的混凝土工程,不宜用于干燥环境,也不宜用于受冻融循环和干湿交替以及需要早期强度高的工程。

火山灰和硅酸盐水泥的反应在水化的最初几小时内就开始了,但火山灰反应的发生要慢得多。硅酸盐—火山灰水泥的强度发展取决于火山灰的含量。多数国家标准规定混合水泥中火山灰的最大含量为40%,并应满足水泥的强度要求。意大利等国没有限制火山灰的用量,但水泥的强度必须满足要求。

混合水泥中,火山灰的取代量不仅取决于火山灰的物理化学性质,还取决于硅酸盐水泥的特性。尽管标准允许的火山灰掺量为40%,但从强度的角度来看,最佳掺量常低于30%。在该掺量下,掺火山灰的水泥1年期强度至少和不掺火山灰的水泥相当,或者更高。对于劣质火山灰,为了获得相同的1年期强度,其最大掺量可能只有15%。如图2-4所示,随着火山灰掺量的增加,砂浆的早期(28d以前)强度减小;但后期(1年)强度略有增大,特别是在最佳掺量时。由于硅酸盐—火山灰混凝土的强度发展较慢,因而需延长混凝土的湿养护时间或进行热处理以加速养护。

要获得和纯硅酸盐水泥相同的流动性,硅酸盐—火山灰水泥的用水量必须增大。用水量随着火山灰的取代量和细度的增加而增大,而混凝土的坍落度也随着火山灰掺量的增加而减小,但这种不利影响可以通过使用减水剂来克服。

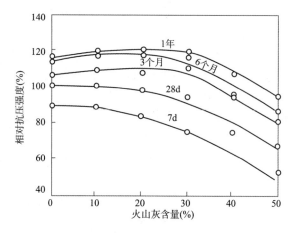

图 2-4　火山灰含量对砂浆抗压强度的影响

硅酸盐—火山灰水泥的初凝和终凝时间受火山灰取代量及其细度和活性的影响。当火山灰的取代率为 20%,该水泥与纯硅酸盐水泥的凝结时间基本相同;当火山灰的取代率达 40% 时,初凝和终凝时间将显著延长。

对比掺与不掺火山灰的混凝土体积稳定性,掺加火山灰后,由于用水量的增加,导致干缩也略微增大,如图 2-5 所示。

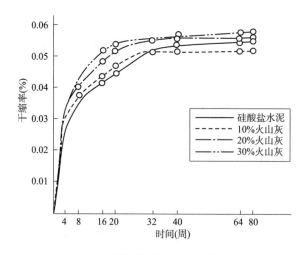

图 2-5　火山灰掺量对混凝土干缩的影响

硅酸盐水泥的水化热通常比硅酸盐—火山灰混合物高。但火山灰反应能加速放热过程,火山灰的加入导致放热曲线的峰值增大,并提前出现(见图 2-6)。这可能是因为火山灰对 C_3S 和 C_3A 水化的加速作用。但从总水化热来看,随着火山灰掺量的增加,混合水泥的水化度急剧下降,如图 2-7 所示。当火山灰掺量为 50% 时,水化热也将降低一半左右。这对大坝等大体积混凝土结构特别有利,可以降低混凝土的温升,减少或防止混凝土温度裂缝的出现。

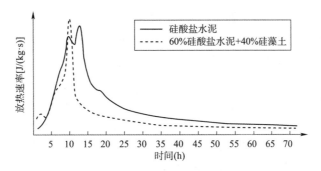

图2-6 火山灰对混合水泥放热速率的影响

有资料表明,掺加火山灰将增加总孔隙率;但随着火山灰—石灰反应的进行,系统的孔隙将变得更细,大孔的体积将减小。通常是大孔(其孔径大于500Å)影响着混凝土的强度、渗透性及耐久性。混凝土的渗透性与孔径大于500Å的孔隙体积具有很强的相关性。含有火山灰的浆体孔隙尺寸将被大大细化,因而火山灰能有效降低渗透性,但这还取决于火山灰的活性。

除了能够降低水化热和渗透性,火山灰还能减小碱—骨料反应引起的膨胀。某些硅质骨料与水泥浆中的碱发生反应,反应产物具有膨胀性,通常会造成混凝土破坏。已证实火山灰能够有效地减小这种膨胀反应。这可能是因为石灰—火山灰反应中孔隙溶液的pH值减小,火山灰—碱反应中活性火山灰消耗了碱,而且生成了非膨胀产物。火山灰对碱—骨料反应的抑制效果还取决于火山灰掺量及活性。如图2-8所示,当火山灰掺量达20%时,砂浆的膨胀急剧降低,能够有效地抑制碱—骨料反应。如果使用活性更高的硅灰,则达到相同的抑制效果,硅灰的用量更少。

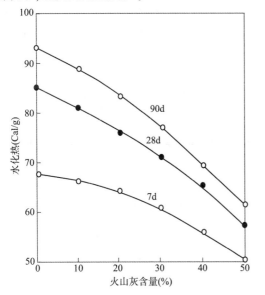

图2-7 火山灰含量对混合水泥水化热的影响

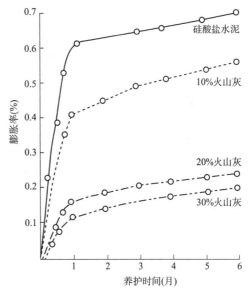

图2-8 火山灰对碱—硅膨胀的抑制作用

天然火山灰能提高混凝土抵抗地下水或土壤侵蚀的能力。这不仅是因为化学作用,还可能是混凝土渗透性降低的结果。众所周知,硅酸盐水泥易受硫酸盐侵蚀,特别是C_3A含量高时。火山灰部分取代硅酸盐水泥后,能成功地减小硫酸盐侵蚀引起的退化。其原因在于:硫酸盐侵蚀的初始阶段是硫酸根离子与氢氧化钙之间的膨胀反应;掺加火山灰后,火山灰将与氢氧化钙反应,从而减小膨胀量;当火山灰掺量超过 20% ~ 30% 时,硫酸盐侵蚀引起的膨胀将得到有效控制。

火山灰的第二个作用是降低水泥中 C_3A 的浓度。火山灰取代硅酸盐水泥的数量越多,C_3A 越稀释。硫酸盐侵蚀引起膨胀和退化的主要原因是,C_3A 水化反应产物由单硫型水化硫铝酸钙转变为钙矾石。硅酸盐—火山灰水泥水化物中水化硅酸钙的数量更多,这对水化铝酸钙形成了保护。而且,这些水化硅酸钙的钙硅比(Ca/Si 值)较硅酸盐水泥浆高,因而能够保留氢氧化钙,使其流失得更少。

火山灰的第三个作用是减小混凝土的渗透性,这将降低硫酸盐溶液进入混凝土的速度。硫酸盐侵蚀将导致混凝土强度降低,降低程度还取决于硫酸根离子的浓度和混凝土的性能。通常采用 5% 的硫酸钠或硫酸镁溶液评价混凝土的抗硫酸盐性能,后者的侵蚀作用通常更严重。

本章参考文献

[1] Davis R E. Historical account of mass concrete[J]. Special Publication,1963(6):1-36.

[2] Alexander K M. Activation of pozzolanic material by alkali[J]. Australian Journal of Applied Science,1955(6):224-229.

[3] Ogawa K,Uchikawa H,Takemoto K,et al. The Mechanism of the Hydration in the System C_3S-Pozzolana[J]. Cement and Concrete Research,1980,10(5):683-696.

[4] Uchikawa H,Uchida S. Influence of pozzolana on the hydration of C_3A[C]//Proceedings of the 7th International Congress on the Chemistry of Cement,Sub-Theme IV,Paris,France,1980:24-29.

[5] Massazza F. Chemistry of pozzolanic additions and mixed cements[J]. II Cemento,1976,73(1):3-28.

[6] Mehta P K. Studies on blended Portland cements containing Santorin earth[J]. Cement & Concrete Research,1981,11(4):507-518.

[7] Grzymek J,Roszczynialski W,Gustaw K. Hydration of cements with pozzolanic addition[C]//7th International Congress on the Chemistry of Cement,1980(4):66-71.

第 **3** 章　硅灰

　　硅灰是硅铁合金和工业硅生产中的副产品。硅灰含有超过80%的不定型二氧化硅,很适合用于水泥混凝土工业。硅灰由平均直径为 0.1μm 的极细球状颗粒组成,这比一般硅酸盐水泥的颗粒小两个数量级,表现出极好的胶结性。

　　这种材料在混凝土中的应用可追溯到20世纪50年代初,70年代得到广泛研究与应用。作为工业副产品,硅灰在混凝土中的应用除了降低能耗,还具有显著的技术、经济以及生态效益。1950年,挪威技术研究所首次进行硅灰混凝土试验,用于建造 Blindtarmen 隧道。根据 Bernhardt 的报告,该工程使用的水泥中含有 15% 的硅灰。1975年,Gjorv 及其同事对硅灰在混凝土中的应用进行了广泛的调查研究。1976年,第一个关于硅灰在水泥中应用的挪威标准(NS 3050)在挪威颁布。随后,1978年挪威标准 NS 3474 允许硅灰用作混凝土的一种矿物掺合料,即在水灰比低于 0.7、水泥用量超过 $240kg/m^3$ 的混凝土中,允许加入 8% 的硅灰。该标准在1981年将硅灰的最大掺量改为 10% 。此外,还有许多其他的挪威和丹麦研究人员也发表了研究报告,提高了硅灰在混凝土中的应用技术。1980年,Mehta 报告了加利福尼亚大学含有硅灰的节能水泥的成分与性能研究结果;之后又发表了一个调查报告,指出硅灰可用作高活性掺合料以提高混凝土的早期强度。1980年,Malhotra 及其同事就硅灰对混凝土性能的影响进行了广泛研究,报道了硅灰对硅酸盐水泥混凝土性能影响的研究结果。至此,硅灰在混凝土中的应用机理以及对混凝土性能的影响已基本明确。当前,硅灰在混凝土中的应用越来越广泛,尤其是在高性能混凝土的应用上,其对于提高混凝土的强度和耐久性起到很大的作用。

　　虽然硅灰用于混凝土工业生产最初是为了经济利益(以工业副产品取代部分硅酸盐水泥),但现在则主要是为了生产高强度(C60 及以上强度等级)或高耐久性混凝土。与一般的掺合料不同,掺入硅灰后,石灰和二氧化硅的反应很迅速,因而要达到预期的高强度和高抗渗性并不需要很长时间。

　　硅灰可以通过两种不同的方式加入混凝土中:一种是以混合材料的形式加入硅酸盐水泥,另外一种是在混凝土配料时以矿物掺合料的形式加入。两种方式都可将硅灰融入硅酸盐水泥混凝土中,胶结反应的化学性质和硅灰在混凝土中的作用机理都是一样的。

3.2 硅灰的生产、储存和运输

硅灰是在冶炼硅铁合金或工业硅时,通过烟道排出的硅蒸汽氧化后,经特别设计的收尘器收集得到的无定形、粉末状的二氧化硅(SiO_2),分子结构如图3-1所示。发生在熔炉里的化学反应很复杂,但是有一个反应涉及 SiO_2 蒸气的形成,这些 SiO_2 蒸气会氧化、凝结成为极小球状的非结晶二氧化硅。凝结的二氧化硅烟气,作为这个过程的副产品被熔炉排放出来的气体带走。由于环境保护需要,工业烟道气体在释放到大气之前必须滤去一些特定的物质,于是当烟气通过一个过滤器时,其中的硅灰就被除去。

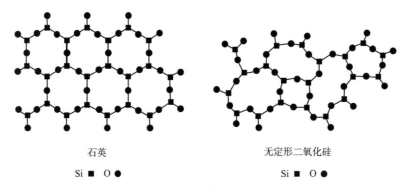

石英　　　　　　　　　　　　　　无定形二氧化硅

Si ■　O ●　　　　　　　　　　　Si ■　O ●

图3-1　石英和无定形二氧化硅的分子结构示意图

硅灰颗粒十分细小,其堆积密度一般为 $200 \sim 250kg/m^3$,这给材料的处理和运输造成很大麻烦,其间还会产生很多灰尘。谢尔布鲁克大学曾将硅灰转变成比硅酸盐水泥颗粒更粗的粉末,使其堆积密度达到 $500kg/m^3$,这样,材料的包装和运输相对来说就简单一些。

运输距离较短时,筒装的硅灰用卡车运输非常方便,装载和卸载都是用空气泵。对整批运输来说,通过混合等量的水来制成一种硅灰浆是一种较好的方法。添加到灰浆中的化学外加剂一般能将用水量减小到合适范围,以防止悬浮液中固体的沉降。这种灰浆的相对密度为 $1.3 \sim 1.4$,可以用泵抽到卡车上。这种方法的主要缺陷,一是运输灰浆的特殊设备短缺;二是在运输硅灰的同时要运输等量的水,运费较高。

根据污染控制措施的不同,处理硅灰的方式不仅在各国之间不同,在各生产设备之间也有差异。在生产合金的欧洲国家,由于较严格的环境保护制度,熔炉的废气清洁措施规定在20世纪80年代初就制定完成。但是,一些车间仍缺乏高效的除尘系统,当来自旧式旋风分离器的粗糙硅灰与来自高效袋式滤器的细小硅灰混合或者不同品质的硅灰相互混合时,灰尘的处理问题就出现了。因此,最好是在倾倒出来之前将材料颗粒化,形成球粒或灰浆。

硅灰在改善混凝土性能方面具有显著的技术优势。同时,各地都在生产混凝土,因而可以避免硅灰的长途运输,而且混凝土的用量很大,对硅灰的用量也大。此外,预拌混凝土工厂可以使用灰浆形式的硅灰,减少了灰尘的危害。

3.3 化学成分与物理特征

3.3.1 化学成分

显然,硅灰的化学成分主要取决于熔炉生产的主要产物,也就是说,与加到熔炉中的材料有关。除此之外,它的成分还受熔炉结构的影响。硅灰中 SiO_2 的含量随着生产的合金中 SiO_2 的含量而变化,一般来说,除了来自 Ca-Si 和 Si-Mn 合金的硅灰(不适合作为水泥原料), SiO_2 的含量都很高,超过 80% ;CaO 和碱的含量都很低;还含有少量的 MgO,对混凝土不会产生危害;碳的含量很少超过 2% ,一般为 0.5% ~ 1.5% 。表 3-1 为硅灰的典型化学成分。

硅灰的典型化学成分(单位:%)   表 3-1

SiO_2	Fe_2O_3	Al_2O_3	CaO	MgO	Na_2O	K_2O	C	S	MnO	烧失量
94	0.03	0.06	0.5	1.1	0.04	0.05	1.0	0.2	—	2.5

与粉煤灰等其他火山灰材料不同,硅灰具有一个独一无二的特点:它的化学成分不随时间变化,或者变化很小。Pistilli 等人分析了同一厂家生产的 30 袋硅灰,发现各成分的变化范围为: SiO_2 是 90.3% ~92.4% , Fe_2O_3 是 3.42% ~4.54% , Al_2O_3 是 0.54% ~0.61% ,CaO 是 0.61% ~ 0.83% ,MgO 是 0.36% ~ 0.52% , Na_2O 是 0.17% ~ 0.23% , K_2O 是 1.02% ~ 1.15% ,烧失量是 2.41% ~2.75% 。在这些范围内化学成分的变化对硅灰的火山灰活性没有影响。

3.3.2 物理特征

来自硅金属或铁硅合金工业的硅灰的相对密度与无定形二氧化硅的相对密度接近,约为 2.2 。而来自 FeCrSi、CaSi 和 SiMn 合金熔炉中的硅灰的相对密度则分别为 2.4、2.6 和 3.1。如前所述,从炼制硅金属和铁硅合金的生产中收集的硅灰的堆积密度为 200 ~250kg/m³ ,但经稠化或粒化处理后的堆积密度则为 500kg/m³ 。

采用 X 射线衍射对不同类型硅灰的矿物成分进行分析,各个类型的硅灰都是由无定形二氧化硅组成,无定形二氧化硅的结构和极细的颗粒粒径是硅灰具有高火山灰活性的主要原因。

对于硅灰的颗粒尺寸,由 Blaine 空气渗透法测得的比表面积为 3300 ~7700m²/kg,而电子显微镜观察到的硅灰都是由直径为 0.01 ~0.3μm 的球形颗粒组成,平均直径为 0.1 ~ 0.2μm 。Blaine 空气渗透法似乎不适合用来测试硅灰的颗粒特征。

材料球状颗粒的平均直径和比表面积可用一个简单的公式联系起来: $A = 6/(D × S)$,式中 A 为比表面积(m²/kg), D 为平均直径(μm), S 为相对密度。运用这个关系式,相对密度为 2.2、平均直径为 0.15μm 的硅灰,经计算得比表面积为 18000m²/kg。这个计算值和经氮吸附试验(BET 方法)测得的值很接近。Mehta 和 Gjorv 测得硅灰的 BET 比表面积为 22000m²/kg;Aitcin 等人报道了一些硅灰的 BET 比表面积典型值,对于 Si-CSF、FeSi-75-CSF 和 FeSi-50-

CSF 合金,其副产品硅灰的比表面积分别为 18500m²/kg、17500m²/kg 和 13500m²/kg;多数硅灰的比表面积为 15000～20000m²/kg。

图 3-2　硅灰的颗粒特征

一般硅灰颗粒以成块的形式存在,分散的硅灰颗粒的球形形状可以通过电子显微镜观察到,如图 3-2 所示。这种极细的颗粒和成块结构会降低砂浆和混凝土的流动性。相对于天然火山灰,硅灰—硅酸盐水泥砂浆的标准稠度需水量可增加 15%。正是由于硅灰对混凝土工作性的不利影响,混凝土中硅灰的掺量通常小于 10%。

3.4　硅灰对混凝土性能的影响

对于新拌混凝土,一般来说,在稠度一定时,掺入极细颗粒的矿物掺合料会增加需水量,但拌合物的泌水更少,黏聚性更好。含有矿物掺合料的硬化混凝土的性能主要取决于它们的火山灰活性以及火山灰反应的进程。所以,在描述硅灰混凝土的性能之前,应就火山灰对硬化混凝土性能的影响作一个大概的介绍。

国际材料与结构研究实验联合会(RILEM)组织的(用于混凝土的硅质副产品)技术委员会(TC73-SBC)已经把硅灰和低温稻壳灰分为高火山灰活性材料,因为它们本质上都是由无定形二氧化硅组成,并且都有很大的比表面积。相对于其他的火山灰和胶结性副产品,它们的活性更高。掺用硅灰的硬化混凝土的优势多源于这种材料的火山灰活性,硅灰和普通火山灰材料(如火山灰、粉煤灰和煅烧黏土)的主要差别是硅灰的火山灰反应进行得更早。

火山灰材料定义为颗粒极细的硅质材料,这些颗粒可以在常温下与氢氧化钙发生化学反应,形成与硅酸盐水泥水化产物(即水化硅酸钙)相似的胶结产物。因此,火山灰反应一般用来表示氢氧化钙和二氧化硅的反应。当火山灰材料用作混凝土掺合料时,它就是活性二氧化硅的提供者;火山灰反应中的氢氧化钙通常来自硅酸盐水泥的主要矿物硅酸三钙和硅酸二钙的水化产物。

火山灰材料部分取代硅酸盐水泥加入混凝土中,主要的好处是减少水化热。这是因为通过火山灰反应形成硅酸钙产生的热量比通过硅酸三钙水化反应形成硅酸钙产生的热量要少得多。

将火山灰材料掺入混凝土的另一个好处是,可以提高混凝土在不同类型化学侵蚀下的耐久性,比如酸性或含硫酸盐溶液的侵蚀以及碱—骨料膨胀反应。这主要是因为火山灰反应可以降低混凝土的渗透性,降低碱性(即氢氧化钙的含量)。渗透性的降低归因于孔径分布的改变。许多研究表明,与硅酸盐水泥浆相比,水化火山灰硅酸盐水泥浆的孔径更细,这些孔隙不容易渗透。

3.4.1　工作性

硅灰对新拌混凝土流变性能的影响通常可视作"稳定作用",即加入混凝土拌合物中的极细颗粒物可以减少离析和泌水趋势。不掺硅灰的情况下,混凝土中最小的颗粒是硅酸盐水泥颗粒,这些颗粒的粒径大小一般在 $1\sim80\mu m$ 之间。细骨料和粗骨料颗粒比水泥颗粒大得多,粗骨料起着稳定器的作用,可使泌水上升到混凝土表面时通过的通道尺寸减小。当极细的硅灰颗粒加入混凝土中,泌水流动的通道尺寸会大大减小,因为这些颗粒可以进入水泥颗粒之间的空隙,切断泌水的流动通道。而且,由于加入硅灰后固体和固体的接触点增多,混凝土拌合物的黏聚性也显著提高,这就使得混凝土很适合用于喷射、泵送和水下浇筑。事实上,加入过多的硅灰(如掺量 >20%)会使混凝土变得很黏稠。

有研究表明,将少量的硅灰(掺量≤10%)掺入到普通结构混凝土中,一般不会导致需水量增加,也不需要加入减水剂来维持预期的坍落度(流动性)。但是如果掺量增多,则必须增加混凝土拌合物的用水量以维持一定的坍落度。在坍落度一定时,混凝土拌合物的用水量几乎是随着硅灰掺量的增大而线性增加的。使用合适的减水剂可以解决用水量增加的问题,甚至可以使用水量下降到更低水平。很明显,掺入 10%~20% 的硅灰后,只有通过使用减水剂将拌合物水灰比维持在较低水平时,才能使混凝土获得更高的强度和耐久性。而且,减水剂的存在可以使水泥和硅灰颗粒充分分散,从而加速水化反应。

3.4.2 凝结时间

很多研究表明,与基准混凝土相比,在普通混凝土拌合物(水泥用量 250~300kg/m³)中加入少量(掺量为10%)的硅灰,对凝结时间没有显著影响或者影响较小。例如,Pistilli 等报告表明,ASTM Ⅰ型硅酸盐水泥用量为 237kg/m³ 的混凝土拌合物中,掺入 24kg/m³ 的硅灰时,初凝时间和终凝时间分别增加 26min 和 29min。对于引气混凝土,还没有观察到硅灰对凝结时间有太大的影响。

3.4.3 塑性收缩

刚浇筑的混凝土拌合物在尚未凝结时容易在表面产生裂缝,这通常是"塑性收缩"现象引起的。这种现象一般发生在高温天气(周围温度高、环境湿度低、有风),这种环境下水从混凝土表面蒸发的速率高于水从混凝土内部迁移到表面的速率。由于含有硅灰的混凝土泌水很少或不泌水,一些报告确认了这种混凝土早期暴露在干燥环境中比较容易出现塑性收缩开裂。为了克服这个问题,在浇筑后要尽可能快速地保护混凝土表面,使水分不蒸发。这种防范是高温下混凝土保护方法标准的一部分。

3.4.4 强度

在讨论硅灰对混凝土强度的影响之前,需要注意几点:首先,多数研究中都只有硅灰对混凝土抗压强度影响的研究,如果没有特别说明,强度数据均指抗压强度;其次,和其他火山灰材料一样,硅灰对混凝土强度的影响很大程度上取决于它的使用方式,即是作为混合材料加入硅酸盐水泥中还是部分取代硅酸盐水泥加入混凝土拌合物中;另外,评价硅灰的使用效果时,只有在掺入减水剂使硅灰混凝土的水灰比维持在基础混凝土水平的情况下,再比较掺与不掺硅灰的混凝土强度才有意义,特别是在硅灰掺量超过5%时。

当硅灰用作水泥混合材料时,其对早期强度(即1d和3d的强度)没有影响,在3～28d的潮湿养护期,强度会显著提高,此时大部分的火山灰反应都已发生。随后在28～90d内强度增长相对较低。需要注意的是,硅灰的这种作用与F类粉煤灰或天然火山灰有较大区别,这些材料的火山灰反应对强度的贡献大都发生在28～90d。

根据Pistilli等报告的研究结果,在ASTM Ⅰ型硅酸盐水泥用量为297kg/m³的混凝土拌合物中加入24kg/m³硅灰,7d和28d的强度分别增加10%和20%,而1d和2d的强度与基准混凝土没有区别。需要注意的是,硅灰混凝土的最终强度似乎没有28d的强度高,而且基准混凝土和硅灰混凝土90d以后的强度也基本上没有差别。

相对于一般混凝土或富混凝土(即硅酸盐水泥用量>300kg/cm³),在贫混凝土(硅酸盐水泥用量为200～250kg/m³)中加入硅灰对强度的作用更好。例如,在硅酸盐水泥用量为237kg/m³的混凝土(水灰比为0.72)中,掺入24kg/m³的硅灰后(保持水灰比相同),2d、7d和28d硅灰混凝土的强度分别增加20%、40%和50%。

Malhotra在研究后得出以下结论:

(1)对于水灰比为0.6和0.5的混凝土,硅灰的掺入不会导致3d抗压强度发生较大变化;但对于水灰比为0.4的混凝土,抗压强度将随着硅灰掺量(即取代5%～15%的水泥)的增加而增大。

(2)不管水灰比多大,7d和28d混凝土的抗压强度随着硅灰掺量(即取代5%～15%的水泥)的增加而线性增大。

(3)所有引气混凝土(包含掺与不掺硅灰)与非引气混凝土相比都有强度损失。含气量每增加1%,强度损失5%。

由于硅灰具有很高的火山灰活性,作为混凝土中硅酸盐水泥的替代材料,硅灰可使硅酸盐水泥混凝土的抗压强度提高2～3倍。Wolsiefer配制混凝土时,ASTM Ⅰ型硅酸盐水泥用量为593kg/m³,硅灰用量为119kg/m³,石灰石骨料最大粒径为10mm,混凝土的水灰比为0.22,使用高效减水剂,混凝土14d的抗压强度为100MPa,4个月则达到125MPa。当然,相对于不掺硅灰的混凝土,长时间的潮湿养护对硅灰混凝土更为重要。对于掺与不掺硅灰的混凝土来说,抗压强度或抗拉强度与弹性模量的关系基本是相同的。

3.4.5 渗透性

混凝土对侵蚀水的耐久性通常取决于渗透性。活性高的火山灰材料,如稻壳灰和硅灰,可以减小水化水泥浆中孔隙的大小,以该材料取代10%的水泥,能使混凝土在早期(7～28d)基本不渗透,从而使硅酸盐水泥浆的孔隙更细。

Hustad和Loland研究硅灰混凝土的渗透性,认为硅灰对渗透性有显著影响。例如,两种混凝土,一种混凝土的硅酸盐水泥用量为100kg/m³、硅灰掺量为20%并掺有高效减水剂,另一种混凝土的硅酸盐水泥用量为250kg/m³但不掺硅灰和高效减水剂,两者的渗透性几乎相同。当水泥用量为250kg/m³但不掺硅灰时,混凝土的渗透系数平均值为6.15×10^{-7}m/s,而当有10%的硅灰掺入混凝土中时则为1.75×10^{-14}m/s。

3.4.6 干缩

许多干缩测试数据表明,加入硅灰不会对混凝土的长期收缩产生较大影响,特别是在混凝土拌合物用水量不变的情况下。例如,Pistilli 等人发现,在硅酸盐水泥用量为 237kg/m³、水灰比为 0.7 的混凝土中,加入 24kg/m³ 的硅灰,混凝土棱柱体 64 周的干缩有少许增加;而在硅酸盐水泥用量为 297kg/m³、水灰比为 0.6 的混凝土中,加入 24kg/m³ 的硅灰对混凝土棱柱体 64 周的干缩没有影响。

3.4.7 徐变

在良好的养护条件下,相对于不掺火山灰材料的混凝土,掺有粉煤灰等火山灰材料的混凝土试样徐变通常更小。这可能是由于含有火山灰材料的混凝土最终强度更高,而混凝土的徐变与强度成反比。由于硅灰是高火山灰活性材料,因而含有硅灰的混凝土徐变要比相应的硅酸盐水泥混凝土要低。

Buil 和 Acker 就硅灰对混凝土徐变的影响进行了试验研究。使用碳酸钙骨料和普通硅酸盐水泥配制混凝土,基准混凝土的水灰比为 0.435,以硅灰取代 25% 的水泥配制的硅灰混凝土的水灰比为 0.40(为了使两种混凝土保持相同的稠度,后者加入了高效减水剂)。$\phi16cm \times 100cm$ 圆柱体试样标准养护 28d,基准混凝土和硅灰混凝土 28d 的抗压强度分别为 53MPa 和 76MPa。一年的徐变数据表明,两种混凝土的基本徐变应变相当,但基准混凝土的干燥徐变约为 370×10^{-6},而硅灰混凝土为 300×10^{-6}。

3.4.8 抗冻性

冻融条件下硅灰混凝土具有较高的耐久性。Traettberg 采用 40mm×40mm×160mm 棱柱体砂浆研究冻融循环周期的影响,试件中硅灰的掺量有 5%、15% 和 25%,通过减水剂使其水灰比控制在 0.48~0.7 之间。有的砂浆中还加入了引气剂。试件在 -28℃ 下冻结,在 +18℃ 下融解,每 50 个冻融循环周期测试砂浆的长度变化和横向共振频率。研究表明,硅灰能极大地提高砂浆的抗冻性,这是由于掺入硅灰后使得孔隙变得更细。掺和不掺硅灰的砂浆有显著的区别,前者的小孔(50~400Å)含量显著增加,而这些小孔中的水在 -28℃ 下不会结冰。

Opsahl 用 ASTM C666 的方法对硅灰混凝土试件进行试验,其结果似乎证实了 Traettberg 的结论。Opsahl 分别将 10% 和 20% 的硅灰及减水剂加入硅酸盐水泥用量为 100kg/m³ 和 250kg/m³ 的混凝土中,并检测其抗冻性。试验表明,将硅灰和减水剂一起掺入可以提高混凝土的抗冻性。这是由孔结构的改变引起的,这种改变导致含硅灰的混凝土渗透性降低,抗拉强度增大。由此可以认为,混凝土传统抗冻性的控制措施,如引气,在掺有硅灰和减水剂的混凝土中是没有必要的。

3.4.9 耐磨性

一般来说,对于高强混凝土,强度与耐磨性有直接关系。需要注意的是,只有在混凝土很密实(水灰比小)且使用坚硬骨料时,混凝土才能获得很高的强度。对强度有利的因素也对耐磨性有益。Wolsiefer 运用 ASTM C779 方法(圆板磨损测试)得到的试验结论:含有硅灰的高强混凝土(抗压强度为 76MPa)试件的磨损深度非常小,平均 60min 的摩擦只造成 1.4mm 的磨损。Holland 也证实了掺有硅灰和高效减水剂的高强度混凝土(90MPa)的耐磨性比不掺硅灰的基准混凝土要好得多。

3.4.10 耐化学侵蚀性

将硅灰加入混凝土中,除了能大大降低渗透性之外,还能提高混凝土对酸性或硫酸盐侵蚀的抵抗能力。这主要是因为减少了水泥浆中氢氧化钙的含量,氢氧化钙的含量随着硅灰的掺入而线性减少。当硅灰取代 20% 的水泥时,硅酸盐水泥水化产生的氢氧化钙非常少;当硅灰取代 25% 的硅酸盐水泥时,28d 混凝土试样中几乎没有氢氧化钙存在。

食物中的有机酸和工业溶液中的矿物酸、盐都会腐蚀硅酸盐水泥混凝土,须使用低渗透性的混凝土(低水灰比)。火山灰或乳胶等外加剂也可以起到保护作用。Mehta 报告了低水灰比混凝土对 1% 盐酸、1% 硫酸、1% 乳酸、5% 醋酸、5% 硫酸钠和 5% 硫酸铵的化学侵蚀抵抗能力,试验中用到了低水灰比基准混凝土、乳胶改性混凝土和硅灰掺量为 15% 的硅灰混凝土。所有混凝土的水灰比接近,都在 0.33 ~ 0.35 之间。标准养护 7 周,然后在不同溶液中侵蚀 6 个月,测试试件的质量损失。除了硫酸铵溶液,硅灰混凝土都表现出比其他两种混凝土更好的耐化学侵蚀能力。

Wolsiefer 报告了混凝土对硫酸铵的化学侵蚀抵抗能力的研究结果。混凝土试件中水泥用量为 $325kg/m^3$、水灰比为 0.28;其中一种混凝土掺有 $65kg/m^3$ 的硅灰,另一种未掺硅灰。侵蚀试验进行 57 周后,含硅灰的混凝土其抗压强度没有损失(与浸泡之前的强度相比),而基准混凝土损失了 74% 的原始抗压强度。一般来说,掺硅灰的混凝土比不掺硅灰的混凝土具有更好的抗硫酸盐侵蚀能力。

3.4.11 与碱—骨料反应相关的膨胀

在水泥浆的碱溶液环境下,骨料中含有的某些活性成分会发生化学反应,进而引起混凝土膨胀或开裂。无定形二氧化硅和一些结晶较差的硅质材料常用于减少强碱溶液(pH > 13)的侵蚀,特别是在用高碱水泥时(Na_2O 当量 > 0.6%)。火山灰材料能够减小系统的膨胀,但碱—骨料反应的准确机理和火山灰如何减小膨胀仍有待研究。

用于减少碱—骨料反应膨胀的火山灰材料用量取决于其活性。但很多研究表明,要控制碱—骨料膨胀,取代高碱水泥的 F 类粉煤灰用量可能要 30% ~ 40%,而硅灰却不到 10%。由于 F 类粉煤灰大量替代硅酸盐水泥会造成较大的早期强度损失,因而使用硅灰来将碱—骨料膨胀减小到一个可接受的水平似乎具有特别的优势。

冰岛的硅酸盐水泥都是高碱型(Na_2O 当量 > 0.6%),而且很多骨料含有碱活性成分。Olafsson 使用硼硅酸玻璃和高碱硅酸盐水泥(Na_2O 当量为 0.86%、1.00% 或 1.39%)配制砂浆,研究表明,当硅灰取代 5% ~ 10% 水泥时,6 个月的膨胀量比基准砂浆减少 75%。从

1977 年开始,冰岛的一些水泥厂生产的硅酸盐水泥就掺加了 5% ~6% 的硅灰。

3.4.12　混凝土中钢筋的腐蚀

在钢筋混凝土和预应力混凝土使用期间,埋在其中的钢筋的腐蚀常常会对混凝土产生不利影响。钢筋的腐蚀是一个电化学过程,它需要有电解液或潮湿的空气。钢筋锈蚀引起的膨胀会使混凝土开裂。

钢筋表面往往附有一层氧化铁钝化膜,钝化膜一般在与腐蚀相关的阳极和阴极充分反应之前被破坏。在水化硅酸盐水泥浆的碱性环境下,这种钝化膜很稳定。但是在某些情况下,如氯离子存在的条件下,钝化膜就会受到破坏,这解释了为什么氯化物会加速混凝土中钢筋的锈蚀。

混凝土对埋在其中的钢筋的保护能力也取决于电阻。增加硅灰的掺量可以充分提高混凝土的电阻。对于不掺硅灰的饱和混凝土,电阻率为 5 ~ 10kΩ/cm。对于水泥用量为 100kg/m³ 的混凝土,掺入 10% 的硅灰时,电阻率增大 58% ;掺入 20% 的硅灰时,则增大 190% 。对于水泥用量为 250kg/m³ 的混凝土,掺入 10% 和 20% 的硅灰时,电阻率分别增大 210% 和 615% 。当必须考虑钢筋锈蚀问题时,通常推荐使用富混凝土混合物(硅酸盐水泥用量为 400kg/m³),此时,加入 10% 和 20% 的硅灰可使电阻率分别增加 550% 和 1600% 。电阻的增加很可能是由于火山灰反应导致的孔隙细化过程引起的,因为在具有细小孔结构的基体中,离子的活动性很低。

3.4.13　在混凝土工业中的应用

一直以来,硅灰主要用作普通混凝土的一种辅助胶凝材料。但是,随着混凝土工业的发展,硅灰还具有一些独特的技术优势(如高强度和高耐久性)。因为经济的原因或者为了减少水化热,硅灰常用作水泥替代材料。从强度的角度来看,硅灰的功效可能是同等数量硅酸盐水泥的 2 ~3 倍。在很多应用实例中,混凝土中掺加硅灰主要是为了提高强度或耐久性。例如,1981 年瑞士在建造新雪恩桥的混凝土中掺加了硅灰,混凝土配合比为:硅酸盐水泥 370kg/m³、硅灰 37kg/m³、水 205kg/m³、细骨料 785kg/m³ 和粗骨料 970kg/m³(最大粒径为 32mm)。混凝土的平均强度是 62MPa,掺入硅灰后减少硅酸盐水泥的用量,在不减小强度的情况下将混凝土的绝热温升降低至 10 ~12℃,进而降低温度裂缝出现的风险。

为了保证获得相同的工作性,在混凝土中掺加硅灰的同时还需在混凝土混合物中掺入减水剂。特别是硅灰掺量大于 5% 时,必须掺减水剂或高效减水剂。

新浇筑的硅灰混凝土对塑性收缩很敏感,因此必须注意养护,以免受高温和干燥的条件影响。当表面的水分蒸发速率超过 1kg/(m²·h)时,除了常规的养护措施,还应采取其他措施来防止混凝土表面的水分快速散失。一般来说,这些措施包括加湿基础、架设遮光罩、在浇筑之前冷却隔层、用冰或凉水降低混凝土拌合物的温度、浇筑后直接在表面覆盖聚乙烯板或者使用喷雾。

总之,在混凝土中使用火山灰的大多数技术效益(如高强和高耐久性)是在火山灰反应进行时得到的。因此,保持最低温度和湿度很重要。硅灰混凝土在浇筑施工结束后,必须避免高温。为了确保内部水分不会因水化热而蒸发散失,建议混凝土表面保持潮湿直到混凝土温度降低到安全范围。在寒冷环境下,除了防止常见的早期霜冻损害,还应采取有效的措施来保持混凝土的温度,直到水泥水化反应足以保证火山灰反应继续进行为止。

3.5　硅灰在高早强自密实混凝土中的应用

自密实混凝土具有高工作性、抗离析性、间隙通过性和填充性,是现代混凝土的发展方向,特别是自密实高强混凝土,正越来越多地应用于各类工程建设中。通常实现高强混凝土的方法有四种:

(1)方法一:硅酸盐水泥 + 活性矿物掺合料 + 高效减水剂。通过二次水化,将高碱性水化硅酸钙转化为低碱性水化硅酸钙,获得的混凝土抗压强度可达 100 ~ 150MPa。

(2)方法二:磨细矿渣 + 碱组分。用第一族元素(Li、Na、K)的化合物激发矿渣中的 $CaO-A_2O_3-SiO_2$ 系统玻璃体,获得的混凝土抗压强度可达 160MPa。

(3)方法三:硅酸盐水泥 + 高效减水剂 + 磨细砂 + 蒸压养护。

(4)方法四:优质石灰 + 高效减水剂 + 磨细砂 + 蒸压养护。砂虽为结晶态 SiO_2,但磨细后在高温蒸压养护条件下,可以较快溶解,并与水泥水化时产生的游离石灰和高碱性水化硅酸钙反应,生成低碱性水化硅酸钙,因而也能获得很高的强度。

目前,普遍采用方法一来配制高强混凝土,我国《高强高性能混凝土用矿物外加剂》(GB/T 18736—2017)规定了用于高强高性能混凝土的矿物外加剂的技术性能要求,见表 3-2。这些活性矿物掺合料通常都含硅灰,其物理、化学性能有着更严格的要求。在高早强自密实混凝土中,我们也采用方法一。一方面,硅灰的掺入可以调节混凝土拌合物的黏聚性,提高强度和耐久性;另一方面,采用高效减水剂可对水泥颗粒产生强烈的分散作用,使混凝土拌合物的流动性得到提高,这也有利于保证混凝土的强度和耐久性。

高强高性能混凝土用矿物外加剂的技术要求　　表 3-2

试验项目			指　标						
			矿渣			粉煤灰		天然沸石粉		硅灰
			I	II	III	I	II	I	II	
化学性能	MgO(%)	≤	14			1		—		—
	SO₃(%)	≤	4			3		—		—
	烧失量(%)	≤	3			5	8	—		6
	Cl(%)	≤	0.02			0.02		0.02		0.02
	SiO₂(%)	≥	—			—		—		85
	吸铵值(mmol/100g)	≥	—			—		130	100	—
物理性能	比表面积(m²/kg)	≥	750	550	350	600	400	700	500	15000
	含水率(%)	≤	1.0			1.0		—		3

续上表

试　验　项　目		指　　标							
		矿渣			粉煤灰		天然沸石粉		硅灰
		I	II	III	I	II	I	II	
胶砂性能	需水量比(%) ≤	100			95	105	110	115	125
	活性指数(%) 3d ≥	85	70	55	—	—	—	—	—
	活性指数(%) 7d ≥	100	85	75	80	75	—	—	—
	活性指数(%) 28d ≥	115	105	100	90	85	90	85	85

3.5.1　试验原材料

水泥主要存在与外加剂的相容性、标准稠度用水量和强度等问题,水泥与外加剂是否相适应,决定着能否配制出某个强度等级的自密实混凝土,因此应选用较稳定的水泥。本次试验采用42.5级普通硅酸盐水泥。硅灰具有很高的火山灰活性,因此能改善自密实混凝土硬化后的孔结构和强度。试验采用的硅灰,其SiO_2含量为92.8%,比表面积为20000m^2/kg。

砂在混凝土中存在双重效应,一是圆形颗粒的滚动减水效应,二是比表面积吸水率高的需水效应。这两种相互矛盾的效应,决定了必须根据水泥、掺合料、外加剂等情况综合考虑。砂的含泥量和杂质,会使水泥浆与骨料的黏结力下降,需要增加用水量和水泥用量,所以砂必须符合规范技术要求。由于自密实混凝土常常用于钢筋稠密或薄壁的结构中,因此粗骨料的最大粒径应小于20mm,应尽可能选用圆形且不含或少含针、片状颗粒的骨料。

此外,自密实混凝土具备的高流动性、抗离析性、间隙通过性和填充性这四个方面的特性都需要以掺外加剂的方法来实现。本次试验采用FDN高效减水剂。

3.5.2　试验结果与分析

流动性用坍落度来衡量,抗压强度测试试件为边长150mm的立方体试件。试验通过调整水灰比、硅灰和高效减水剂FDN掺量,配制坍落度超过240mm的高早强自密实混凝土。混凝土24h的设计抗压强度为25MPa,强度保证率为95%,计算得到的配制强度为31.58MPa。

高早强自密实混凝土的试验配合比和性能见表3-3,W/C为水胶比、SF为硅灰掺量、FDN为高效减水剂FDN掺量、SL为坍落度。

高早强自密实混凝土的配合比和性能　　　　表3-3

编　号	W/C	SF(%)	FDN(%)	SL(mm)	抗压强度(MPa)
1	0.30	0	2	300	27.5
2	0.25	0	2	180	33.3
3	0.25	0	3	200	33.1
4	0.25	0	4	240	33.3

编　号	W/C	SF(%)	FDN(%)	SL(mm)	抗压强度(MPa)
5	0.26	6	4	245	35.3
6	0.27	9	4	250	35.1
7	0.28	12	4	255	35.3
8	0.29	15	4	265	33.5
9	0.30	18	4	270	32.3

由表3-3中高早强自密实混凝土的性能可知：所有配合比中，只有编号2、3混凝土拌合物的坍落度小于240mm，不能满足自密实的要求；编号1硬化混凝土的抗压强度小于要求的配制强度，达不到C25的要求。编号4~9混凝土均能满足24h抗压强度等级C25的要求。混凝土拌合物的坍落度随水灰比和FDN掺量的增大而增大，随硅灰掺量的增大而减小；硬化混凝土24h抗压强度随水灰比的增大而减小，随硅灰和FDN掺量的增大而提高。

3.6　硅灰在活性粉末混凝土中的应用

随着现代工程结构向高耸、大跨、重载以及其他严酷使用环境发展，高强混凝土在实际工程中得到越来越多的应用。通过在混凝土中大量使用化学外加剂和矿物掺合料(特别是硅灰)，混凝土的水胶比大大降低，强度成倍提高。

1993年，法国Bouygues公司研制出一种新的超高性能水泥基复合材料，由于增加了组分的细度和反应活性，因此称之为活性粉末混凝土(Reactive Powder Concreter，RPC)。1997年，加拿大落成的Sherbrooke桥(见图3-3)是首例完全使用RPC建造的结构物。该桥采用钢管RPC桁架结构，跨度60m，桥面宽4.2m，桥面板厚为30mm，每隔1.7m设置高70mm的加强肋。桁架腹杆是直径150mm、壁厚3mm的不锈钢管，内灌RPC200。下弦为RPC双梁，梁高380mm。均按常规混凝土工艺预制，每个预制段长10m、高3m，运到现场后用后张预应力拼装而成。该桥的结构设计特点是，混凝土结构内无箍筋，分别在体内和体外布置预应力钢筋，并使用不锈钢管约束RPC，以提高其强度和延性。由于采用RPC，大大减轻了自重，提高在高湿度环境、频繁受除冰盐腐蚀与冻融循环作用下的结构耐久性能。

图3-3　Sherbrooke桥全貌及其上部结构形式

Lafarge 公司还采用 RPC 材料成功地在美国 Iowa 州建造了 Mars Hill 桥,如图 3-4 所示。该桥为单跨桥梁,长 110 英尺(1 英尺 = 0.3048m),由三根梁承载。由于完全采用 RPC 建造,该桥在 2006 年获得美国 PCI 学会两年一届的"第十届桥梁竞赛奖",并被誉为"未来的桥梁"。

图 3-4　Mars Hill 桥

RPC 强度高,根据组分和制备条件的不同,RPC 可以分为 RPC200 和 RPC800 两级,RPC200 的抗压强度可以达到 200MPa 以上,RPC800 可以达到 800MPa。下面将采用正交回归设计的方法,分析硅灰对 RPC 抗压强度的影响规律。

3.6.1　试验原材料

试验采用 42.5 级普通硅酸盐水泥;硅粉的 SiO_2 含量为 92.8%,比表面积为 $20000m^2/kg$;天然石英河砂,50~70 目;钢纤维;外加剂为 20HE-1 高效减水剂。

试件尺寸为 4cm×4cm×16cm。成型工艺为:首先加入水泥、硅灰,将胶凝材料搅拌均匀;再加入砂,将其与胶凝材料混合搅拌均匀;再加入钢纤维,搅拌均匀;再加入 2/3 的水,搅拌 1min 后加入减水剂;最后加剩余的 1/3 水继续搅拌。试件成型后 24h 脱模,90℃蒸养 72h,自然冷却 24h 后再在水中养护 48h,测试 7d 强度。

3.6.2　二次回归正交试验及分析

RPC 的抗压强度 y 主要与以下四种因素有关:

x_1:水胶比

x_2:钢纤维掺量(体积掺量,%)

x_3:硅灰掺量(%)

x_4:骨料—胶凝材料比

采用二次回归正交设计试验。首先进行因子编码,因子编码表列于表 3-4 中。

因 子 编 码 表　　　　　　　　　　　　　　　　　　表 3-4

因子	零水平	变化区间	变量设计水平($\gamma=1.414$)				
			$-\gamma$	下水平	零水平	上水平	$+\gamma$
x_1	0.15	0.01	0.136	0.14	0.15	0.16	0.164

续上表

因子	零水平	变化区间	变量设计水平($\gamma = 1.414$)				
			$-\gamma$	下水平	零水平	上水平	$+\gamma$
x_2	1.5	0.5	0.793	1	1.5	2	2.207
x_3	15	3	10.758	12	15	18	19.242
x_4	1	0.2	0.717	0.8	1	1.2	1.283

表 3-4 中 $-\gamma$ 和 $+\gamma$ 的计算以因子 x_1 的计算为例如下:

$$-\gamma = x_{01} + \Delta_1\gamma = 0.15 + 0.01 \times 1.414 = 0.164$$

$$+\gamma = x_{01} + \Delta_1\gamma = 0.15 + 0.01 \times (-1.414) = 0.136$$

其中,x_{01} 为 x_1 的零水平,Δ_1 为变化区间。其余因子的 $-\gamma$ 和 $+\gamma$ 计算与因子 x_1 完全相同。

根据因子编码设计的试验方案及其试验结果列入表 3-5 中。

二次回归正交设计和 RPC 的抗压强度　　　　表 3-5

编　号	x_1	x_2	x_3	x_4	y(MPa)
1	0.16	2	18	1.2	234
2	0.16	2	18	0.8	230
3	0.16	2	12	1.2	219
4	0.16	2	12	0.8	214
5	0.16	1	18	1.2	209
6	0.16	1	18	0.8	198
7	0.16	1	12	1.2	191
8	0.16	1	12	0.8	188
9	0.14	2	18	1.2	257
10	0.14	2	18	0.8	253
11	0.14	2	12	1.2	249
12	0.14	2	12	0.8	239
13	0.14	1	18	1.2	237
14	0.14	1	18	0.8	235
15	0.14	1	12	1.2	220
16	0.14	1	12	0.8	214
17	0.164	1.5	15	1	212
18	0.136	1.5	15	1	254
19	0.15	2.207	15	1	249
20	0.15	0.793	15	1	195
21	0.15	1.5	19.242	1	230

续上表

编　号	x_1	x_2	x_3	x_4	$y(\mathrm{MPa})$
22	0.15	1.5	10.758	1	211
23	0.15	1.5	15	1.283	224
24	0.15	1.5	15	0.717	211
25	0.15	1.5	15	1	223

通过二次回归计算分析,可得 RPC 抗压强度的回归方程:

$$\hat{y} = 223.84 - 14x_1 + 14.97x_2 + 7.29x_3 + 3.17x_4 + 1.19x_1x_2 - 0.06x_1x_3 +$$
$$0.06x_1x_4 - 0.81x_2x_3 + 0.06x_2x_4 - 0.19x_3x_4 + 5.28(x_1^2 - 0.8) -$$
$$0.23(x_2^2 - 0.8) - 0.98(x_3^2 - 0.8) - 2.48(x_4^2 - 0.8) \tag{3-1}$$

二次回归计算的方差分析列于表 3-6 中。因 32.54 > 4.60,故回归方程特别显著。同时,由表 3-6 还可看出,变量 x_1、x_2、x_3 及二次作用 x_1^2 也都特别显著,而交互作用 x_1x_3、x_1x_4、x_2x_4 等对 y 的影响很小。如要得到"最优"的回归方程,可将它们直接从原回归方程中剔除。

$$\hat{y} = 223.84 - 14x_1 + 14.97x_2 + 7.29x_3 + 3.17x_4 + 1.19x_1x_2 - 0.81x_2x_3 - 0.19x_3x_4 +$$
$$5.28(x_1^2 - 0.8) - 0.23(x_2^2 - 0.8) - 0.98(x_3^2 - 0.8) - 2.48(x_4^2 - 0.8) \tag{3-2}$$

方　差　分　析　表　　　　　　　表 3-6

方差来源		平　方　和	自　由　度	均　方	F 值	临　界　值
一次作用	x_1	3930.87	1	3930.87	190.54 * *	
	x_2	3901.99	1	3901.99	189.14 * *	
	x_3	1063.84	1	1063.84	51.57 * *	
	x_4	200.86	1	200.86	9.74	
交互作用	x_1x_2	22.56	1	22.56	1.09	
	x_1x_3	0.06	1	0.06	0.003	
	x_1x_4	0.06	1	0.06	0.003	$F_{0.10}(1,10) = 3.28$
	x_2x_3	10.56	1	10.56	0.51	$F_{0.05}(1,10) = 4.96$
	x_2x_4	0.06	1	0.06	0.003	$F_{0.01}(1,10) = 10.0$
	x_3x_4	0.56	1	0.56	0.03	$F_{0.05}(14,10) = 2.86$
二次作用	x_1^2	222.61	1	222.61	10.79 * *	$F_{0.01}(14,10) = 4.60$
	x_2^2	0.41	1	0.41	0.02	
	x_3^2	7.61	1	7.61	0.37	
	x_4^2	49.01	1	49.01	2.38	
回归		9411.1	14	672.22	32.54 * *	
剩余		206.3	10	20.63		
总和		9617.4	24			

注:* * 表示显著相关度。

由以上两式可以看出,RPC 的抗压强度随硅灰掺量的增加而增大。硅灰之所以能提高 RPC 的抗压强度,主要是因为:

(1)对于混凝土材料而言,内部最薄弱的部位一般是骨料与浆体之间的界面过渡区,而破坏一般也是从这个部位发生,并发展到整个混凝土结构。而且骨料粒径越大,这种过渡区就越薄弱,产生破坏的可能性也就越大。试验配制的 RPC 由天然细河砂、水泥、硅灰等颗粒混合物组成,去除了粗骨料,改善了骨料与浆体之间的过渡区,从而获得比较高的抗压强度。

(2)通过凝结期热养护改善微结构。试验配制的 RPC 的热养护是在混凝土凝结后加热进行的,90℃的热养护可显著加速硅灰的火山灰反应,同时改善水化物形成的微结构,这时形成的水化物仍是无定形的。

3.7　硅灰在高性能再生骨料混凝土中的应用

再生骨料混凝土(Recycled Aggregate Concrete,RAC)是利用旧建筑物上拆下来的废弃混凝土块,经过清洗、破碎、筛分后按一定比例相互混合,作为部分或全部骨料重新拌制的混凝土。因为它是对废旧混凝土的再加工,使其恢复(或部分恢复)原有的性能,成为新的建材产品,所以称其为再生骨料混凝土。高性能混凝土(High Performance Concrete,HPC)是一种新型的高技术混凝土,耐久性好、工作性优,具有良好的力学性能以及较好的经济性,代表着混凝土未来的发展方向。因此,要使再生混凝土得到大面积的推广,必须一开始就走高强高性能化路线。用再生骨料配制高性能混凝土形成高性能再生骨料混凝土,同样具有普通高性能混凝土的优良力学性能和耐久性,同时可与我国的环境、生态保护政策和可持续发展战略紧密地结合起来,符合未来的趋势,是混凝土发展的重要方向。

目前对再生骨料混凝土的研究已经开展了不少,但多数研究还是缺乏系统性。有的研究主要是提高再生骨料混凝土的强度,有的研究主要是提高再生骨料混凝土的耐久性,也有进行微观机理分析的……但是,很少有研究会将再生骨料混凝土的性能和微结构联系起来。实际上,再生骨料混凝土与普通混凝土相比,最大的差别是骨料与水泥浆基体之间的界面过渡区,这是由于再生骨料表面附有旧砂浆引起的。

试验通过掺入硅灰,配制高性能再生骨料混凝土,测试混凝土的强度、弹性模量、极限拉伸值和耐久性等性能,分析再生骨料混凝土的水泥石基体和界面过渡区的微观结构,建立本构关系。

3.7.1　试验原材料

试验的主要原材料为 42.5 级普通硅酸盐水泥、硅灰和 II 级粉煤灰,其中粉煤灰的 $45\mu m$ 筛筛余为 10.4%、需水量比为 99%。采用的再生骨料与天然骨料相比,具有孔隙率高、吸水性大、强度低等特性,见表 3-7。细骨料仍为河砂,外加剂为高效减水剂 FDN,为了提高混凝土的抗冻耐久性,还加入一定量的 FS 引气剂。

再生骨料与天然骨料的物理性能   表3-7

骨料类型	粒径（mm）	吸水率（%）	堆积密度（kg/m³）	压碎指标（%）
再生骨料	5~30	6.43	1340	14.9
天然骨料	5~30	0.45	1480	10.5

3.7.2 试验结果与分析

为了研究高性能再生骨料混凝土的特性,试验配制了两个系列的配合比,分别为普通再生骨料混凝土和高性能再生骨料混凝土。高性能再生骨料混凝土配合比的设计参数是根据前期试验结果得出的,具体配合比见表3-8。试件成型、养护一定龄期后(除特别标出龄期外,所有测试龄期均为28d),测试其力学性能和耐久性。

再生骨料混凝土的配合比（单位：kg/m³）   表3-8

编号	水泥	硅灰	粉煤灰	水	砂	天然骨料	再生骨料
RAC-1	210	0	90	150	780	1170	0
RAC-2	210	0	90	150	780	819	351
RAC-3	210	0	90	150	780	468	702
RAC-4	210	0	90	150	780	0	1170
HPRAC-1	420	90	90	150	680	1020	0
HPRAC-2	420	90	90	150	680	714	306
HPRAC-3	420	90	90	150	680	408	612
HPRAC-4	420	90	90	150	680	0	1020

表3-9列出了再生骨料混凝土的力学性能测试结果,可以看出:掺入硅灰后,高性能再生骨料混凝土28d抗压强度超过70MPa,达到高强要求。

再生骨料混凝土的力学性能   表3-9

编号	抗压强度（MPa）			抗拉强度（MPa）			抗折强度（MPa）			弹性模量（GPa）	极限拉伸值（×10⁶）
	7d	28d	90d	7d	28d	90d	7d	28d	90d		
RAC-1	25.7	32.9	36.8	2.62	3.19	3.5	4.19	5.11	5.62	3.05	76
RAC-2	23.2	30.1	34.1	2.32	2.86	3.17	3.71	4.58	5.07	2.87	80
RAC-3	21.6	28.2	32.5	2.12	2.63	2.96	3.39	4.21	4.74	2.71	82
RAC-4	16.4	25.7	30.9	1.59	2.37	2.79	3.15	3.79	4.46	2.59	83
HPRAC-1	63.7	77.8	81.5	5.85	6.79	6.97	9.36	10.86	11.15	4.88	90
HPRAC-2	59.3	74.5	79.9	5.32	6.36	6.63	8.58	10.18	10.61	4.58	94
HPRAC-3	56.4	72.3	77.9	4.89	5.96	6.29	7.83	9.54	10.06	4.29	97
HPRAC-4	52.1	70.8	76.7	4.52	5.84	6.19	7.23	9.34	9.91	4.21	99

表3-10为混凝土耐久性测试结果,可以看出:高性能再生骨料混凝土的渗透系数比普通再生骨料混凝土低一个数量级,说明抗渗性得到大大提高;普通再生骨料混凝土100次冻融循

环全部破坏,而高性能再生骨料混凝土能抵抗300次冻融循环而不破坏,抗冻等级达到F300。这说明通过调整原材料(掺入硅灰)和混凝土配合比,再生骨料也能够配制高性能混凝土。

再生骨料混凝土的耐久性　　　　　　　　　　　　　　　　　　　表 3-10

编号	渗透系数 ($\times 10^{-9}$ cm/s)	冻融循环							
		50 次		100 次		200 次		300 次	
		相对动弹性模量(%)	质量损失(%)	相对动弹性模量(%)	质量损失(%)	相对动弹性模量(%)	质量损失(%)	相对动弹性模量(%)	质量损失(%)
RAC-1	3.49	81.5	<5	53.2	>5				
RAC-2	3.57	75.9	<5	49.4	>5				
RAC-3	3.68	74.1	<5	47.1	>5				
RAC-4	3.87	68.6	<5	44.6	>5				
HPRAC-1	0.188	99.8	<5	97.8	<5	88.2	<5	74.8	<5
HPRAC-2	0.198	99.7	<5	97.2	<5	84.7	<5	72.1	<5
HPRAC-3	0.205	99.5	<5	96.5	<5	80.6	<5	68.5	<5
HPRAC-4	0.225	99.7	<5	95.1	<5	77.8	<5	66.2	<5

3.7.3　微观结构分析

对比普通再生骨料混凝土和高性能再生骨料混凝土水泥石基体的微观结构(见图3-5、图3-6),普通再生骨料混凝土结构疏松,空隙较大、较多,孔结构级配很差,而且有大量的氢氧化钙和钙矾石结晶,显然这将对混凝土的力学性能和耐久性造成不利影响;高性能再生骨料混凝土水泥石基体尽管也有空隙,但孔径基本上都很小。由图3-6可以看出,硅灰已经发生火山灰反应,水化反应产物结构致密。

图 3-5　RAC-4 水泥石基体的微观结构　　　图 3-6　HPRAC-4 水泥石基体的微观结构

在骨料、水泥石和界面过渡区三相中,普通混凝土与再生骨料混凝土最大的差异是界面过渡区,界面过渡区在很大程度上决定着两者的性能差异,普通再生骨料混凝土和高性能再生骨料混凝土的界面过渡区(见图3-7、图3-8)差异更明显。前者的界面过渡区有大量氢氧化钙的定向结晶和钙矾石晶体,空隙较大,结构疏松;而后者尽管也有少量的氢氧化钙晶体,但大部分空间还是被致密的水化产物所占据,硅灰和硅酸盐水泥水化反应形成的浆体结构非常密实。

图3-7 RAC-4 界面过渡区的微观结构　　　图3-8 HPRAC-4 界面过渡区的微观结构

3.7.4 本构关系

目前,国内外对于再生混凝土的应力—应变行为的研究很少,HPRAC-1、HPRAC-2、HP-RAC-3 和 HPRAC-4 的单轴受压应力—应变曲线如图3-9 所示。试验的加载速率按应变控制,为 $10 \times 10^{-6}/s$,试件尺寸为 $\phi100mm \times 300mm$,测试龄期为 28d。

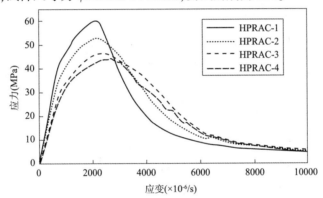

图3-9 HPRAC 的单轴受压应力—应变曲线

混凝土的受压应力—应变全曲线,即图像化的本构关系,是研究和分析混凝土结构和构件受力性能的主要依据,为此需要建立相应的数学(本构)模型。将各试件的实测应力—应变全曲线采用无量纲坐标表示:

$$x = \frac{\varepsilon}{\varepsilon_c}, y = \frac{\sigma}{\sigma_c} \tag{3-3}$$

绘制峰点坐标为(1,1)的标准曲线。

清华大学过镇海教授等在混凝土本构关系的研究中进行了大量的试验和计算工作,并取得卓越的成果。根据上升段和下降段曲线的形状,分别采用多项式和有理分式进行拟合,应力—应变标准曲线的基本方程为:

$$\begin{cases} y = ax + (3-2a)x^2 + (a-2)x^3 & x \leqslant 1 \\ y = \dfrac{x}{b(x-1)^2 + x} & x \geqslant 1 \end{cases} \tag{3-4}$$

式中 a、b 为待定常数。

采用式(3-4)对 HPRAC 的应力—应变曲线本构关系进行求解,得出 a、b 值(见表3-11)。并由此构造应力—应变曲线,将拟合曲线和实测曲线作图,分别如图3-10～图3-13 所示。

HPRAC 的 a、b 拟合值 表3-11

常数	HPRAC-1	HPRAC-2	HPRAC-3	HPRAC-4
a	2.314	2.002	2.070	2.384
b	5.160	2.374	2.423	2.805

由图3-10～图3-13 可以看出,数值拟合曲线与实测单轴受压应力—应变曲线的吻合较好,基本上能够真实地再现,特别是 HPRAC-1,拟合曲线与实测曲线基本重合,可用于分析混凝土的本构关系。

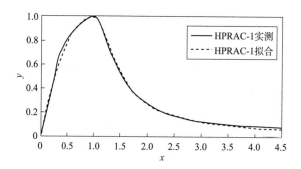

图 3-10 HPRAC-1 单轴受压应力—应变曲线图

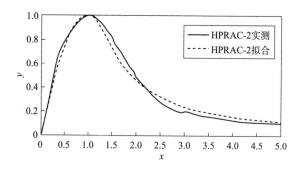

图 3-11 HPRAC-2 单轴受压应力—应变曲线图

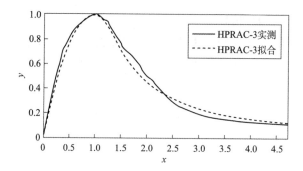

图 3-12 HPRAC-3 单轴受压应力—应变曲线图

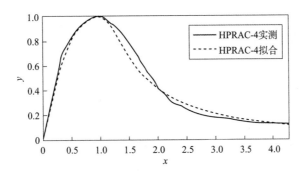

图 3-13 HPRAC-4 单轴受压应力—应变曲线图

3.8 硅灰在碾压混凝土中的应用

沙牌碾压混凝土拱坝是碾压混凝土在高薄拱坝中应用的代表性工程,为了提高碾压混凝土的各项性能,国内多家科研单位进行了大量的研究工作。本次试验尝试采用粉煤灰和硅灰复掺的方式来提高碾压混凝土的性能。

试验原材料主要有 32.5 级中热水泥、硅灰、粉煤灰、人工砂石以及 FT 高效缓凝减水剂。在保证混凝土抗压强度基本不变的条件下,设计出性能更优的碾压混凝土。为此,设计了四组配合比,见表 3-12。

碾压混凝土的配合比 表 3-12

编 号	粉煤灰 (%)	硅灰 (%)	胶凝材料 (kg/m³)	砂率 (%)	水泥 (kg/m³)	水胶比
SP$_2$	47	0	205	38	108	0.56
SP$_{2-y}$	50	5	200	39	90	0.49
SP$_3$	50	0	178	34	89	0.53
SP$_{3-y}$	58	5	177	36	66	0.52

注:1. SP$_2$ 为二级配($G_{中}:G_{小}=40:60$)碾压混凝土。

2. SP$_3$ 为三级配($G_{大}:G_{中}:G_{小}=30:40:30$)碾压混凝土。

3. 碾压混凝土掺用 0.7% FT 外加剂,VC 值为 7~10s。

四组碾压混凝土的性能见表 3-13。与单掺粉煤灰相比,粉煤灰与硅灰复掺后,二级配和三级配碾压混凝土的抗压强度、抗拉强度、弹性模量以及极限拉伸值等均有所提高,说明混凝土的性能得到改善。

混凝土作为一种非均质或不连续的多相复合材料,主要薄弱环节是骨料与水泥浆体之间的界面过渡区。尽管水泥水化后可与骨料黏结在一起,但其黏结强度仍相对很低,混凝土的破坏主要沿界面发生。作为混凝土的内部结构,界面过渡区主要具有以下特征:水泥水化产生的 Ca(OH)$_2$ 和钙矾石在界面处有取向性,且晶体比水泥浆体中的粗大;具有更大、更多的孔隙,且结构疏松;水泥浆体泌水性大,浆体中的水分向上部迁移,遇骨料后受阻到其下部,形成水膜,削弱了界面的黏结,形成过渡区的微裂缝。

碾压混凝土的性能 表3-13

编 号	劈拉强度（MPa）		抗压强度（MPa）		圆柱体强度（MPa）	
	28d	90d	28d	90d	28d	90d
SP$_2$	1.00	—	14.8	20.1	—	15.1
SP$_{2-y}$	1.24	1.31	15.6	21.5	9.8	15.4
SP$_3$	0.90	—	12.0	16.2	—	14.2
SP$_{3-y}$	0.94	1.22	13.3	17.5	8.5	14.4
编 号	抗压弹性模量（GPa）		抗拉强度（MPa）		极限拉伸值（×10^{-6}）	
	28d	90d	28d	90d	28d	90d
SP$_{2-3}$	—	15.35	—	1.59	—	109
SP$_{2-y}$	8.92	15.59	1.13	1.60	120	136
SP$_{3-3}$	—	13.00	—	1.24	—	94
SP$_{3-y}$	6.32	13.82	0.89	1.27	90	101

在混凝土中掺入颗粒极细和活性极高的硅灰后,可显著改善界面过渡区的微结构。硅灰与富集在界面的 $Ca(OH)_2$ 反应,生成 C-S-H 凝胶,使 $Ca(OH)_2$ 晶体、钙矾石和孔隙大量减少,C-S-H 凝胶相应增多。同时,颗粒极细的硅灰的掺入可减少内泌水,消除骨料下部的水膜,使界面过渡区的原生微裂缝大大减少,界面过渡区的厚度相应减小,其结构的密实度与水泥浆体的密实度相同或接近,骨料与浆体的黏结力得到增强。因此,硅灰的掺入将改善界面过渡区结构,消除或减少界面区的原生微裂隙,使碾压混凝土的各种性能都得到提高。

在碾压混凝土中进行粉煤灰和硅灰复掺,能同时发挥粉煤灰的三大效应和硅灰对界面过渡区的改善作用,从而更好地提高碾压混凝土的性能。

3.9 硅灰在无机黏结胶中的应用

3.9.1 无机黏结胶的开发

目前,用于新老混凝土界面的黏结材料主要分为无机材料和有机材料两类。无机材料有水泥或水泥砂浆,其主要缺点是黏结性差,达不到消除薄弱界面的目的。有机材料虽黏结强度相对较高,但与混凝土的线膨胀系数相差太大,易变形剥离,且耐久性差、价格高、需干面施工、有毒。

在对新老混凝土界面进行黏结或对老化病害混凝土进行修补时,要求界面黏结材料或修补材料的力学性优于混凝土,其物理力学性能尽可能与混凝土接近,只有这样才能达到既消除薄弱界面形成整体,又使两种材料长期共存的目的。混凝土无机黏结胶正是在此基础上经长期试验研究和实际工程应用研制出来的可用于解决新老混凝土界面黏结问题的新材料。

　　基于此,我们自行研制生产的无机黏结胶,它是一种水泥基材料,掺入了大量的硅灰和少量粉煤灰,在混凝土修补中,具有很强的亲和力和黏结强度,且强度随养护龄期增长,可将折(拉)断的混凝土牢固地黏结起来。无机黏结胶试件的物理力学性质见表 3-14。

无机黏结胶试件的物理力学性质　　　　　　　　　　　表 3-14

检验项目	计量单位	检验结果	备　注
抗压强度	MPa	83.50	GB 175—2007
抗拉强度	MPa	5.85	GB/T 50081—2002
抗剪强度	MPa	4.80	GB 50728—2011
抗折强度	MPa	17.10	
线膨胀系数	$10^{-6}/℃$	12.8	
弹性模量	GPa	27.20	压缩
初凝时间	h	4~8	GB/T 1346—2011

　　由该表可以看出,无机黏结胶不仅具有很高的强度,而且具有与砂浆、混凝土和钢材等相近的线膨胀系数,而环氧树脂则高出它们的线膨胀系数近 5 倍。因此,无机黏结胶在温度升高或降低时,能够与混凝土协调变形,不会产生附加温度应力,两者之间不会开裂。而且,由于无机黏结胶是水泥基材料,在水性养护下,随时间增长其强度不断提高,不容易老化,与混凝土有着同等的寿命。根据浇筑需要,初凝时间可以调整,可控制在 2~8h。施工方便,不需大型机械设备,无毒、无味、不易燃。

3.9.2　无机黏结胶在混凝土修补工程中的应用

　　为了检验无机黏结胶在修补工程中的使用效果,采用以下试验方法:首先将完好的砂浆试件(4cm×4cm×16cm)折(拉)断,再在折(拉)断面刷无机黏结胶,重新对接。标准养护一定龄期后,再测定其力学性能,如图 3-14 所示。

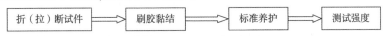

折(拉)断试件　→　刷胶黏结　→　标准养护　→　测试强度

图 3-14　无机黏结胶修补试验流程图

　　无机黏结胶的施工工艺与水泥浆施工工艺基本相同,无特殊要求。黏结面应保持干净、潮湿(无积水),采用喷管均匀喷涂,厚度控制在 2~3mm。浇筑完成后,应洒水养护,使表面保持湿润。

　　采用净浆和无机黏结胶作为黏结修补材料所测得的强度列于表 3-15。利用净浆修补的砂浆试件其抗拉强度随龄期增长,初期强度很低,3d 强度仅为 0.25MPa,但增长较快,90d 强度达到 2.25MPa,然而与砂浆试件本体相比,仍然不足本体 28d 强度;利用无机黏结胶修补的砂浆试件其抗拉强度也随龄期增长,初期强度较高,3d 强度为 1.73MPa,28d 强度达到 2.86MPa,90d 强度达到 3.11MPa,超过同一龄期砂浆试件本体的抗拉强度,具有早强高强的特点。砂浆试件黏结修补后的抗折强度与抗拉强度规律相似。利用无机黏结胶进行修补的砂浆试件,其抗拉强度和抗折强度不仅比净浆修补高,而且超过了试件本体的强度。因此,无机黏结胶是新老混凝土界面或修补混凝土的理想材料。

净浆和无机黏结胶的修补强度 表 3-15

时间(d)	抗拉强度(MPa)			抗折强度(MPa)		
	净浆	无机黏结胶	本体	净浆	无机黏结胶	本体
3	0.25	1.73	—	0.58	4.27	—
7	0.56	2.16	2.20	0.95	5.68	5.33
14	0.64	2.33	—	1.08	5.95	—
28	0.93	2.86	2.39	1.97	6.61	6.22
60	1.74	2.97	—	2.97	6.86	—
90	2.25	3.11	2.86	3.58	7.06	6.58

3.9.3 无机黏结胶在高强混凝土修补工程中的应用

为了测定无机黏结胶在高强混凝土修补工程中的使用效果,特配制 C60 高强混凝土。原材料主要有 42.5 级普通硅酸盐水泥、Ⅰ 级粉煤灰、人工砂(中砂,细度模数 2.73)、碎石(最大粒径 20mm)以及高效减水剂 FDN。高强混凝土的配合比见表 3-16,其中水胶比为 0.33,粉煤灰掺量为 15%。

根据表 3-16 配合比拌制的高强混凝土,其测得的抗压强度、抗拉强度和抗折强度分别见表 3-17。

高强混凝土的配合比(单位:kg/m³) 表 3-16

材料	水泥	粉煤灰	水	砂	石	FDN
用量	474	84	184	520	1212	6.98

高强混凝土的强度 表 3-17

强度(MPa)	3d	7d	28d
抗压强度	55.2	64.7	78.6
抗拉强度	3.02	3.53	4.42
抗折强度	4.72	5.54	6.86

试验方法与本章 3.9.2 节相同,将原完好的混凝土试件折(拉)断,再在折(拉)断面刷无机黏结胶,重新对接。标准养护一定龄期后,再测定其力学性能。由表 3-18 可知,利用无机黏结胶修补的混凝土试件其强度随龄期增长,初期强度很高,3d 抗拉强度为 3.36MPa,抗折强度为 5.03MPa;7d 抗拉强度达到 3.88MPa,抗折强度达到 5.88MPa;28d 抗拉强度达到 4.96MPa,抗折强度达到 7.23MPa。与试件本体相比,任何龄期的抗拉强度均超过试件本体 10%,抗折强度超过试件本体 6% 左右,具有早强高强的特点。

高强混凝土修补后的强度 表 3-18

测 试 项 目		龄 期		
		3d	7d	28d
抗拉	强度(MPa)	3.36	3.88	4.96
	增长率(%)	11	10	12

测 试 项 目		龄　　　期		
		3d	7d	28d
抗折	强度（MPa）	5.03	5.88	7.23
	增长率（%）	7	6	6

3.9.4　无机黏结胶在提高碾压混凝土层面黏结性中的应用

当前碾压混凝土存在的问题主要有碾压层面结合不良、结构混凝土密实度和层面接缝抗渗性能较差、碾压混凝土坝温控问题尚未真正解决。碾压混凝土坝层面黏结问题一直是影响碾压混凝土筑坝技术发展的关键技术问题之一。为了解决好层面黏结，尤其是抗渗问题，人们从结构设计、施工工艺和材料等方面采取了许多措施。

试验主要研究终凝后层面间隔时间48h，各种层面处理方式对碾压混凝土层面黏结性能的影响，研究利用无机黏结胶处理层面改善碾压混凝土的黏结强度和抗渗性能，使其达到或超过碾压混凝土本体的黏结强度和抗渗性能。试验原材料主要有42.5级普通硅酸盐水泥、Ⅰ级粉煤灰、人工砂、二级配粗骨料以及减水剂FDN。C20二级配碾压混凝土配合比见表3-19。碾压混凝土的部分物理力学性能指标见表3-20。由表可见，试验所配制的碾压混凝土达到设计要求。

C20二级配碾压混凝土配合比（单位：kg/m³）　　　　表3-19

材料	水泥	粉煤灰	水	砂	小石	中石	FDN
用量	87	107	103	783	636	777	1.358

碾压混凝土的部分物理力学性能指标　　　　表3-20

VC值(s)	凝结时间(h)		表观密度（kg/m³）	抗压强度（MPa）			劈拉强度（MPa）		
	初凝	终凝		7d	28d	90d	7d	28d	90d
5	11:38	24:41	2433	11.8	26.5	37.2	1.02	2.16	2.57

为了提高碾压混凝土层面的黏结性能，试验中采用无机黏结胶和砂浆作为层面处理材料，砂浆的配合比见表3-21。

层面处理所用砂浆的配合比（单位：kg/m³）　　　　表3-21

材料	水泥	粉煤灰	砂	水	FDN
用量	434	109	1547	190	4.344

按照以上层面处理方式对碾压混凝土层面间隔时间48h进行层面处理，试件成型后，48h拆模，标准养护室养护，再对其强度和抗渗性进行测试。试验方法如图3-15所示，劈拉强度和抗压强度的测试均沿层面加力，采用串联法测试渗透系数。

表3-22为试验结果。利用砂浆对层面进行处理的碾压混凝土层面劈拉强度都是最低的，相当于本体强度的70%左右；利用无机黏结胶处理的最高，都高出本体强度的5%。抗压强度的规律相似，利用砂浆对层面进行处理的抗压强度都是最低的，利用无机黏结胶处理

的最高,本体居中。而且,不论采用哪种层面处理方式,碾压混凝土的劈拉强度和抗压强度总是随着龄期的增长而增加的。利用砂浆对层面进行处理的渗透系数都是最高的,利用无机黏结胶处理的最低,本体居中,说明采用无机黏结胶可以提高碾压混凝土层面的抗渗性。

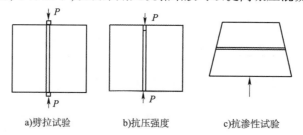

a)劈拉试验   b)抗压强度   c)抗渗性试验

图 3-15　碾压混凝土层面黏结强度和抗渗性试验方法示意图

层面处理对碾压混凝土强度的改善作用   表 3-22

层面处理 方式	劈拉强度（MPa）				抗压强度（MPa）				渗透系数（×10⁻¹⁰cm/s）			
	28d	比值	90d	比值	28d	比值	90d	比值	28d	比值	90d	比值
本体	2.16	1	2.57	1	26.5	1	37.2	1	2.3	1	1.5	1
砂浆	1.51	0.70	1.98	0.77	25.4	0.96	35.6	0.97	2.5	1.08	1.6	1.07
无机黏结胶	2.27	1.05	2.75	1.07	27.1	1.02	38.3	1.03	1.6	0.70	1.1	0.73

在碾压混凝土的实际施工中,先配制无机黏结胶,将下层碾压混凝土打毛并湿润,再喷(刷)无机黏结胶,最后浇筑上层碾压混凝土。

与铺砂浆进行碾压混凝土层面处理方法相比,尽管单方体积价格相对较高,但铺砂浆厚度需要达到 4~8cm,而无机黏结胶层面处理厚度只需 2~5mm。因此,利用无机黏结胶进行层面处理的单位面积费用与铺砂浆层面处理相当,其价格可控制在 5~15 元/m²。而且利用无机黏结胶对碾压混凝土层面进行处理,一般只需对迎水面 1~3m 进行处理即可解决渗水问题。采用无机黏结胶处理碾压混凝土层面可以达到消除层面薄弱带的目的,减少后期补救措施带来的经济负担。因此,利用无机黏结胶处理碾压混凝土层面经济可行。

3.9.5　无机黏结胶的黏结机理分析

图 3-16 显示的是 90d 无机黏结胶的微观结构。图中球形的是粉煤灰颗粒,在球形粉煤灰颗粒周围是非常密实的水化产物,由于其密实程度过高,致使这些水化产物相互挤压,其形貌不能分辨出来。

图 3-17 显示的是 90d 无机黏结胶与骨料黏结的微观结构。可以看到,粉煤灰颗粒周围是密实的水化产物,与骨料紧密地黏结在一起,骨料的界面过渡区由于硅灰的火山灰反应,不见任何定向排列的氢氧化钙结晶体,取而代之的是密实的水化产物,形成黏结良好的整体,因此黏结强度高。

图 3-18 显示的是 90d 无机黏结胶处理后的碾压混凝

图 3-16　无机黏结胶 SEM 照片

土层面黏结状况的微观结构,无机黏结胶将上下层碾压混凝土紧密地黏结起来。从图中还可以看出,在无机黏结胶的两边还有微裂缝,但是其裂缝宽度已经非常小,不到1μm。而且,无机黏结胶还与砂浆发生水化反应,反应生成物相互挤压,非常密实,使其微观结构难以分辨。水化产物将上下层碾压混凝土黏结得非常牢靠,黏结强度较高。

图3-17　无机黏结胶与骨料黏结的SEM照片　　图3-18　无机黏结胶处理后的混凝土层面
　　　　　　　　　　　　　　　　　　　　　　　　黏结状况的SEM照片

不管是混凝土修补,还是增强碾压混凝土层面黏结,无机黏结胶的黏结机理主要有化学吸附、机械胶结和吸附作用。

化学吸附:新的水化产物生成,产生很强的化学键,将新老混凝土黏结。理论认为,胶黏剂与被胶物的表面通过化学反应形成化学键而产生胶结强度。化学键分为离子键、共价键与金属键,比范德华力要强得多,因而如果胶黏剂与被胶物表面能形成化学键,则有利于胶结强度的提高,并对抵抗应力集中、防止裂缝扩展有较大贡献。

机械胶结:任何物体的表面,即使是经过细致抛光后的物体表面,放大后观察还是十分粗糙的,布满空穴与沟槽;无机黏结胶渗入新老混凝土的孔穴和沟槽中,待其固化后,就把两个物体的表面"铆"在一起了;在实践中,为了增加胶结强度,往往需要将物体表面打毛,这一方面是为了增加胶结面积,另一方面也是为了增加机械"铆"接点。

吸附作用:即胶黏剂充分湿润被胶物的表面,分子间的吸附力就足以产生很高的黏附强度。第一阶段是胶黏剂的大分子通过布朗运动迁移至被黏物体的表面,胶黏剂中的极性基团逐渐向被黏物的极性基团靠近。第二阶段是吸附作用,当胶黏剂与被黏物之间的距离小于5Å时,分子间的引力发生作用。根据计算,当两个理想平面距离为10Å时,由于范德华力的作用,它们的吸引力可达到10~100MPa,距离为3~4Å时,可达到100~1000MPa,这个数值已远远超过现代最好的结构胶黏剂所能达到的胶结强度。然而理想平面很难达到,即使经过精密抛光,两个固体的接触总面积还不到1%,因此只要胶黏剂充分浸润被胶物的表面,分子间的作用力就足以产生很高的黏附强度。

本章参考文献

[1] 刘数华,曾力.掺合料对混凝土抗裂性能的影响[J].混凝土,2002(05):23-25.

[2] 陈肇元.高强混凝土与高性能混凝土[C]//中国土木工程学会高强高性能混凝土专题讨论会.1997.

[3] 过镇海. 混凝土的强度和本构关系——原理与应用[M]. 北京:中国建筑工业出版社,2004.

[4] 过镇海. 混凝土的强度和变形:试验基础和本构关系[M]. 北京:清华大学出版社,1997.

[5] 冯乃谦,邢锋. 高性能混凝土技术[M]. 北京:原子能出版社,2000.

[6] 林长农,金双全,涂传林. 龙滩有层面碾压混凝土的试验研究[J]. 水力发电学报,2001(03):117-129.

[7] Carette G,Malhotra V M. Early-age strength development of concrete incorporating fly ash and condensed silica fume[J]. Special Publication,1983,79:765-784.

[8] Aitcin P C,Pinsonneault P,Roy D M. Physical and chemical characterization of condensed silica fumes[J]. American Ceramic Society Bulletin,1984,63(12):1487-1491.

[9] Pistilli M F,Wintersteen R,Cechner R. The uniformity and influence of silica fume from a US source on the properties of Portland cement concrete[J]. Cement,Concrete and Aggregates,1984,6(2):120-124.

[10] Mehta P K,Gjørv O E. Properties of portland cement concrete containing fly ash and condensed silica-fume[J]. Cement and Concrete research,1982,12(5):587-595.

[11] Buil M,Acker P. Creep of a silica fume concrete[J]. Cement & Concrete Research,1985,15(3):463-466.

[12] Malhotra V M. Mechanical properties,and freezing-and-thawing resistance of non-air-entrained and air-entrained condensed silica-fume concrete using ASTM test C 666,procedures A and B[J]. Special Publication,1986,91:1069-1094.

[13] Wolsiefer J. Ultra high strength field placeable concrete with silica fume admixture[J]. Concrete International,1984,6(4):25-31.

[14] Hustad T,Loland K E. Silica fume in concrete-permeability[J]. Cement and Concrete Inst,1981,65:A81031.

[15] TRAETTEBERG. Frost action in mortar of blended cement with silica dust[R]. Astm Special Technical Publication,1980:536-548.

[16] Ólafsson H. Effect of Silica Fume on Alkali-Silikca Reactivity of Cement,Condensed Silica Fume in Concrete[C]//Division of Building Materials,The Institute of Technology,Trondheim,Norway,1981:141-149.

[17] Liu S H,Fang K H,Li Z. Influence of Mineral Admixtures on Crack Resistance of High Strength Concrete[J]. Key Engineering Materials,2006,302-303:150-154.

[18] Richard P. A new ultra-high strength cementitious material[C]//Proc. 4th Intl. Symp. on Utilization of High Strength/High Performance Cencrete. 1996:1343-1349.

[19] P C Aïtcin. The durability characteristics of high performance concrete:a review[J]. Cement & Concrete Composites,2003,25(4):409-420.

[20] Levy S M,Helene P. Durability of recycled aggregates concrete:a safe way to sustainable development[J]. Cement & Concrete Research,2004,34(11):1975-1980.

［21］ C S Poon, Z H Shui, L Lam. Effect of microstructure of ITZ on compressive strength of concrete prepared with recycled aggregates［J］. Construction & Building Materials,2004,18 (3):461-468.

［22］ Ryu J S. Improvement on strength and impermeability of recycled concrete made from crushed concrete coarse aggregate［J］. Journal of Materials Science Letters,2002,21(20): 1565-1567.

［23］ Sri Ravindrarajah R,Tam C T. Properties of concrete made with crushed concrete as coarse aggregate［J］. Magazine of Concrete Research,1985,37(130):29-38.

［24］ McDonald J E,Vaysburd A M,Emmons P H,et al. Selecting durable repair materials:performance criteria-summary［J］. Concrete International,2002,24(1):37-44.

第 4 章 玻璃粉

4.1 概述

废弃玻璃主要来源于工业废弃玻璃和日用废弃玻璃两类。随着工业和生活水平的发展,产生的废弃玻璃越来越多,这些废弃玻璃不仅占用大量处理用地,而且污染环境。联合国统计数据表明,全球固体废渣中7%为废弃玻璃。欧美发达国家只有极少量的废弃玻璃得到回收利用,我国98%的废弃玻璃以垃圾填埋处理。而填埋处理费用较高。在纽约,每处理1t 废弃玻璃,材料回收部门收取的费用为45 美元。而且,由于污染、颜色混杂及成本等原因,并不是所有回收玻璃都能用于生产新玻璃。大量废弃玻璃不能得到再利用,是社会资源的巨大浪费。

废弃玻璃在水泥基材料领域中的应用研究最早可追溯至 20 世纪 60 年代,但主要成果则是在最近十年取得的,大量废弃玻璃的长年累积及其带来的环境问题促使各国尤其是发达国家逐渐重视对其的回收利用研究。

最初曾将废弃玻璃部分替代骨料用于生产混凝土,但遇到很多问题。例如破碎玻璃骨料多为针片状,对混凝土的工作性不利;颗粒表面光滑,导致界面薄弱,使混凝土的力学性能降低;使用玻璃骨料后,混凝土强度发展较慢,28d 强度降低等。而面临的最大问题则是较大尺寸(如大于 1.2 ~ 1.5mm)的玻璃颗粒用作骨料后,在混凝土孔隙溶液中容易发生 ASR(alkali-silica reaction,碱硅酸盐反应),从而引起混凝土膨胀开裂,致使其力学性能大幅度降低,危及工程安全。也正是这一原因,致使关于玻璃骨料混凝土的研究一度跌入低谷,在后来一段时间内停滞不前。

20 世纪 90 年代后,随着固体废物处理问题的加剧,以及混凝土学科的进一步发展,发达国家的许多学者又重新对废弃玻璃在混凝土中的应用做了更加深入的研究。相关研究表明,玻璃骨料混凝土发生 ASR 膨胀破坏受废弃玻璃的成分、粒径及掺量,混凝土的含碱量,所处的环境等诸多因素影响。通过添加高炉渣粉、粉煤灰、硅灰和偏高岭土等辅助性胶凝材料,适当控制废弃玻璃的粒径及掺量,将硬化后的混凝土 pH 值稳定在 12 以下等措施可以有效减少或消除碱—骨料反应,从而降低玻璃骨料混凝土出现膨胀和开裂的风险。对于玻璃自身而言,通过相关物理和化学处理,可有效抑制 ASR。物理处理主要是通过粉磨减小玻璃颗粒的尺寸:随着颗粒尺寸的减小,ASR 风险显著降低;而且,当磨细玻璃或玻璃粉用于胶凝体系时,还能提高混凝土的强度。化学处理通常是掺用某些盐、酸或专利产品等,这在砂浆棒快速试验中已被证明能有效控制 ASR。

玻璃领域中钠钙玻璃的应用最广,在所有废弃玻璃中,钠钙玻璃约占80%。钠钙玻璃含有约73% SiO_2、13% Na_2O 和10% CaO,为了调整其颜色和获得某些特殊功能,生产时还常掺加少量添加剂。玻璃是无定形的,并含有大量的硅和钙;理论上,只要粉磨到一定细度,将具备火山灰活性,甚至胶凝性。可见,废弃玻璃磨细成粉料后用作混凝土辅助胶凝材料,不仅可以控制 ASR,还能有效激发其火山灰活性。

4.2 玻璃粉磨动力学

一些研究资料表明:玻璃粉作为水泥混凝土活性掺合料要具有较好效果,前提之一是细度至少达到 $400m^2/kg$,而且细度越高,使用效果越好。但另一方面,细度的提高往往需要以延长粉磨时间为代价。而粉磨作业是玻璃粉制备过程中能耗最高的一个环节,粉磨时间过长将会直接影响到产品成本和推广应用的可能性。另外,材料在达到一定细度后,继续粉磨时,较细颗粒有可能发生团聚而形成二次颗粒,这反而会减小比表面积,调整了结构缺陷、缓和了应力,导致活性降低;二次颗粒也会随继续粉磨而破坏,从而使比表面积成波浪形变化。因此,寻求最佳的粉磨时间,无论是从经济角度还是从技术角度来说都显得十分必要。

4.2.1 粉磨动力学

假设被磨物料中大于某粒径粗颗粒的百分含量为 R,随着粉磨时间增加,粗颗粒的含量将逐渐减少,则可将大于此粒径粗颗粒的百分含量随时间的变化率 $-dR/dt$,称为粉磨速度。戴维斯(Divas)和范伦沃尔德(Fanrenwald)提出在粉磨过程的瞬间,物料某粒径粗颗粒含量减少的速度与物料中该粒径粗颗粒含量成正比,数学表达式为:

$$\frac{dR}{dt} = -K_t R \tag{4-1}$$

式中:R——粉磨 t 时间后某粒径的筛余累计百分数;

t——粉磨时间;

K_t——粉磨速度常数。

后来,学者阿利厄夫登对此做了改进:

$$R = R_0 e^{-K_t t^m} \tag{4-2}$$

式中:K_t——粉磨速度常数;

m——时间指数,由物料性质和粉磨条件决定。

可以看出,只要确定出 K_t 和 m 两个常数,则该物料在某一粒径的粉磨动力学方程即可确定。

4.2.2 试验设计与结果

在实验室用球磨机制备玻璃粉的过程中,分别留取粉磨 10min(A)、30min(B)、60min

（C）、90min（D）及120min（E）时的粉末样品,然后用激光粒度分析仪测试每个样品的粒径分布情况,得到各自的粒径分布曲线,试验结果如图4-1及图4-2所示。

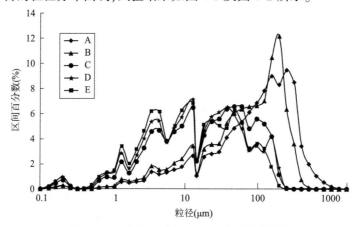

图4-1 不同粉磨时间下的玻璃粉区间分布曲线图

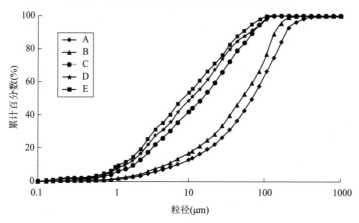

图4-2 不同粉磨时间下的玻璃粉累计分布曲线图

4.2.3 玻璃粉磨动力学方程模拟

根据测试数据,取六种代表性粒径（105.78μm、53.91μm、43.07μm、10μm、4.56μm、0.95μm)作为研究对象,分别统计出各自对应的筛余粗颗粒含量随时间的变化情况,见表4-1。

六种代表性粒径粗颗粒含量随时间的变化情况（单位:%）　　　表4-1

粉磨时间（min）	粒径（μm）					
	105.78	53.91	43.07	10	4.56	0.95
10	33.54	57.25	63.36	87.00	92.94	99.06
30	16.63	43.34	50.37	81.49	90.00	98.75
60	1.23	16.19	20.99	57.96	74.02	95.93
90	1.69	12.29	15.38	51.24	68.81	94.39
120	0.30	8.90	12.18	46.37	64.48	93.77

对六列数据分别依据阿利厄夫登改进方程(4-2)进行非线性拟合,实测数据与理论拟合曲线如图4-3所示,六种代表性粒径各自对应的粉磨动力学方程参数见表4-2。

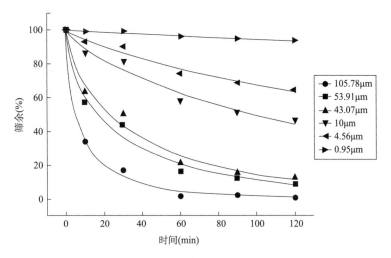

图4-3 玻璃粉粒径随时间变化实测数据与理论拟合曲线图

六种代表性粒径各自对应的粉磨动力学方程参数汇总　　　　表4-2

参数值	粒径(μm)					
	105.78	53.91	43.07	10	4.56	0.95
K_t	0.27316	0.11516	0.08175	0.01867	0.00901	0.00100
m	0.58990	0.63909	0.68719	0.78864	0.82153	0.88166

可以看出,各曲线拟合效果都较好,说明阿利厄夫登改进方程也能很好地描述玻璃材料的粉磨过程。随着粉磨时间的延长,各代表性粒径粗颗粒含量都在逐渐减少,粉磨到120min时,曲线基本趋向平稳;代表性粒径值越大,曲线下降趋势越明显,对应的粗颗粒含量随时间延长降低的幅度也越大。粉磨速度常数 K_t 随着粒径值的减小而减小,时间指数 m 随着粒径值的减小而增大,说明废弃玻璃材料在粉磨过程中存在粗颗粒易磨、细颗粒难磨、越磨越难磨的现象。粉磨过程具有初期粉磨效率较高、后期效率低的特点,粉磨120min 之后已接近平衡状态。

根据破碎学原理,在粉磨初期,玻璃颗粒较大,主要以体积粉碎为主。随着玻璃颗粒粒度的减小,玻璃粉体材料韧性有所提高,以冲击、挤压为主的体积粉碎效应逐渐降低,粉碎亦逐渐向表面粉碎方式过渡。另外,粉磨后期磨细玻璃微粉发生的团聚作用以及形成的缓冲垫层,都妨碍了物料的进一步磨细,因而粉磨逐渐趋于平衡。

4.2.4 玻璃粉等效粒径及比表面积随时间变化规律

本章中等效粒径指当体系累计粒径分布达到某一百分数时所对应的粒径值。如 D25 指的是样品的累计粒径分布百分数达到25%时所对应的粒径,其物理意义是粒径小于它的颗粒占25%。

D50 即是粒径小于它的颗粒占 50%,但同时粒径大于它的颗粒也占 50%,因此也叫中位径或中值粒径。D50 常用来表示粉体的平均粒度。

表 4-3 为玻璃粉比表面积及各等效粒径随粉磨时间的变化数值。可以看到,粉磨 120min 后玻璃粉绝大多数等效粒径都明显比水泥小,比表面积接近水泥的 2 倍,说明此时玻璃粉细度已整体超越水泥;D90 为 49.52μm,说明此时玻璃粉绝大多数粒径都在 50μm 以下,这与后文图 4-11 电子显微镜(SEM)显示的玻璃粉颗粒形貌大小结果一致。

玻璃粉比表面积及各等效粒径随粉磨时间的变化数值　　　　　　表 4-3

试　　样		等效粒径(μm)					SSA(m²/kg)
		D10	D25	D50	D75	D90	
玻璃粉	粉磨 10min	6.83	25.61	68.29	133.18	191.25	217
	粉磨 30min	4.56	15.46	43.61	89.59	122.58	289
	粉磨 60min	1.90	4.32	14.94	37.35	69.16	658
	粉磨 90min	1.45	3.28	10.64	28.54	62.17	817
	粉磨 120min	1.22	2.86	8.20	26.12	49.52	903
水泥		2.37	4.75	13.60	28.02	40.36	437

图 4-4 及图 4-5 分别为玻璃粉等效粒径 R 及比表面积 SSA 与粉磨时间 t 的关系图。可以看出,随着粉磨时间的增加,玻璃粉各等效粒径逐渐变小,玻璃粉比表面积则随时间的增加而增大。等效粒径与比表面积分别与时间的双对数具有较好的线性相关关系,如式(4-3)、式(4-4)所示,也可用这些对数方程来定量描述玻璃的粉磨动力学特征。

$$D50 = -200.6 \lg\lg t + 70.40 \tag{4-3}$$

$$SSA = 680.435 \lg\lg t - 551.185 \tag{4-4}$$

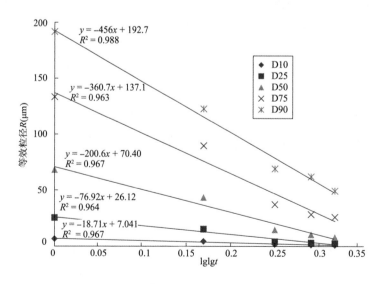

图 4-4　玻璃粉等效粒径 R 与粉磨时间 t 的关系图

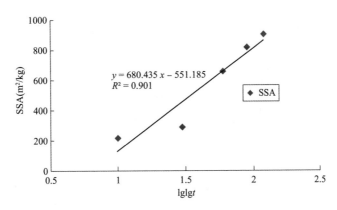

图 4-5　玻璃粉比表面积 SSA 与粉磨时间的关系图

4.2.5　机械粉磨与玻璃粉活性

借鉴机械力化学效应理论,固体在受到诸如冲击、压延、研磨等机械力作用后,自身的内部结构与物理化学特性可能会发生改变。粉磨固体颗粒过程中,颗粒粒径逐渐减小,比表面积增大。即使对于晶体而言,粉磨过程中可能会破坏其内部结构,内部以及表面缺陷概率增大,结构产生畸变,存在向无定形转变趋势。玻璃粉磨过程中从能量角度考虑,粉磨机械能将会部分转化为玻璃颗粒表面能以及内能,固体的总能量增大,玻璃颗粒粒子活性提高。

一般来说,颗粒粒径较小的特性有助于材料活性的激发。按照纳米材料的观点,随着粒径的减小,比表面积大大增加,庞大的比表面积使得处于表面的原子数越来越多,键态严重失配;同时表面能迅速增加,使这些表面原子具有高的活性,出现许多活性中心,极不稳定,很容易与其他原子结合,反应活性因此也得以增强。

4.2.6　玻璃粉粒径分布特征研究

除了颗粒细度外,胶凝材料体系的颗粒分布特征对其水化性能及强度的发挥也有重要影响,同时颗粒分布又受生产工艺的影响。因此,掌握玻璃粉体系的颗粒分布情况,对于定量表征玻璃粉以及了解玻璃粉对水泥水化的影响、调整生产工艺参数等具有积极指导意义。

以往研究表明,绝大多数水泥体系颗粒分布服从 RRB 方程(Rosin-Rammler-Bennet):

$$R(x) = \exp\left[-\left(\frac{x}{x^*}\right)^n\right] \tag{4-5}$$

式中:$R(x)$——筛余质量分数;

　　　　x^*——分布特征粒径(相当于筛余为 36.79% 时的粒径);

　　　　n——分布指数。

x^* 值反映了体系绝大多数颗粒的尺寸。n 值越大,体系分布越集中,反之越分散。可以看出,这两个数值唯一地决定了体系的分布形态,一切可用 RRB 分布方程描述的粉末颗粒体系,分布特征的差异就在于 n 和 x^* 数值的不同。

根据激光粒度测试数据,对五个试样(A、B、C、D、E)分别采用 RRB 方程进行非线性拟合,实际数据点与理论拟合曲线如图 4-6 所示,水泥以及在不同粉磨时间下玻璃粉试样各自对应的分布均匀系数及特征粒径汇总见表4-4。

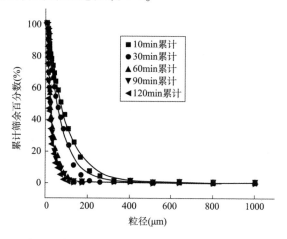

图4-6　玻璃粉粒径分布实测数据点与理论拟合曲线图

玻璃粉及水泥颗粒分布均匀系数及特征粒径汇总　　　　　　　　　　　　表4-4

试　　样		均匀系数 n	拟合所得特征粒径	插值求解所得特征粒径
玻璃粉	粉磨 10min	0.962	92.864	98.061
	粉磨 30min	0.953	67.966	76.464
	粉磨 60min	0.805	23.609	25.167
	粉磨 90min	0.786	18.356	18.850
	粉磨 120min	0.791	15.332	15.459
水泥		1.092	17.847	20.810

可以看出,各玻璃粉试样曲线拟合效果都较好,拟合得到的特征粒径参数与直接由累计分布曲线插值求解得到的数值也较为接近,这说明与水泥材料一样,玻璃粉颗粒粒径分布也符合RRB分布模型。

对比各玻璃粉试样及水泥试样,可以看出,随着粉磨时间的增加,玻璃粉试样的均匀系数及特征粒径整体逐渐变小,且60min之后特征粒径的变化幅度明显减弱;玻璃粉体系均匀系数都小于水泥体系。这说明粉磨过程不仅使颗粒体系细化,还使得体系颗粒分布分散化,而较宽的粒径分布有利于改善粉体的颗粒级配分布,提高粉体的堆积密度,降低硬化浆体的孔隙。120min的粉磨样均匀系数略有增大,这可能与玻璃微粉发生团聚生成二次粒子而使体系粒径分布略有窄化有关。

另外,玻璃粉粉磨90min左右特征粒径已基本与水泥相当,120min左右已经比水泥体系细,且60min后再继续粉磨,粒径变化速率已经明显减小,因而综合考虑后续研究中将重点选取120min玻璃粉粉磨样进行研究。

4.2.7　玻璃粉粒径分布的分形维数

近年来,分形理论的引入为粒度分析提供了全新的研究思路。材料的宏观破碎是其内部缺陷不断萌生、发育、扩展、聚集和贯通的结果,而这个从细观损伤发展到宏观破碎的过程具有分形特征。试验结果表明,材料的宏观破碎是由小破碎群体集中而形成的,小破碎又是由更小的裂隙演化和聚集而来的,这种自相似性的行为必然导致破碎后碎块粒度也可能具有自相似的特征。

由于玻璃本身是脆性材料,而脆性材料在粉磨破碎过程中,由于受外力冲击的作用,大块玻璃将以一定的概率破碎成几个近似的小块,部分小块再进一步以一定的概率破碎成更小的近似块,依次类推,将得到更小、更多的破碎块。初步可以推断,在球磨作用下,玻璃粉的粒径分布应该符合分形模型特征。分维值计算公式如下:

$$D = 3 - b \tag{4-6}$$

式中:b——$M(r)/M \sim r$ 在双对数坐标系下的斜率值;

$M(r)$——尺寸 r 的碎块质量;

M——总的碎块质量。

很容易看出 $M(r)/M$ 实际就是粒径小于 r 的颗粒累计百分数,从而由式 $D = 3 - b$ 即可计算出玻璃粉粒径分布的分形维数 D。根据激光粒度测试数据,计算五个试样(A、B、C、D、E)粒径分布的分形维数过程如下。

图4-7 为 $M(r)/M \sim r$ 对数拟合曲线图,表4-5 为各分维值计算结果。可以看出,各玻璃粉试样双对数直线方程线性拟合效果较好,相关系数均在 $0.98 \sim 1.00$ 之间,强相关性说明玻璃粉的粒径分布具有分形特征,适用于分形理论研究。

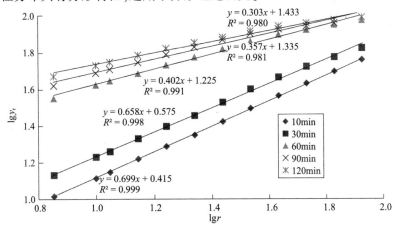

图 4-7 $M(r)/M \sim r$ 对数拟合曲线图

玻璃粉粒度分布分维值求解 表 4-5

时间(min)	b 值	相 关 系 数	分 维 值 D
10	0.699	0.999	2.301
30	0.658	0.998	2.342
60	0.402	0.991	2.598
90	0.357	0.981	2.643
120	0.303	0.980	2.697

图 4-8 ~ 图 4-10 分别为玻璃粉粒径分布分维值 D 随时间的变化曲线图、玻璃粉比表面

积 SSA 随时间的变化曲线图,以及玻璃粉粒径分布分维值 D 与比表面积 SSA 的相关关系。可以看出,随着粉磨时间的延长,玻璃粉粒径分布的分维值逐渐增大,一定时间后,分维值增长速度明显减缓。分维值越大,玻璃粉越不易破碎。

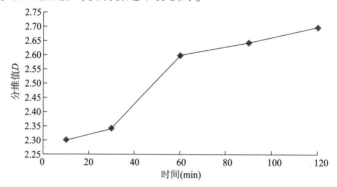

图 4-8　玻璃粉粒径分布分维值 D 随时间的变化曲线图

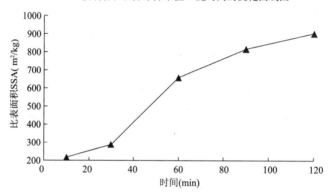

图 4-9　玻璃粉比表面积 SSA 随时间的变化曲线图

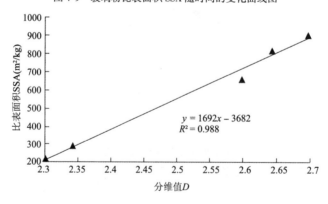

图 4-10　玻璃粉粒径分布分维值 D 与比表面积 SSA 的相关关系

　　另外,分维值曲线与比表面积曲线十分相似,且随着玻璃粉比表面积的增大,分形维数亦增大,两者呈高度线性相关关系,相关系数达 0.988。这是因为分维值反映了颗粒分布的离散趋势和均匀程度,而比表面积是对粉末或多孔性物质表面积的测定,与颗粒粉碎过程中颗粒形状、性质、结构、分布等变化密切相关,两者都是同一本质的不同表现形式,因而具有相似性特点,这说明分维值也可很好地用来表征玻璃粉的粒径分布特征。

4.2.8 小结

通过计算拟合得到了玻璃材料的粉磨动力学方程,可以用其来定量描述玻璃材料粉磨过程。玻璃材料在粉磨过程存在粗颗粒易磨、细颗粒难磨、越磨越难磨的现象,具有初期粉磨效率高、后期效率低的特点,粉磨120min之后已接近平衡状态。随着粉磨时间的增加,玻璃粉各等效粒径逐渐变小,玻璃粉比表面积则随时间的增加而增大。等效粒径与比表面积都与时间的双对数具有较好的线性相关关系。

与水泥材料一样,RRB分布模型也适用于定量描述玻璃粉颗粒粒径分布特征。玻璃粉粉磨90min后特征粒径已基本与水泥相当,粉磨120min后比水泥更细。

玻璃粉的粒径分布具有分形特征,适用于分形理论研究。玻璃粉粒径分布分维值与比表面积具有良好的线性相关关系,随着粉磨时间逐渐增大,分维值越大,玻璃粉越不易破碎。

4.3 玻璃粉对复合胶凝材料强度的影响

4.3.1 试验材料及方法

试验材料主要有42.5级普通硅酸盐水泥、实验室自行加工的废弃玻璃粉、标准砂、SP1高效减水剂及自来水。

废弃玻璃粉由课题组收集到的废弃啤酒瓶经过清洗、晾晒、破碎等工序处理后用实验室的球磨机粉磨得到,废弃玻璃粉的主要化学组分见表4-6。可以看出,玻璃粉中 SiO_2、CaO、Na_2O 的含量分别为69.17%、10.52%和12.13%,是典型的钠钙玻璃。

玻璃粉的化学成分 表4-6

化学成分	SiO_2	CaO	Al_2O_3	Fe_2O_3	MgO	Cr_2O_3	Na_2O	K_2O
质量分数(%)	69.17	10.52	2.94	1.47	1.16	0.22	12.13	1.26
化学成分	CuO	P_2O_5	SO_3	TiO_2	MnO	NiO	ZnO	烧失量
质量分数(%)	0.01	0.03	0.11	0.06	0.03	0.01	0.01	0.68

粉磨得到的玻璃粉颗粒微观形貌如图4-11所示。可以看出,玻璃粉颗粒表面较为光滑,多呈不规则的棱角状、块状和碎屑状等形态,这与球形的粉煤灰颗粒形态有着很大的不同。随着粉磨时间增加,玻璃粉颗粒粒径逐渐减小;同时,粉磨也提高了粒径分布的连续性,改善了玻璃粉的颗粒级配。

图4-12为玻璃粉的X射线衍射(XRD)图谱。可以看出,与晶体呈现出强烈而尖锐的衍射峰不同,玻璃粉的X射线衍射图为弥散的宽衍射峰,即所谓的"馒头峰"形,说明玻璃粉中晶体组成很少,大部分为无定形的非晶体。虽然玻璃粉峰型不明显,但在25°附近其图谱峰值位置大致仍与石英晶体特征峰位置相同,说明非晶体主要为 SiO_2,即玻璃粉中含有大量无定形 SiO_2,理论上玻璃粉具有较高的活性。

a)粉磨1h

b)粉磨1.5h

c)粉磨2h

图 4-11　玻璃粉的颗粒形貌分析

图 4-13 为玻璃粉的热重—差热(TG-DTA)图谱。可以看出,整个加热过程中,TG 曲线较为平缓,样品质量基本没有变化,同时 DTA 曲线上基本也没有放热峰与吸热谷信息。一方面,玻璃中晶体较少,因而不会发生晶型转变等过程;另一方面,也可能与玻璃在生产加工过程高温作用下已经发生了较为充分的化学变化有关。

以普通硅酸盐水泥及粉磨制得的玻璃粉作为胶凝材料,通过控制玻璃粉的掺量(0%、10%、20%、30%、40%、50%)、玻璃粉的细度(粉磨 1h 样,简记为 CG;粉磨 2h 样,简记为 FG)、养护条件(标准养护,简记标养;高温 40℃养护,简记为蒸养)、水胶比(0.5、0.3)几个变量来系统研究玻璃粉对水泥基材料宏观力学性能的影响及其主要控制因素。砂浆配合比设计见表 4-7。根据该表在实验室成型砂浆试件,成型 0.3 水胶比试件时掺入适量高效减水剂以提高砂浆的工作性能,试件尺寸为 40mm×40mm×160mm。试件成型后,分别进行标准养护及高温40℃蒸汽养护,至3d、7d、28d 及90d 时,根据《水泥胶砂强度检验方法(ISO 法)》(GB/T 17671—1999)测定其抗折强度和抗压强度。试件编号中第一个数字表示水胶比,中间大写字母表示玻璃粉的种类,最后一个数字代表玻璃粉的掺量,如5-FG-3 表示水胶比为0.5,掺入30%细玻璃粉试件。

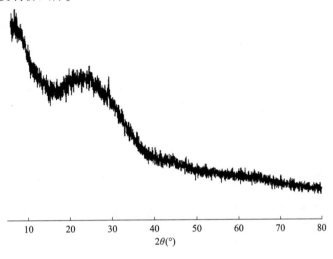

图 4-12 玻璃粉 XRD 图谱

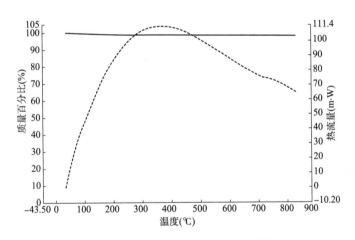

图 4-13 玻璃粉热重—差热(TG-DTA)图谱

玻璃粉砂浆配合比设计   表 4-7

W/B	WG 掺量(%)	C(g)	WG(g)	W(g)	S(g)
	0	450	0	225	1350
	10	405	45	225	1350
	20	360	90	225	1350
0.5	30	315	135	225	1350
	40	270	180	225	1350
	50	225	225	225	1350

W/B	WG 掺量(%)	C(g)	WG(g)	W(g)	S(g)
0.3	0	450	0	135	1350
	10	405	45	135	1350
	20	360	90	135	1350
	30	315	135	135	1350
	40	270	180	135	1350
	50	225	225	135	1350

4.3.2 玻璃粉对砂浆力学性能的影响

1) 玻璃粉掺量的影响

图4-14为玻璃粉掺量与砂浆抗压强度的关系曲线图。可以看出,各试件抗压强度都随着龄期的增加而增大。水胶比为0.5时,试件抗压强度基本都随着玻璃粉掺量的增加而降低,且降低幅度随着龄期有减小趋势。水胶比为0.3时,试件抗压强度随玻璃粉掺量的增加呈现一个先增大后减少的过程,当掺入10%玻璃粉时砂浆抗压强度达到最大值,继续增加玻璃粉掺量后试件抗压强度逐步降低,且降低幅度随龄期有明显减小趋势。

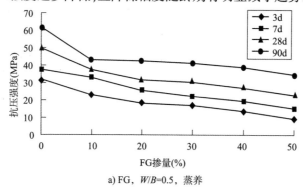

a) FG, *W/B*=0.5, 蒸养

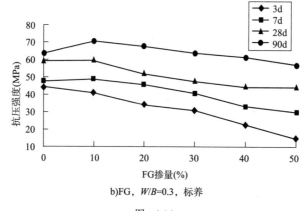

b) FG, *W/B*=0.3, 标养

图 4-14

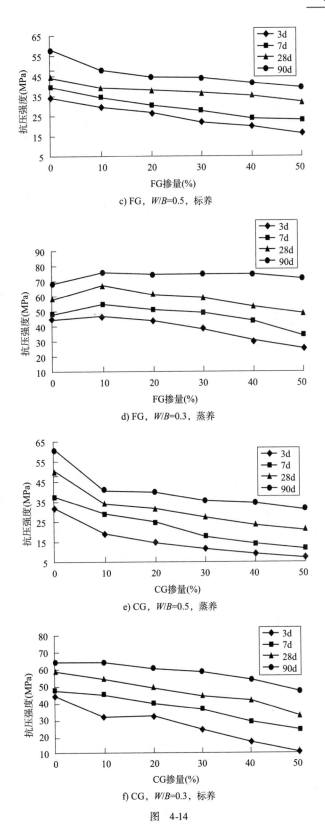

c) FG，W/B=0.5，标养

d) FG，W/B=0.3，蒸养

e) CG，W/B=0.5，蒸养

f) CG，W/B=0.3，标养

图 4-14

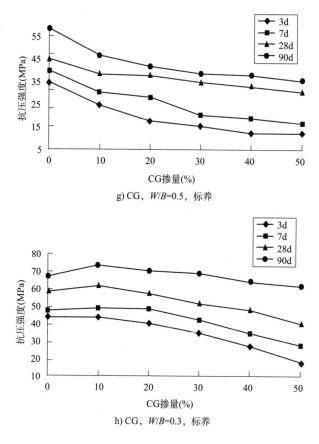

g) CG，W/B=0.5，标养

h) CG，W/B=0.3，标养

图 4-14　玻璃粉掺量与砂浆抗压强度的关系曲线图

　　图 4-15 为玻璃粉掺量与砂浆抗折强度的关系曲线图。可以看出,各试件抗折强度都随着龄期的增加而增大。与玻璃粉对抗压强度影响规律类似,试件抗折强度随玻璃粉掺量增加有所降低,但降低幅度明显小于抗压强度。90d 龄期时砂浆抗折强度已随玻璃粉掺量变化不大,甚至在 30% 掺量以内还有所增强。

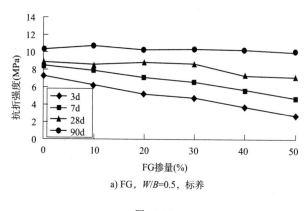

a) FG，W/B=0.5，标养

图　4-15

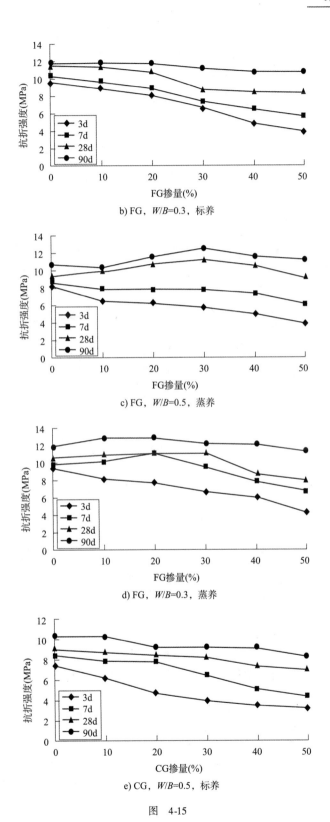

b) FG，*W/B*=0.3，标养

c) FG，*W/B*=0.5，蒸养

d) FG，*W/B*=0.3，蒸养

e) CG，*W/B*=0.5，标养

图 4-15

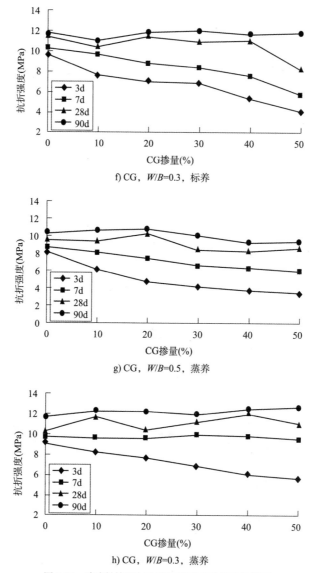

f) CG，*W/B*=0.3，标养

g) CG，*W/B*=0.5，蒸养

h) CG，*W/B*=0.3，蒸养

图4-15　玻璃粉掺量与砂浆抗折强度的关系曲线图

2）水化龄期的影响

借鉴混凝土抗压强度随龄期的发展系数概念,采用各龄期抗压强度与其对应的28d基准抗压强度之比来研究玻璃粉砂浆强度随龄期的变化规律。表4-8为各试件抗压强度发展系数计算结果。

玻璃粉砂浆试件抗压强度随龄期发展系数　表4-8

编　号	标养条件下抗压强度发展系数				蒸养条件下抗压强度发展系数			
	3d	7d	28d	90d	3d	7d	28d	90d
5-FG-0	0.62	0.75	1.00	1.23	0.78	0.90	1.00	1.32
5-FG-1	0.61	0.88	1.00	1.14	0.75	0.87	1.00	1.22

编　号	标养条件下抗压强度发展系数				蒸养条件下抗压强度发展系数			
	3d	7d	28d	90d	3d	7d	28d	90d
5-FG-2	0.59	0.82	1.00	1.34	0.70	0.80	1.00	1.17
5-FG-3	0.55	0.73	1.00	1.34	0.60	0.75	1.00	1.22
5-FG-4	0.50	0.72	1.00	1.43	0.56	0.68	1.00	1.17
5-FG-5	0.41	0.64	1.00	1.49	0.52	0.72	1.00	1.22
5-CG-0	0.62	0.75	1.00	1.23	0.78	0.90	1.00	1.32
5-CG-1	0.56	0.85	1.00	1.18	0.63	0.81	1.00	1.24
5-CG-2	0.48	0.79	1.00	1.28	0.46	0.75	1.00	1.12
5-CG-3	0.43	0.65	1.00	1.30	0.44	0.58	1.00	1.12
5-CG-4	0.38	0.60	1.00	1.49	0.37	0.57	1.00	1.15
5-CG-5	0.33	0.55	1.00	1.49	0.39	0.54	1.00	1.17
3-FG-0	0.75	0.80	1.00	1.09	0.76	0.81	1.00	1.15
3-FG-1	0.68	0.82	1.00	1.18	0.69	0.81	1.00	1.12
3-FG-2	0.65	0.89	1.00	1.31	0.71	0.83	1.00	1.21
3-FG-3	0.64	0.86	1.00	1.35	0.65	0.83	1.00	1.27
3-FG-4	0.49	0.74	1.00	1.39	0.58	0.83	1.00	1.40
3-FG-5	0.32	0.66	1.00	1.29	0.52	0.72	1.00	1.49
3-CG-0	0.75	0.80	1.00	1.09	0.76	0.81	1.00	1.15
3-CG-1	0.58	0.83	1.00	1.18	0.70	0.79	1.00	1.19
3-CG-2	0.65	0.81	1.00	1.24	0.69	0.83	1.00	1.21
3-CG-3	0.53	0.81	1.00	1.32	0.67	0.81	1.00	1.33
3-CG-4	0.40	0.69	1.00	1.30	0.56	0.73	1.00	1.34
3-CG-5	0.32	0.74	1.00	1.45	0.43	0.67	1.00	1.52

可以看出,玻璃粉砂浆试件在3d的强度发展系数相对较小,且随着玻璃粉掺量的增加这一现象更加突出。玻璃粉砂浆试件在7d的强度发展系数增加很快,很多都已超过同期的纯水泥砂浆发展系数。到了90d,玻璃粉砂浆试件的强度发展系数继续增大,绝大部分已超过同期的纯水泥砂浆发展系数。此时,随着玻璃粉掺量的增加,系数逐渐变大,说明玻璃粉砂浆呈现早期强度发展较慢、后期强度发展较快的特点,这与粉煤灰砂浆强度发展特征较为类似。

3)玻璃粉细度的影响

借鉴前面玻璃材料粉磨特性及颗粒尺寸分布特性研究成果,本节分别采用粉磨1h的粗玻璃粉(CG)与粉磨2h的细玻璃粉(FG)来对比研究玻璃粉细度对玻璃粉砂浆强度的影响作用。

为了便于定量分析玻璃粉细度对各组试件强度的影响,假设 CG 各组抗压强度为 R_{CG},FG 各组抗压强度为 R_{FG},则玻璃粉进一步磨细后对砂浆强度变化可由磨细指数 φ 来表示:

$$\varphi = \frac{R_{FG}}{R_{CG}} \times 100\% \tag{4-7}$$

相应的,当 $\varphi > 100$ 时,说明磨细后砂浆强度增大;当 $\varphi < 100$ 时,说明磨细后砂浆强度减小。各组试件磨细指数计算结果如图 4-16 所示。

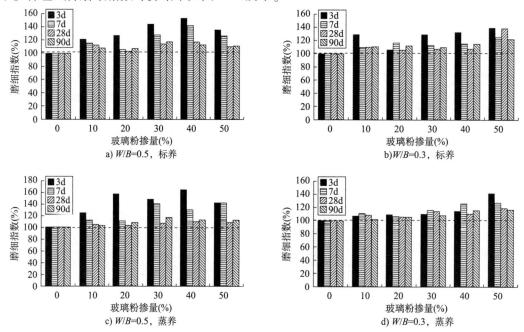

图 4-16 玻璃粉磨细度对试件抗压强度的影响

可以看出,所有玻璃粉试件磨细指数都在 100 以上,说明玻璃粉磨细后砂浆抗压强度整体上都有所增加,并且在水化早期时,磨细指数也都相对较高。这可能是玻璃粉颗粒比表面积增大后增加了颗粒的反应活性及与水的接触概率,促进了水化反应速率及进程;同时,更多粒径较小的玻璃粉颗粒又可在水化早期提供一个个成核基体,通过促使非均匀成核降低了成核位垒,促使水化反应向右进行,促进了更多水化产物的生成,从而促进了早期强度的发展。

4) 养护条件的影响

养护条件的改变对水泥基材料水化过程有重要影响,甚至也可能影响到辅助胶凝材料的水化作用机理。本节分别采用标准养护与40℃蒸汽养护两种养护制度来比较养护条件对玻璃粉砂浆强度的影响作用。

类似于磨细指数,为了便于定量分析蒸养对各组试件强度的影响,假设标养条件下,各组试件抗压强度为 $R_{标}$,蒸养条件下各组试件抗压强度为 $R_{蒸}$,则蒸养后强度变化可由蒸养指数 φ' 来表示:

$$\varphi' = \frac{R_{蒸}}{R_{标}} \times 100\% \tag{4-8}$$

当 $\varphi' > 100$ 时,说明蒸养后砂浆强度增大;当 $\varphi' < 100$ 时,说明蒸养后砂浆强度减小。各

组试件蒸养指数计算结果如图 4-17 所示。

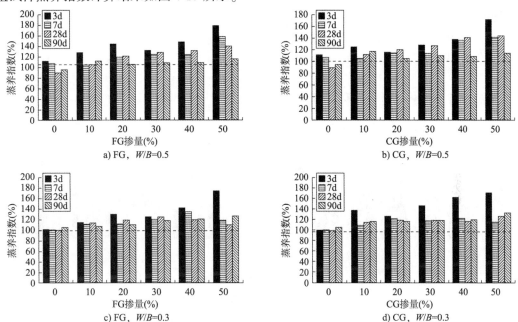

图 4-17　养护条件对试件抗压强度的影响

可以看出,除纯水泥试件外,蒸养后各组试件强度比标养都有所提高,尤其是在水化早期(3d)时对玻璃粉砂浆强度的促进作用最大,这是因为高温蒸养对于水泥基复合材料早期的水化速率以及水化程度都有明显促进作用,因而早期强度都有较大程度提升。

水胶比为 0.5 的纯水泥试件早期强度也有明显增加,但在水化后期与标养相比强度反而有所下降,这可能是由于普通硅酸盐水泥在蒸养促进作用下早期水化反应比较剧烈,以致大量的水化产物都在短时间内集中形成,没有足够的时间扩散、沉淀,继而导致形成的水化产物空间分布较差,结构体系疏松,影响制约了后期强度的发展。

水胶比为 0.3 的纯水泥试件蒸养后早期强度变化不大,后期强度与标养相比略有增加,这可能与体系中水胶比较小,水分相对较少有关。在水化反应刚开始时水量充足,蒸养有明显促进作用,但随着体系中水的消耗,水化反应因水量不足而受到制约,因而此时蒸养促进作用变得相对微弱。

随着玻璃粉掺量的增加,蒸养指数在各龄期均有增大趋势,玻璃粉掺量为 50% 的试件在3d 龄期的蒸养指数都在 160% 以上,说明体系中玻璃粉含量越多,蒸养对强度的促进作用越明显。一方面,由于玻璃粉吸水率较低,水化早期给硅酸盐水泥熟料提供了更充足的水分补给,因而蒸养对其作用也就越明显。除了促进硅酸盐水泥水化外,另一方面,玻璃粉在蒸养作用下水化活性相对较高,水化后期自身参与水化反应的程度增大,生成了更多水化产物,促使体系强度在水化后期明显增加,这同时也说明了蒸养对于激发玻璃粉水化活性是有效的。

5）磨细—蒸养复合作用的影响

由前面分析可知,单独的蒸养或磨细处理都对玻璃粉砂浆的抗压强度发展起促进作用,这里进一步讨论两者联合作用时对强度的影响,以期为玻璃粉在水泥基材料领域的工程化应用提供技术支撑。类似的,可以采用 FG 在蒸养条件下抗压强度与 CG 在标养条件下抗压强度之比 φ'' 来定量分析磨细及蒸养复合作用对玻璃粉砂浆强度的影响作用,具体如下:

$$\varphi'' = \frac{R_{FG蒸}}{R_{CG标}} \times 100\% \qquad (4-9)$$

各组试件磨细蒸养复合指数计算结果如图 4-18 所示。

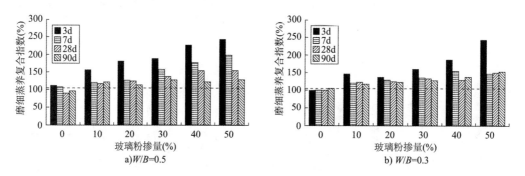

图 4-18 磨细及蒸养联合作用对试件抗压强度的影响

可以看出,在磨细及蒸养联合作用下玻璃粉砂浆的抗压强度有明显提高,增加幅度基本都在 20% 以上,远高于两者单独作用时的促进效果。与磨细或蒸养单独作用相似,水化早期时磨细蒸养复合指数达到最大值,说明其对早期强度的促进作用更为明显。与纯水泥试样相比,随着玻璃粉掺量的增加,磨细蒸养复合指数也有逐步增加的趋势,玻璃粉掺量达到 50% 时早期强度提升幅度甚至达到一倍以上,说明磨细蒸养联合作用下对玻璃粉砂浆强度的影响主要体现在对玻璃粉水化部分,两者联合作用下有效地激发了玻璃粉的反应活性,促进了玻璃粉的水化反应进程,促使生成更多的水化产物,因而提高了玻璃粉的力学性能。

4.3.3 玻璃粉的水化活性

从强度分析结果来看,玻璃粉的掺入对砂浆的强度有着明显影响。关于辅助胶凝材料水化活性评价方法有很多,这里侧重于从强度角度借助于抗压强度比和矿物材料活性指数两个指标来评估玻璃粉的水化活性。

1) 抗压强度比

采用抗压强度比 A 可以表示混合材料活性的高低。

$$A = \frac{R_1}{R_2} = \frac{掺30\%混合材水泥胶砂抗压强度}{纯水泥胶砂抗压强度} > 0.62 \qquad (4-10)$$

如 A 值满足上述式子,则所掺混合材料可以认为是活性材料,并且 A 值越大,这种材料的活性越高。抗压强度比值的高低很大程度上可以反映出玻璃粉的火山灰活性,这种方法计算简单、准确,不仅有一定的可比性,而且还有比较普遍的适用性。玻璃粉砂浆抗压强度比计算结果见表 4-9。

玻璃粉砂浆抗压强度比   表4-9

养护条件	编 号	抗压强度比 $A \times 100$(%)			
		3d	7d	28d	90d
标养	5-FG-3	54.45	60.07	61.58	67.23
	5-CG-3	37.77	47.04	54.10	57.38
	3-FG-3	69.08	86.04	79.94	99.16
	3-CG-3	53.57	76.26	74.68	90.78
蒸养	5-FG-3	64.33	69.59	82.69	76.39
	5-CG-3	43.28	49.68	77.08	65.39
	3-FG-3	86.03	103.17	100.75	110.63
	3-CG-3	78.04	89.32	88.68	102.53

可以看出,抗压强度比整体上随龄期有变大趋势,说明玻璃粉水化活性随龄期有所增强。蒸养体系各抗压强度比普遍高于标养体系,说明蒸汽养护有助于激发玻璃粉的水化活性。FG 体系各抗压强度比普遍高于 CG 体系,说明增加玻璃粉细度能有效提高玻璃粉的水化活性。

除了高水胶比试件在标养条件下的抗压强度较小外,其余各试件的抗压强度比都在0.62 以上,符合活性材料要求,有的甚至还大于1(蒸养条件下),说明玻璃粉在水泥基材料中的活性效应存在,这可能主要是火山灰效应,并且活性大小与玻璃粉的细度、砂浆水胶比、养护条件、龄期等有密切关系。

2）矿物材料活性指数

矿物材料活性指数评价方法由重庆大学蒲心诚教授提出,具体计算方法参见第 1 章。各组玻璃粉砂浆试件中玻璃粉水化活性效应强度贡献率计算结果如图 4-19 所示。根据玻璃粉物理化学特性,玻璃粉水化活性效应主要为火山灰效应。可以看出,玻璃粉颗粒大小、掺量、水胶比、龄期、养护条件等都对其水化活性效应强度贡献率有重要影响。

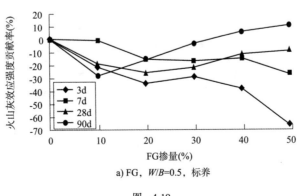

a）FG，W/B=0.5，标养

图 4-19

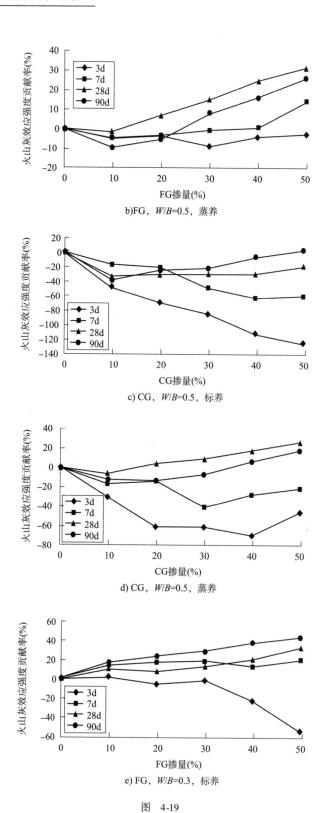

b)FG，W/B=0.5，蒸养

c) CG，W/B=0.5，标养

d) CG，W/B=0.5，蒸养

e) FG，W/B=0.3，标养

图 4-19

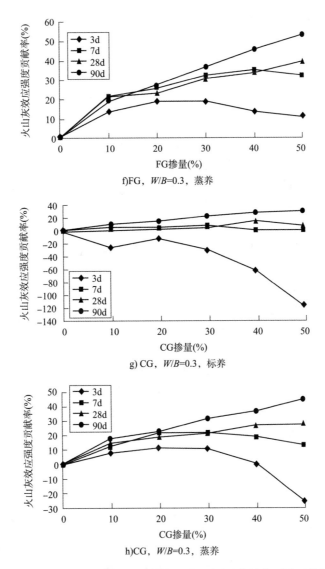

f)FG，W/B=0.3，蒸养

g) CG，W/B=0.3，标养

h)CG，W/B=0.3，蒸养

图4-19 各组试件玻璃粉水化活性效应(主要为火山灰效应)强度贡献率

除了CG试件外,蒸养条件下各组试件玻璃粉火山灰效应强度贡献率基本都大于0,3-FG-5 在90d 龄期时甚至超过50%,说明玻璃粉在此条件有明显水化活性效应发生,且反应程度较高。

与CG 体系相比,FG 体系中火山灰效应强度贡献率普遍较高,说明玻璃粉磨细处理后能有效增强其水化活性效应。

水化早期(3d)时,各组试件玻璃粉火山灰效应强度贡献率都较小,且随着玻璃粉掺量的增加逐步减小,说明玻璃粉掺量过大时不利于其早期水化活性效应的发挥;但是到了水化后期(90d),各组试件玻璃粉火山灰效应强度贡献率整体又随玻璃粉掺量的增加而增大,说明玻璃粉在水化后期火山灰效应反应程度明显大于早期。

水胶比0.5试件在标养条件下玻璃粉火山灰效应强度贡献率大都为负值,说明标养条件下高水胶比体系玻璃粉水化活性表现有限。

4.3.4　小结

玻璃粉砂浆试件强度随龄期的增加而增大。高水胶比时,试件抗压强度随玻璃粉掺量的增加而逐渐降低;低水胶比时,试件抗压强度随玻璃粉掺量的增加呈现先增大后减小趋势,在掺量为10%时强度达到最大值。玻璃粉砂浆试件抗折强度随玻璃粉掺量的增加有所降低,但降低幅度明显小于抗压强度,90d龄期时各掺量试件抗折强度较为接近。

提高玻璃粉细度或蒸养都对玻璃粉砂浆强度发展起促进作用,尤其对水化早期及大掺量玻璃粉试件的强度促进作用更为明显。在两者联合作用下玻璃粉砂浆强度增加幅度较大,整体都在20%以上,高于两者单独作用效果。

玻璃粉水化主要为火山灰反应类型,活性大小与玻璃粉细度、水胶比、养护条件、龄期等都紧密相关。磨细或蒸养处理后玻璃粉活性指数都较高,火山灰效应强度贡献率基本都大于0,且随龄期有增长趋势。

4.4　玻璃粉对水泥净浆孔结构的影响

水泥基材料浆体作为多孔介质,孔径横跨尺度较大,从纳米级别到毫米级别。如今,广泛应用氮气吸附法(NAD)、压汞法(MIP)和X射线小角度衍射法(SAXS)等方法来测量或者评估孔结构特征。虽然压汞法仍存在只能测量开放连通孔,不能测量"墨水瓶"孔,以及可能因施压过高导致一些孔结构破裂等问题,但由于其容易操作、测量孔径范围较广等特点,目前仍被认为是测孔的最好选择。而吸水动力学测孔法则是一种无损检测法,能够从孔的均匀性与平均孔径大小来分析孔结构。本节采用压汞法和吸水动力学两种方法对掺玻璃粉硬化浆体的孔结构进行测试分析。

4.4.1　压汞测孔

净浆试件的水胶比(W/B)为0.5,胶凝材料由不同掺量的玻璃粉及水泥组成,玻璃粉为2h粉磨样。试件编号中第一部分WG表示废弃玻璃粉,中间数字表示玻璃粉的掺量,最后一部分表示龄期,如WG-20-28d表示掺入20%玻璃粉净浆试件养护至28d。试件养护至28d及90d后分别取块留样,进行压汞测试,测试结果如图4-20、图4-21所示。

1)总孔隙率

图4-22为各试件总孔隙率汇总图。除20%玻璃粉掺量外,总孔隙率随着龄期的增长而减小,这是因为在水化过程中,不断生成的水化产物逐渐填充孔隙,从而使孔隙率降低。

两个龄期的试件都随着玻璃粉掺量增加,总孔隙率呈逐渐增大趋势。一方面,可能是因为玻璃粉的水化活性要小于水泥(尤其在水化早期更为明显),掺玻璃粉后生成的水化产物数量相对较少,不足以填充孔隙因而使孔隙率增大所致;另一方面,也可能与掺入玻璃粉后改变了体系孔结构分布形态有关。

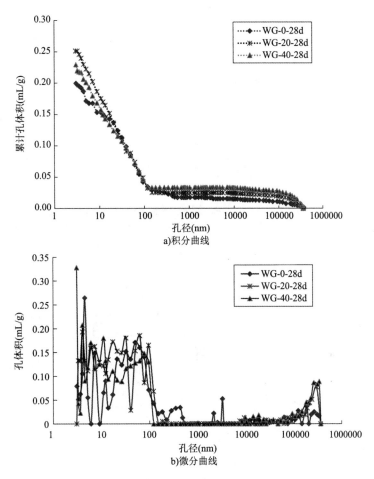

图4-20　各组试件在28d龄期累计孔体积曲线及孔径分布微分曲线图

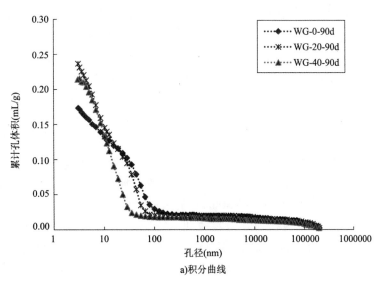

图　4-21

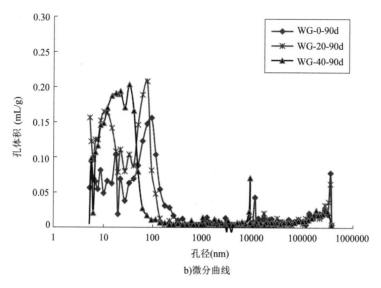

b)微分曲线

图 4-21   各组试件在 90d 龄期累计孔体积曲线及孔径分布微分曲线图

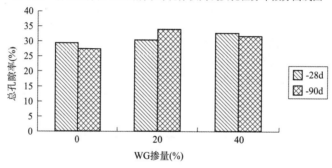

图 4-22   各试件总孔隙率汇总图

一般来说,辅助胶凝材料替代硅酸盐水泥后多数会使其水化产物的总体积有所减少,这同时意味着复合胶凝硬化体系中总孔隙率将比纯硅酸盐水泥试件大。这表面上似乎与公认的观点"掺辅助胶凝材料后有利于改善浆体孔结构特征"相违背,实际上则是复合胶凝硬化浆体孔隙率虽有所增大,但往往都有一个更合理的孔隙分布结构。孔隙率作为一个宏观指标,反应内部信息相对有限,要全面考察玻璃粉对浆体孔结构特征影响还需结合其他指标来共同分析。

2)孔径分布

孔径分布,反映孔结构特征的信息量更为丰富,是评价水泥硬化浆体特性更好的一个指标。国内外许多学者都对孔径分布特征与性能关系做了研究。国内吴中伟院士将孔分为四个级别:无害孔(<20nm)、少害孔(20~50nm)、有害孔(50~200nm)、多害孔(>200nm)。日本的近藤连一和大门正机也将孔划分为四种,但略有不同:凝胶微晶内的孔(<6Angstrom)、凝胶微晶间的孔(6~10Angstrom)、凝胶粒子间的孔(16~1000Angstrom)、毛细孔(>1000Angstrom)。美国学者 Metha 和 Monteirio 则将孔尺寸分布分为以下四个范围:凝胶微孔(<4.5nm)、间隙孔(4.5~50nm)、中等毛细管孔(50~100nm)、粗毛细管孔(>100nm)。

总体来说,大于50nm的毛细孔在许多文献中都被看作宏观孔,可能对强度和渗透性等特性影响更大;小于50nm的毛细孔被看作微观孔,对干缩和徐变具有重要影响。本文依据实际测试情况,大致采用 Metha 和 Monteirio 的分法,将孔分为四类:凝胶微孔(<5nm)、间隙孔(5~50nm)、中等毛细管孔(50~95nm)、粗毛细管孔(>95nm)。根据压汞测试数据,计算得到的绝对指标孔径分布体积及相对指标孔径分布百分数如图4-23、图4-24 所示。

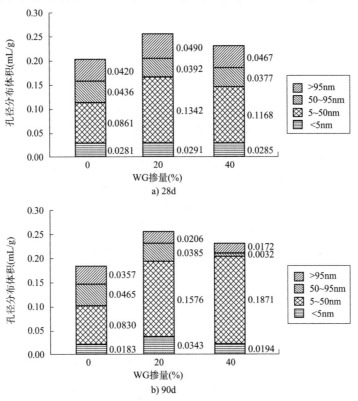

图4-23 各试件孔径分布体积

可以看出:随着龄期增长,浆体孔结构变化主要表现为毛细孔数量减少,间隙孔比例增大,毛细孔逐渐转变为间隙孔,孔结构分布趋于优化。值得注意的是,20%玻璃粉掺量试件在 90d 龄期时总孔隙率虽比28d 时有所增大,但90d 龄期时大于50nm 的宏观孔反而由 28d 龄期时的 0.0882mL/g 降至 0.0591mL/g,降低幅度达 32.99%,小于50nm 的微观孔则由 28d 龄期时的 0.1633mL/g 增至 0.1919mL/g,由此可推测这一试件总孔隙率增大主要是由小孔数量的增多引起的。

随着玻璃粉掺量的增加,毛细孔(有害孔)数量明显减少,间隙孔数量增加。90d 龄期时,40%玻璃粉掺量中大孔比例不到8%,说明玻璃粉能有效地细化净浆孔隙。从这里也可以看出,掺入玻璃粉后硬化浆体总孔隙率虽有所增加,但孔隙率的增加也主要是由小孔数量的增多引起的,尤其在水化后期更为明显。90d 龄期时,大于50nm 的宏观孔数量随着玻璃粉掺量增加,逐步由 0.0822mL/g 降至 0.0591mL/g 再到 0.0204mL/g,降低幅度分别为28.10%以及65.48%。总的来说,掺入比水泥更细的玻璃粉后能有效增加体系中小孔数量,减少大孔比例,从而改善浆体的孔结构分布。

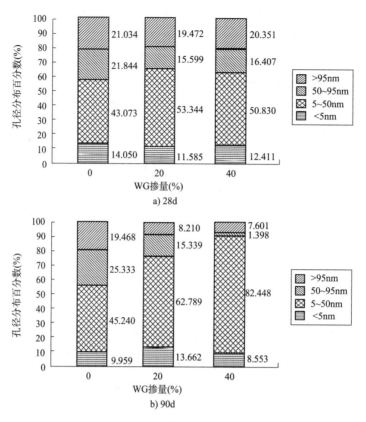

图 4-24　各试件孔径分布百分数

一定条件下,水化生成的凝胶数量越多时凝胶孔的数量也将越多,水化产物彼此交错搭接更充分,因而浆体的强度也越高。反过来,由凝胶孔数量越多能否推断出凝胶数量越多则尚需深入探讨,因为不同反应物体系中生成的凝胶种类及组成结构可能也不尽相同。但在反应物体系相近时,生成的凝胶差别相对较小,可大致从凝胶孔比例这一相对指标来反映凝胶数量的变化。观察孔径分布体积中小于5nm孔含量可知,随着玻璃粉的掺入,凝胶孔数量有所提高,但掺量继续增加后又有所降低,尤其在水化后期这一规律更加明显,说明适当掺入玻璃粉后体系中凝胶含量有所增长,一方面可能与水化早期时玻璃粉促进了硅酸盐水泥水化有关,另一方面也与水化后期玻璃粉自身发生了火山灰反应额外生成了一部分凝胶有关。玻璃粉掺量继续增加时,凝胶含量有所降低,可能是体系中硅酸盐水泥减少幅度较大,由硅酸盐水泥直接生成的凝胶降低幅度大于玻璃粉通过间接促进或自身反应生成的凝胶数量所致。

3)特征孔径分析

通过 MIP 分析了一些特征孔径,包括阈值孔径、最可几孔径、平均孔径、体积中孔径和面积中孔径。

阈值孔径表示开始大量增加孔体积所对应的孔径,反映了混凝土中孔隙的连通性和渗透路径的曲折性,对水泥基材的渗透性有重要影响。孔径分布曲线的峰值所对应的孔径为最可几孔径,表示出现概率最大的孔径,其大小可以用来反映孔径的分布情况。一般来说,最可几孔径越大,阈值孔径越大,平均孔径也越大。

中孔径是根据表面积及压入汞总体积估算得到的,面积中孔径为达到50%累积表面积时的孔隙直径,体积中孔径为达到50%累积侵入汞体积时的孔隙直径。平均孔径是在假定孔隙为圆柱体模型的前提下,根据总孔隙体积和总孔隙表面积比值得出的。

各特征孔径计算结果见表4-10和表4-11。可以看出,各浆体的体积中孔径和平均孔径均大于其面积中孔径,且大致顺序为体积中孔径 > 平均孔径 > 面积中孔径。

各组浆体孔隙率、阈值孔径及最可几孔径　　　　　　　　　　　　表4-10

编　　号	孔隙率(%)	阈值孔径(nm)	最可几孔径(nm)
WG-0-28d	29.29	480	50/5
WG-20-28d	30.27	150	62/32/4
WG-40-28d	32.58	120	77/11/3
WG-0-90d	27.30	220	62
WG-20-90d	33.82	95	50
WG-40-90d	31.57	40	21

各组浆体中孔直径及平均孔直径　　　　　　　　　　　　表4-11

编　　号	中孔直径(nm)		平均孔直径 R_a(nm)
	体积 R_v	面积 R_s	
WG-0-28d	39.6	5.0	16.0
WG-20-28d	24.6	6.5	13.8
WG-40-28d	26.6	6.0	13.1
WG-0-90d	43.9	5.8	16.1
WG-20-90d	18.9	6.0	11.4
WG-40-90d	14.3	7.9	11.5

整体上来看,除面积中孔径外,掺入玻璃粉后各龄期试件各个特征孔径指标均有所减小,整体上孔分布趋于细化,有害孔向无害孔转化,有利于改善力学性能。

4.4.2　吸水动力学测孔

测定水泥基材料孔结构的吸水动力学法,是以毛细现象为基础来测量材料孔结构的积分参数或微分参数(平均孔径、孔均匀性)的测试方法,是一种无损检测法,具有设备简单、操作容易等优点,具体测试方法参见第1章。

本节采用吸水动力学法研究不同玻璃粉掺量水泥净浆及砂浆孔结构的变化,以吸水率 W_0、平均孔径 λ 和孔均匀性 α 来表征孔结构特性。试件成型尺寸为40mm×40mm×160mm,玻璃粉为2h粉磨样,水胶比 W/B 都为0.5,标准条件下养护。在90d龄期进行吸水动力学测试,测试结果见表4-12、表4-13。

净浆试件在 90d 龄期吸水动力学测试结果   表 4-12

编 号	$W_0(\%)$	α	$\overline{\lambda_1}$	$\overline{\lambda_2}$
WG-0-90d	22.04	0.9855	2.8394	2.8834
WG-10-90d	22.97	0.9003	1.8059	1.9280
WG-20-90d	22.53	0.8827	1.7827	1.9251
WG-30-90d	24.18	0.6773	1.1165	1.1766
WG-40-90d	25.70	0.6628	1.4524	1.7538
WG-50-90d	29.52	0.7185	2.0080	2.6649

砂浆试件在 90d 龄期吸水动力学测试结果   表 4-13

编 号	$W_0(\%)$	α	$\overline{\lambda_1}$	$\overline{\lambda_2}$
5-FG-0-90d	8.40	0.5500	1.0940	1.1780
5-FG-10-90d	7.89	0.5851	1.0920	1.1623
5-FG-20-90d	7.91	0.5529	0.9495	0.9106
5-FG-30-90d	8.01	0.5337	0.8897	0.8033
5-FG-40-90d	8.60	0.5454	0.8605	0.7592
5-FG-50-90d	9.18	0.5613	0.9044	0.8360

可以看出,砂浆体系中吸水率 W_0 及平均孔径 λ 都明显小于净浆体系中的对应值,说明砂浆孔隙率及平均孔径明显小于净浆体系。砂浆体系中孔均匀性 α 也都相对较小,说明砂浆孔径分布要比净浆孔径分布更为分散,孔径分布更为合理。整体上,砂浆孔结构特征要优于净浆体系。

随着玻璃粉掺量的增加,无论是砂浆体系还是净浆体系,其质量吸水率 W_0 都有不同程度的增加,说明体系孔隙率随着玻璃粉掺量的增加有增大趋势。两个平均孔径 λ 则随着玻璃粉掺量的增加而逐渐减少,但掺量超过40%后又略有回升,说明在一定范围内掺入玻璃粉后能有效降低体系平均孔径,使孔径整体趋于细化,但掺入过量玻璃粉后又会使平均孔径有所增大。孔均匀性 α 随玻璃粉掺量的增加先略有增大,继而逐渐减小,说明玻璃粉的掺入使体系中孔径分布趋于分散,改善了体系的孔结构。

4.4.3 小结

从孔隙率、孔分布以及特征孔径等方面来看,随着玻璃粉掺量的增加,毛细孔(有害孔)数量明显减少,间隙孔数量增加,总孔隙虽然有所增大,但主要是由小孔数量的增多而引起的。玻璃粉能有效地细化浆体孔隙,这对提高材料耐久性具有重要意义,原因可能有以下几点:

(1)早期填充效应。玻璃粉颗粒较细,可以作微集料填充到大孔隙中,从而使大孔变小孔。

(2)较细的玻璃粉颗粒可作为成核场所,从而使生成的水化产物颗粒(氢氧化钙、硅酸钙、钙矾石等)也都普遍细化,继而填充到大孔中使孔径变细。

(3)水化后期发生火山灰效应,使片状氢氧化钙数量减少以及晶粒变细,同时生成新的硅酸钙凝胶填充其中,使硬化浆体结构变得密实。

4.5 玻璃粉的水化特性

主要采用 X 射线衍射分析(XRD)、热重—差热(TG-DTA)及电子显微镜(SEM)测试分析掺玻璃粉水泥基材料在不同水化龄期的水化产物种类、形貌及数量,分析其水化特性,并与普通硅酸盐水泥作对比。

玻璃粉采用 2h 粉磨样。试件编号中第一个数字 5 表示水胶比为 0.5,第二个数字表示玻璃粉相对掺量(水泥样用 C 表示);第二部分表示养护龄期;最后一部分表示养护条件(标准养护默认不写)。如"54-90d-蒸养"表示掺入 40% 玻璃粉的净浆试件在 40℃ 蒸养条件下养护至 90d。

4.5.1 XRD 测试分析

1)龄期的影响

图 4-25 为纯水泥试件在不同龄期的水化产物对比。可以看出,普通硅酸盐水泥水化产物中的晶体类型主要有 $Ca(OH)_2$、$CaCO_3$ 以及少量的钙矾石、水化铝酸钙、未反应熟料等。$CaCO_3$ 可能主要是样品发生碳化生成的。随着龄期的增长,反应物硅酸二钙特征衍射峰强度逐渐减弱,水化产物 $Ca(OH)_2$ 特征衍射峰强度有所增大,说明普通硅酸盐水泥水化程度随着龄期的增长而增加。

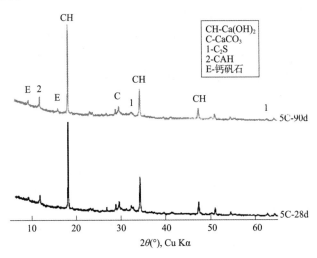

图 4-25 纯水泥试件在不同龄期的水化产物对比

图 4-26 为掺玻璃粉试件在不同龄期的水化产物对比。与普通硅酸盐水泥体系基本相似,掺玻璃粉试件水化产物中晶体类型也主要由 $Ca(OH)_2$、$CaCO_3$ 以及少量的钙矾石、水化铝酸钙、未反应熟料等组成,说明玻璃粉的掺入对体系水化产物种类的影响不大。但与普通硅酸盐水泥不同的是,随着龄期的增长,$Ca(OH)_2$ 特征衍射峰强度却明显减弱。且蒸养条件

下,峰值减小幅度更明显,这可能是玻璃粉在后期发生了火山灰反应而消耗掉了部分 Ca(OH)₂所致。

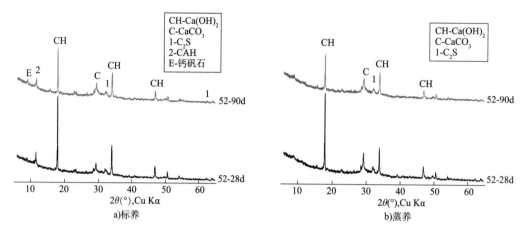

图 4-26　掺玻璃粉试件在不同龄期的水化产物对比

随着龄期的增长,复合体系中硅酸盐水泥水化程度增加,理论上将有更多的 Ca(OH)₂生成;但与此同时,水化后期 Ca(OH)₂数量的累积又诱导并促进玻璃粉火山灰反应的发生,而这个过程又消耗掉了 Ca(OH)₂,因而两者相互作用,共同决定复合体系中 Ca(OH)₂总量。当后者作用大于前者时,Ca(OH)₂总量将会减少,因而出现对应特征衍射峰强度减弱的现象。

2)玻璃粉掺量的影响

图 4-27 ~ 图 4-30 为不同玻璃粉掺量试件在不同龄期和养护条件下水化产物对比。可以看出,随着玻璃粉掺量的增加,水化产物中 Ca(OH)₂特征衍射峰强度都依次减弱。这可能有以下两个原因:一方面,随着玻璃粉掺量的增加,体系中普通硅酸盐水泥含量依次减少,致使其水化产生的 Ca(OH)₂含量依次减少;另一方面,玻璃粉发生火山灰反应后又会消耗掉一部分 Ca(OH)₂,两者共同作用从而使 Ca(OH)₂特征衍射峰强度依次减小。

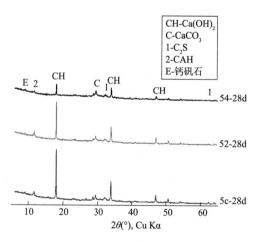

图 4-27　不同玻璃粉掺量试件在 28d 龄期标养条件下水化产物对比

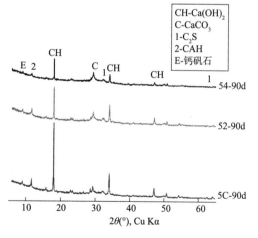

图 4-28　不同玻璃粉掺量试件在 90d 龄期标养条件下水化产物对比

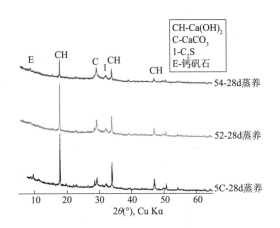

图 4-29　不同玻璃粉掺量试件在 28d 龄期 40℃蒸养条件下水化产物对比

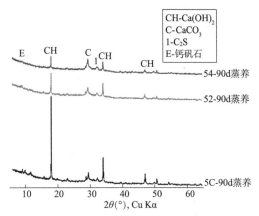

图 4-30　不同玻璃粉掺量试件在 90d 龄期 40℃蒸养条件下水化产物对比

3) 养护条件的影响

图 4-31 为纯水泥试件在不同养护条件下水化产物对比。可以看出,高温蒸养条件下位于 12°附近对应 CAH 的特征衍射峰基本消失,掺玻璃粉试件中也都有类似现象出现,这可能与水化铝酸钙发生转化有关。

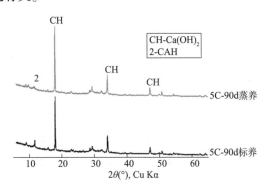

图 4-31　纯水泥试件在不同养护条件下水化产物对比

当硅酸盐水泥石膏掺量较小时,就可能还有剩余的未水化 C_3A 存在,这时 C_3A 可以在饱和 $Ca(OH)_2$ 发生反应:

$$C_3A + CH + 12H = C_4AH_{13} \tag{4-11}$$

室温下,C_4AH_{13} 在有 $Ca(OH)_2$ 存在的碱性介质中能稳定存在,所以在标养条件下可以观察到其衍射峰存在。但另一方面,C_4AH_{13} 常温下处于介稳状态,有转化为 C_3AH_6 的趋势,并且这一转化过程随着温度的提高而加速,因而蒸养后 C_4AH_{13} 大幅度减少,对应的衍射峰强度也减弱直至消失,转化过程为:

$$C_4AH_{13} + C_2AH_8 = 2C_3AH_6 + 9H \tag{4-12}$$

蒸养后纯水泥体系中 $Ca(OH)_2$ 特征衍射峰强度明显增加,说明蒸养条件有效地促进了普通硅酸盐水泥的水化,生成了更多的水化产物。

图 4-32 为掺玻璃粉试件在不同养护条件下水化产物对比。与纯水泥试样恰好相反,蒸

养后 Ca(OH)₂ 特征衍射峰强度明显减弱,且随着玻璃粉掺量的增加,减小幅度也增加,这可能与玻璃粉发生了火山灰反应而消耗掉了部分 Ca(OH)₂ 有关。

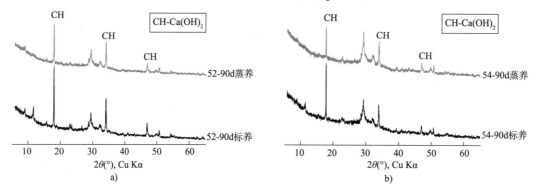

图4-32 掺玻璃粉试件在不同养护条件下水化产物对比

掺玻璃粉水泥基材料蒸养后,一方面促进了体系中硅酸盐水泥的部分水化,促使其生成更多的 Ca(OH)₂,但另一方面也促进了玻璃粉火山灰反应程度,消耗掉更多的 Ca(OH)₂。当蒸养对后者的促进作用大于前者时,Ca(OH)₂ 总量将会有所减小,因而出现对应特征衍射峰强度减弱的现象。

4.5.2 TG-DTA 测试分析

图4-33 ~ 图4-36 分别为各试件在不同养护条件及不同龄期下的 TG-DTA 曲线图。整体来看,所有试件体系 TG-DTA 曲线特征都大致相同:DTA 曲线基本都在 400 ~ 500℃ 之间有一个明显的吸热峰,这是由水化生成的氢氧化钙发生脱水分解引起的,对应的 TG 曲线在此温度区域有一个明显质量损失。一些试件在 700℃ 附近也存在一个微弱的吸热峰,这则是由碳化生成的 CaCO₃ 吸热分解引起的。另外,一些试件在 110℃ 附近呈现出一个十分微弱的吸热峰及质量损失,这可能对应着水化产物中钙矾石的脱水分解,但峰型特征大都不明显,说明其含量非常有限。

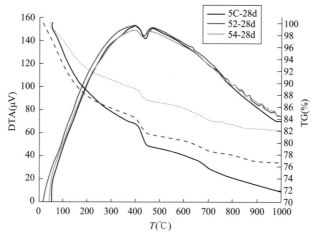

图4-33 标养条件下各试件 TG-DTA 曲线图(28d)

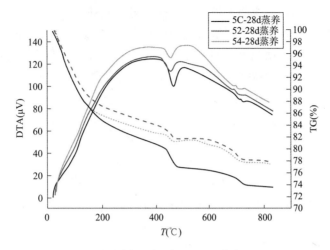

图 4-34　蒸养条件下各试件 TG-DTA 曲线图（28d）

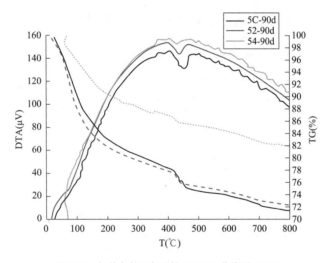

图 4-35　标养条件下各试件 TG-DTA 曲线图（90d）

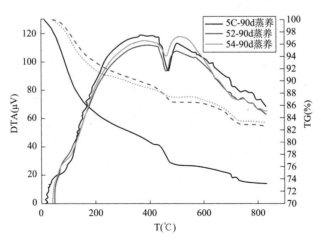

图 4-36　蒸养条件下各试件 TG-DTA 曲线图（90d）

各试件曲线特征相似,也说明了玻璃粉的掺入对水泥基材料水化产物种类的影响不大,这与上述 XRD 分析相一致。除了判别水化产物种类外,根据 TG-DTA 曲线特征还可以定量计算一些水化产物的数量,据此可以间接分析玻璃粉的掺入对水泥基材料水化的影响。

根据 $Ca(OH)_2$ 在 $400 \sim 500℃$ 之间脱水分解时,会有质量损失并产生吸热效应的特征,可以定量计算出体系中 $Ca(OH)_2$ 含量。

$Ca(OH)_2$ 反应方程式如下所示:

$$Ca(OH)_2 \longrightarrow CaO + H_2O \tag{4-13}$$

$$\begin{array}{ccc} 74 & & 18 \\ W_{CH} & & W_H \end{array}$$

可见,质量损失恰好对应 $Ca(OH)_2$ 失去水分子的质量,根据化学反应方程式计量关系,即知:

$$\frac{74}{W_{CH}} = \frac{18}{W_H} \tag{4-14}$$

即 $W_{CH} = 4.111 W_H$。各试件水化产物中氢氧化钙含量计算结果见表 4-14。

各试件水化产物中氢氧化钙含量 表 4-14

| 养护条件 | 编号 | DTA 吸热峰(℃) | | TG 对应质量比(%) | | 质量损失 $(H_2O)(\%)$ | CH(%) |
		初始点	结束点	W_1	W_2	DW	W_{CH}
标养	5C-28d	398.07	456.83	83.09	79.42	3.67	15.08
	52-28d	393.49	450.95	84.24	81.52	2.72	11.18
	54-28d	397.39	447.10	89.03	87.13	1.90	7.81
	5C-90d	393.56	470.08	78.51	74.88	3.63	14.92
	52-90d	396.84	454.60	77.93	75.58	2.35	9.66
	54-90d	394.80	456.28	87.08	85.58	1.50	6.17
蒸养	5C-28d	423.62	496.55	80.23	76.91	3.32	13.65
	52-28d	405.62	478.86	84.01	81.80	2.21	9.08
	54-28d	401.91	477.12	82.76	81.41	1.35	5.55
	5C-90d	424.80	513.75	79.68	76.24	3.44	14.13
	52-90d	432.18	486.41	88.74	86.64	2.10	8.63
	54-90d	433.74	474.62	88.36	87.37	0.99	4.07

除外,各试件体系中 $CaCO_3$ 也由水化生成的 $Ca(OH)_2$ 发生碳化转化而来,因而发生转化反应的 $Ca(OH)_2$ 量也应该在计算范围之内。$700℃$ 附近 $CaCO_3$ 发生分解反应的方程式如下所示:

$$CaCO_3 \longrightarrow Ca(OH)_2 + CO_2 \tag{4-15}$$

$$\begin{array}{ccc} 100 & & 44 \\ W_C & & W_{CO_2} \end{array}$$

质量损失部分对应失去 CO_2 的质量,根据化学反应方程式计量关系,即知:

$$\frac{100}{W_C} = \frac{44}{W_{CO_2}} \qquad (4\text{-}16)$$

而 $Ca(OH)_2$ 发生碳化反应方程式如下所示:

$$Ca(OH)_2 + CO_2 \longrightarrow CaCO_3 + H_2O \qquad (4\text{-}17)$$

$$\begin{array}{ccc} 74 & & 100 \\ W_{CH} & & W_C \end{array}$$

根据化学反应方程式计量关系,可知:

$$\frac{74}{W_{CH}} = \frac{100}{W_C} = \frac{44}{W_{CO_2}} \qquad (4\text{-}18)$$

即 $W_{CH} = 1.682 W_{CO_2}$。

各试件水化产物中由碳酸钙折算得到的氢氧化钙含量计算结果见表4-15。

各试件水化产物中由碳酸钙折算得到的氢氧化钙含量   表4-15

养护条件	编号	DTA 吸热峰(℃)		TG 对应质量比(%)		质量损失 $(CO_2)(\%)$	CH(%)
		初始点	结束点	W_1	W_2	ΔW_{CO_2}	W_{CH}
标养	5C-28d	—	—	—	—	—	—
	52-28d	684.19	710.57	78.91	78.51	0.40	0.67
	54-28d	682.64	703.01	84.30	83.74	0.56	0.94
	5C-90d	697.04	718.15	72.56	72.03	0.53	0.89
	52-90d	687.86	718.15	73.33	72.79	0.54	0.91
	54-90d	—	—	—	—	—	—
蒸养	5C-28d	692.33	734.21	75.18	74.08	1.10	1.84
	52-28d	695.78	721.78	79.23	78.32	0.91	1.53
	54-28d	681.37	721.25	79.02	78.31	0.91	1.20
	5C-90d	690.64	752.00	74.81	73.53	1.28	2.16
	52-90d	696.35	710.97	84.24	83.61	0.63	1.06
	54-90d	706.85	726.38	84.07	83.64	0.43	0.72

注:—表示 TG-DTA 曲线上对应碳酸钙峰型及质量损失变化十分微弱,暂作忽略不计。

可以看出,蒸养条件下试件相应计算值普遍高于标养条件下,说明蒸养条件下试件发生碳化的概率及程度有所增大。

两部分相加可得总的 $Ca(OH)_2$ 含量如图4-37所示。随着龄期的增长,纯水泥试件水化程度不断加深,因而水化生成的 $Ca(OH)_2$ 含量逐渐增多。掺入玻璃粉后,体系中 $Ca(OH)_2$ 量却随着龄期的增长而减少,这是因为玻璃粉发生了火山灰反应,且火山灰反应程度也随龄期的增长而增加,当火山灰反应消耗掉的 $Ca(OH)_2$ 大于体系中水泥熟料随龄期新生成的 $Ca(OH)_2$ 量时,体系中 $Ca(OH)_2$ 的总量将会有所减少。

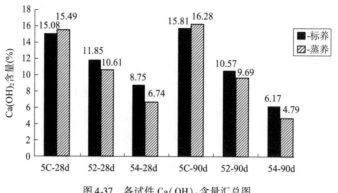

图4-37 各试件 Ca(OH)₂ 含量汇总图

与龄期增长作用效果相似,蒸养处理后纯普通硅酸盐水泥样水化生成的 Ca(OH)₂ 含量增多,说明蒸养促进了普通硅酸盐水泥水化。蒸养处理后所有掺玻璃粉试件水化生成的 Ca(OH)₂ 含量都有所减少,说明蒸养有效地促进了玻璃粉的火山灰反应,蒸养热处理可以有效地激发与提高玻璃粉的反应活性。

随着玻璃粉掺量的增加,可以看出体系中水化生成的 Ca(OH)₂ 量明显减少。玻璃粉掺量增加后,体系中水泥含量减少,因而水化产生的 Ca(OH)₂ 含量也依次减少。此外,玻璃粉发生火山灰反应消耗掉的 Ca(OH)₂ 也使其含量减少。这些结论基本与 XRD 分析结果相一致。

4.5.3 SEM 测试分析

图4-38 为普通硅酸盐水泥净浆 28d 龄期微观形貌。可以看出,普通硅酸盐水泥浆体中有大量纤维状水化硅酸钙凝胶存在,呈团簇放射状生长,同时也可能有少量杂乱的细针状钙矾石掺杂其中,但不易区分开来。这些物质彼此间交叉、连生,形成连续的网状结构,同时将未水化颗粒黏结起来,构成体系骨架。

图4-38 普通硅酸盐水泥净浆 28d 龄期微观形貌

普通硅酸盐水泥水化 28d 时各个凝胶团簇之间虽已经有明显搭接,但仍不够充分,交接处存在大量空隙,结构显得较为疏松。另外,水化产物小孔处也有六边形层状薄片的 Ca(OH)₂ 晶体出现,定向交叉于凝胶中,由于生长空间相对充分,晶粒也相对较大。

图4-39 为掺20% 玻璃粉净浆 28d 龄期微观形貌。可以看出,掺入玻璃粉后体系空隙有

所减少,结构变得紧凑以至于某些部位的水化产物难以辨认,这可能是玻璃粉颗粒较细、级配分布较宽而有效地改善了粉体的堆积密度,降低了产物孔隙所致。水化产物中也存在大量水化硅酸钙凝胶,但形态与普通硅酸盐水泥体系中的纤维分叉状有所不同,多由不规则的短柱状及薄片状凝胶粒子交叉结合在一起形成网络结构。

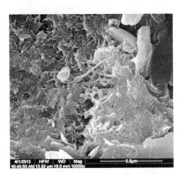

图4-39　掺20%玻璃粉净浆28d龄期微观形貌

　　图4-40为掺40%玻璃粉净浆28d龄期微观形貌。可以看到,玻璃粉已发生火山灰反应,形成的微结构密实,未见ASR引发的微裂缝。该图表明玻璃粉细度达到一定水平后,体系不容易发生碱—骨料反应的规律。Rachida研究表明,玻璃颗粒在水泥基材料中的反应是一对矛盾集成体,既可能发生有益的火山灰反应,也可能发生有害的ASR,而反应的走向主要受颗粒尺寸控制。

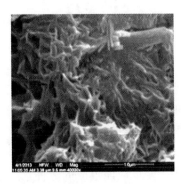

图4-40　掺40%玻璃粉净浆28d龄期微观形貌

　　图4-41为普通硅酸盐水泥净浆90d龄期微观形貌。随着龄期的增长,不断生成的水化产物逐步填充于孔隙中,使体系结构致密化。此时水化硅酸钙凝胶已经充分地交叉连接为整体,已基本看不到早期时呈团簇放射状及纤维状形态的凝胶存在。与28d龄期相比,可以看到体系中有更多六边形层片状的$Ca(OH)_2$晶体生成,这些晶体大都垂直定向交叉于水化硅酸钙凝胶中,这也说明普通硅酸盐水泥随龄期增长水化加深,生成了更多水化产物的规律,与XRD测试结果相一致。

　　图4-42为普通硅酸盐水泥90d水化产物凝胶能谱分析(EDXA)。可以看出,普通硅酸盐水泥水化生成C-S-H凝胶具有较高的钙硅比,Ca/Si值接近于3。一般来说,当Ca/Si值大于1.5时,C-S-H凝胶多呈无序的六水硅钙石类物质。同时,Al元素也占有一定比例,说明产物中的确有水化铝酸钙存在。

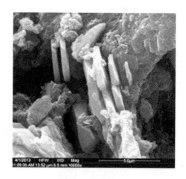

图 4-41 普通硅酸盐水泥净浆 90d 龄期微观形貌

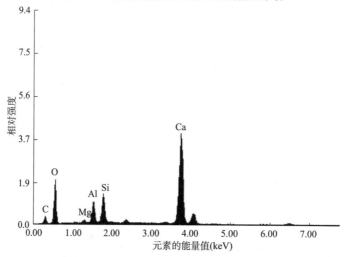

图 4-42 普通硅酸盐水泥净浆 90d 龄期能谱分析(EDXA)

图 4-43 分别为掺 20% 及 40% 玻璃粉净浆 90d 龄期微观形貌。整体来看,掺玻璃粉试件产物中都很难观察到片状 $Ca(OH)_2$ 晶体的存在,但能看到大量不规则网络状水化硅酸钙凝胶。随着龄期的增长,掺玻璃粉试件的微观结构十分致密,许多部位水化产物的种类及形态都变得难以辨认。除了玻璃粉颗粒的填充效应及硅酸盐水泥水化产物的填充作用外,玻璃粉在后期发生火山灰反应而生成的额外水化硅酸钙凝胶对于改善浆体内部结构,提高微观性能也有重要贡献。

a) 掺20%玻璃粉

图 4-43

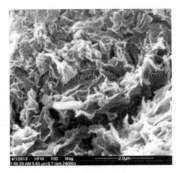

b) 掺40%玻璃粉

图4-43 掺玻璃粉净浆90d龄期微观形貌

图4-44为掺40%玻璃粉净浆90d龄期水化产物能谱分析(EDXA)。与普通硅酸盐水泥不同,掺玻璃粉试件中水化生成C-S-H凝胶钙硅比较低,Ca/Si值接近于1,当Ca/Si值较低时,C-S-H凝胶多呈托勃莫来石类结构,凝胶强度往往较高。低Ca/Si型水化硅酸钙的生成可能与两个原因有关:①玻璃粉中的活性SiO_2与硅酸盐水泥水化生成的$Ca(OH)_2$发生火山灰反应的结果;②多余的活性SiO_2与硅酸盐水泥水化生成的高Ca/Si型水化硅酸钙继续反应生成低Ca/Si型水化硅酸钙的结果。

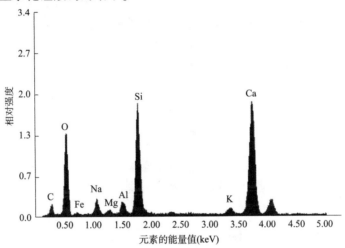

图4-44 掺40%玻璃粉净浆90d龄期能谱分析(EDXA)

另外,可以看出,凝胶中碱金属Na与K也有一定含量。一方面,玻璃粉中有较高碱含量,玻璃粉分解发生火山灰反应时这些元素可能会以离子形态释放到液相中;另一方面,低钙型水化硅酸钙凝胶对碱的吸附能力较强,因而使这些碱金属离子又固溶到凝胶中,降低了发生ASR的概率。同时,可以预见,碱金属被吸附后,孔隙溶液中pH值将会有所下降,而这将会对凝胶的稳定性、抗侵蚀等很多性能产生影响,具体则需要在将来作更深入研究。

4.5.4 小结

与普通硅酸盐水泥体系相似,掺玻璃粉净浆水化产物中的晶体类型也主要由$Ca(OH)_2$、$CaCO_3$以及少量的钙矾石、水化铝酸钙、未反应熟料等组成,玻璃粉的掺入对水化产物种类的影响不大,但对水化产物的数量却有很大影响。与普通硅酸盐水泥不同,随着龄期的增长,掺玻璃粉净浆 Ca(OH)₂ 数量逐渐减少,且蒸养条件下这一趋势更为明显;同时,随着玻璃粉掺量的增加,Ca(OH)₂ 数量也呈减少趋势,这些都与玻璃粉自身发生火山灰反应消耗掉了一部分 Ca(OH)₂ 有关。

掺玻璃粉净浆硬化浆体微观结构较为致密,其中也存在大量水化硅酸钙凝胶,但形态与普通硅酸盐水泥体系中的纤维分叉状有所不同,这类水化硅酸钙多由不规则的短柱状及薄片状凝胶粒子交叉结合在一起形成网络结构,其 Ca/Si 值相对较低。

4.6 玻璃粉的作用机理探讨

4.6.1 玻璃粉在水泥基材料中的水化反应

普通硅酸盐水泥与常见辅助胶凝材料在 CaO-SiO₂-Al₂O₃ 三相系统中的分布如图 4-45 所示。可以看出,绝大多数辅助胶凝材料 CaO 含量比普通硅酸盐水泥低,自身基本无独立水硬性,粒化高炉矿渣 CaO 含量相对较高,具有潜在水硬性。玻璃粉在三相系统中的分布近于粉煤灰、硅灰、天然火山灰、高岭土等富硅类材料,既无独立水硬性,也无潜在的水硬性能,需要外部提供钙源后才能发生二次水化反应。这说明玻璃粉在理论上属于火山灰类型辅助胶凝材料,化学成分与粉煤灰最为相近,但铝相含量偏低。

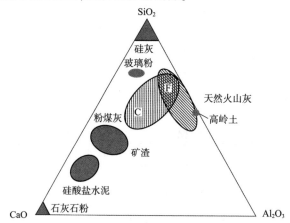

图 4-45 水泥基类胶凝材料在 CaO-SiO₂-Al₂O₃ 三相系统中的分布图

掺玻璃粉复合胶凝材料与水接触后,水泥熟料首先与水发生水化反应,生成水化硅酸钙、Ca(OH)₂、水化铝酸钙等物质。

$$2C_3A + 27H \longrightarrow C_4AH_{19} + C_2AH_8 \tag{4-19}$$

$$C_3S + nH \longrightarrow C\text{-}S\text{-}H + (3-x)CH \tag{4-20}$$

$$C_2S + nH \longrightarrow C\text{-}S\text{-}H + (2-x)CH \tag{4-21}$$

此时,玻璃粉的掺入稀释了体系中的水泥含量,使体系水量相对增加,因而在水化刚开始的几分钟内,掺玻璃粉试件的水化速率一度大于纯水泥样水化速率;此外,体系水量的相对增加也致使孔溶液中 Ca^{2+} 浓度相对减少,从而使 Ca^{2+} 达到过饱和状态的时间相应延长,因而延长了体系水化诱导期。

随着体系水化产物 $Ca(OH)_2$ 的增多,液相中的碱性也在增加,玻璃粉颗粒在极性 OH^- 作用下,硅氧玻璃体结构不断被破坏溶解,Si-O-Si 断裂,Si-OH 形成,导致玻璃不规则网络结构因桥氧键断裂而发生解聚作用。

$$\equiv Si - O - Si \equiv + OH^- \longrightarrow \equiv Si - O^- + HO - Si \equiv \qquad (4-22)$$

在硅氧玻璃体结构不断被破坏溶解的同时,液相中 SiO_4^{4-}、Ca^{2+}、Na^+ 等离子的数量也在不断累积而逐渐达到对新的水化产物的过饱和状态,并可维持足够的时间使离子之间相互反应析出,实现水化产物的成核、生长及彼此搭接,形成结构网系,反应过程如下:

$$xCa(OH)_2 + SiO_2 + mH_2O \longrightarrow xCaO \cdot SiO_2 \cdot nH_2O \qquad (4-23)$$

当液相中 Ca^{2+} 相对于 SiO_4^{4-} 不足时,水泥水化生成的高碱性水化硅酸钙也可能参与式(4-24)反应使其钙硅比有所降低。

$$x(1.5 \sim 3.0)CaO \cdot SiO_2 \cdot nH_2O + ySiO_2 \longrightarrow z(0.8 \sim 1.5)CaO \cdot SiO_2 \cdot nH_2O \ (4-24)$$

上述过程即为玻璃粉中活性 SiO_2 与水泥水化生成的 $Ca(OH)_2$ 及高碱性水化硅酸钙发生二次反应,即火山灰反应,生成低碱性水化硅酸钙的过程。从另一角度看,液相中生成析出低碱性水化硅酸钙凝胶的同时又消耗掉了大量液相离子。根据溶解平衡理论以及化学平衡理论可知,这反过来又促进了水泥的水化及玻璃粉的进一步溶解与反应,前后相互促进而又相互制约,共同推动化学反应持续进行。

另外,玻璃粉颗粒尺寸可能对其水化过程也有影响。对于小颗粒,玻璃粉在孔隙溶液中可以全部溶解,因而发生火山灰反应时,形成稳定的低碱性水化硅酸钙凝胶产物。而对于大颗粒而言,颗粒表面首先在 OH^- 的侵蚀下逐渐溶解,释放出来的 SiO_2 与溶液中的 $Ca(OH)_2$ 及高碱性水化硅酸钙反应生成新的水化产物,直至局部 $Ca(OH)_2$ 及高碱性水化硅酸钙耗尽,新生成的低碱性水化硅酸钙凝胶中逐渐累积于玻璃颗粒周围,从而可以有效地将玻璃颗粒固结在基体中使玻璃颗粒起到一定微集料效应。

4.6.2 玻璃粉在水泥基材料中的作用机理

1)填充效应

玻璃粉粒径足够小时,可以填充到水泥颗粒间的空隙中,改善胶凝材料的颗粒分布,提高其堆积密度。在复合胶凝体系水化硬化过程中,微细玻璃粉及其新生成的水化产物可以逐步填充到残留孔隙中,使大孔转化为小孔,改善浆体孔结构。

2)加速效应

玻璃粉的掺入,一方面给水泥反应提供了更多水分;另一方面又给水化产物提供了更多容纳空间,促使水泥水化向右进行。另外,微细玻璃粉分散到浆体中成为大量水化产物的核心,从而起到疏散水化产物及微晶核作用,强化了结晶成核与晶体生长控制作用,促进了早期的水化进程。水化后期玻璃粉发生火山灰反应,降低了水化产物中 $Ca(OH)_2$ 浓度,也会促使水泥水化反应向右移动。

3) 火山灰效应

如上所述,在水化后期,玻璃粉中活性 SiO_2 可以与水泥水化生成的 $Ca(OH)_2$ 及高碱性水化硅酸钙发生二次反应,即火山灰反应,生成低碱性水化硅酸钙。玻璃粉火山灰反应活性与玻璃粉细度、水胶比、养护条件、龄期等都紧密相关。

一般而言,低碱性水化硅酸钙 Si-O 链的缩聚程度较高,构成的连生体也具有更多的接触点,其强度要高于高碱性水化硅酸钙,因而玻璃粉的掺入改善了水化产物中凝胶物质的组成。另外,水泥水化生成的 $Ca(OH)_2$ 强度较低,往往于界面过渡区处富集结晶成粗大颗粒,且多呈垂直定向排列,构成硬化浆体的薄弱环节。掺入玻璃粉后, $Ca(OH)_2$ 晶粒趋于细化,排列取向度也有所降低,玻璃粉发生火山灰反应后不但使其含量降低而且还有新的黏结凝胶生成,这些都会使界面结构得到改善。

4) 对耐久性的影响

玻璃粉对硬化浆体耐久性的影响较为复杂。一方面,玻璃粉的掺入使得硬化浆体的毛细孔数量减少,浆体结构更为致密,减少了渗透路径形成概率,水分以及其他外在侵蚀介质难以进入浆体内部,从而提高了其耐久性;玻璃粉通过火山灰反应减少了体系中 $Ca(OH)_2$ 含量,而 $Ca(OH)_2$ 在侵蚀条件下往往都是首先遭到侵蚀的组分,因而其含量的减少也会对一些耐久性指标有利。另一方面,低钙型水化硅酸钙凝胶对碱的吸附能力较强,碱金属被吸附后,孔隙溶液中的 pH 值会有所下降,而这又会对凝胶的稳定性、抗侵蚀性等很多性能产生影响;玻璃粉颗粒过大还会增加发生 ASR 的风险,这也会对浆体耐久性带来不利影响,这将在下一节中介绍。

4.7 玻璃粉的 ASR 风险

4.7.1 玻璃骨料的 ASR 风险

1) 砂浆棒快速法

为研究废弃玻璃骨料的碱活性和膨胀发展规律,以玻璃骨料取代不同量的砂,按照《水工混凝土试验规程》(SL 352—2006)中"骨料碱活性检验(砂浆棒快速法)"开展试验。试验结果如图 4-46 所示。

试验结果表明:玻璃骨料掺量大于 30% 后,砂浆 14d 龄期膨胀率介于 0.1%~0.2% 之间,28d 龄期膨胀率大于 0.2%,骨料判定为具有潜在危害反应活性。当玻璃骨料掺量为 50% 时,砂浆 7d 和 14d 龄期膨胀率最大;当掺量达到 90% 时,砂浆 28d 龄期膨胀率最大,即骨料的碱活性存在一个最不利掺量。这个最不利掺量并不是固定的,可能受骨料种类、养护条件和添加剂等多因素影响。在玻璃骨料掺量小于 50% 范围内,随着掺量的增加,样品中活性二氧化硅含量增加,促进 ASR 反应生成更多的膨胀性碱硅酸凝胶。当掺量大于50%后,过量二氧化硅可能导致孔隙溶液中没有足够的 OH⁻ 参与碱硅酸反应,碱硅酸凝胶的生成量有所降低,ASR 危害增大。

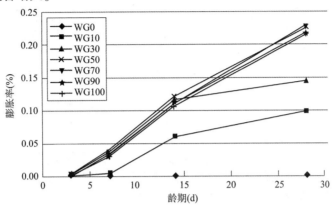

图 4-46　砂浆棒快速法下不同掺量玻璃骨料的 ASR 膨胀率

2) 砂浆棒长度法

为了进一步综合判定玻璃骨料的碱活性,采用《水工混凝土试验规程》(SL 352—2006)中"骨料碱活性检验(砂浆棒长度法)"开展试验。试验结果如图4-47 所示。

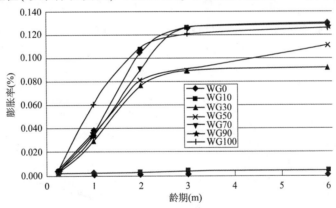

图 4-47　砂浆棒长度法下不同掺量玻璃骨料的 ASR 膨胀率

试验结果表明:当玻璃骨料掺量为30% 及以下时,砂浆半年膨胀率低于0.1%,可判定为非活性骨料;掺量大于30%后,判定为具有危害性的活性骨料;掺量为90%时,砂浆膨胀率达到最高值。这与砂浆棒快速法的试验结果基本一致。

综合以上两试验可知,玻璃骨料具有较高的碱活性。当玻璃骨料对砂的取代量为90%时,ASR 膨胀量最大。

4.7.2　玻璃粉的 ASR 风险

为了更好地研究玻璃粉与 ASR 风险的关系,选取7 种不同细度玻璃粉,见表4-16,以前述玻璃骨料(WG100)为碱活性骨料,以玻璃粉取代不同量的水泥,按照《水工混凝土试验规程》(SL 352—2006)中"骨料碱活性检验(砂浆棒快速法)"系统研究不同细度玻璃粉在不同掺量下对 ASR 膨胀量的影响。

不同细度玻璃粉的粒径特性   表4-16

编　　号	平均粒径(μm)	比表面积(m²/kg)	≥65μm(%)	≥80μm(%)
GA	209.2	31	94.33	89.97
GB	111.1	121	55.06	45.05
GC	68.29	217	51.58	44.53
GD	49.08	289	37.09	30.05
GE	14.94	658	11.55	6.63
GF	10.64	837	9.37	6.55
GG	8.2	903	5.92	2.75

1)玻璃粉掺量的影响

图 4-48 为各组细度玻璃粉试件在不同掺量下砂浆棒试件的膨胀曲线图。整体上,作为部分水泥替代材料,玻璃粉的掺入大大降低了由玻璃骨料带来的 ASR 膨胀,且各组试件的膨胀率都随玻璃粉掺量的增加而降低。参考《水工混凝土砂石骨料试验规程》(DL/T 5151—2014)中"碱—骨料反应抑制措施有效性试验(砂浆棒快速法)"评判标准:若 28d 试件膨胀率小于 0.1%,则认为该掺量下抑制措施有效。对于 A 组试件,虽然玻璃粉的掺入降低了各龄期的膨胀率,但是玻璃粉的抑制效果相对有限,即使掺量达到 30%,仍不能评判为有效抑制措施;对于 B、C、D、E 组试件,玻璃粉掺量为 30% 时,就能将膨胀率控制在要求范围以内;而 F、G 组试件玻璃粉掺量达到 20% 就能达到很好的有效抑制效果。

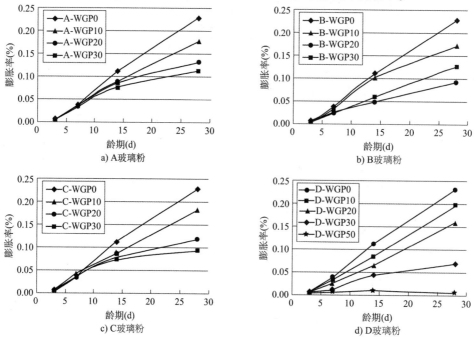

图　4-48

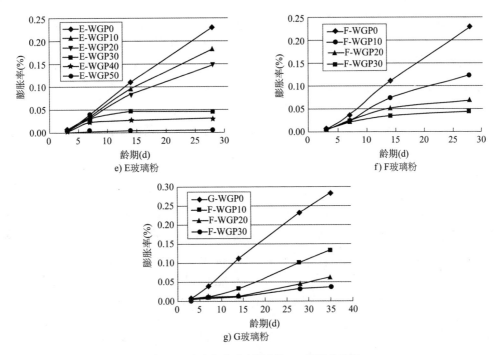

图 4-48 各组细度玻璃粉试件 ASR 膨胀曲线图

2）玻璃粉粒径的影响

对于小颗粒玻璃粉，火山灰反应会在 ASR 发生之前进行，相应 SiO_2 全部反应生成 C-S-H 凝胶。对于大颗粒玻璃，火山灰反应程度较弱，则会有较多 SiO_2 参与 ASR 反应而生成碱硅酸凝胶。关于玻璃粉粒径对 ASR 风险走向的影响，不同研究者得到的结论略有差异，有研究者提出玻璃粉粒径小于 0.9mm 后不具备 ASR 活性，也有研究表明该玻璃粉粒径至少小于 0.6mm，甚至是 0.15mm 以下时才不具备 ASR 活性。

当玻璃粉替代部分水泥后，ASR 膨胀值随玻璃粉粒径的减小而减少。因此，当玻璃粉磨到一定细度后，不仅不会产生 ASR 膨胀，反而会对 ASR 膨胀起到较好抑制作用。如图 4-49 所示，玻璃粉颗粒越小，对 ASR 膨胀的抑制效果越明显。

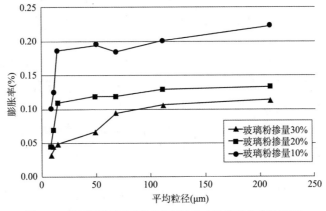

图 4-49 掺不同粒径玻璃粉砂浆试件的 ASR 膨胀曲线图（28d）

当玻璃粉颗粒粒径比较大时,颗粒表面在 OH⁻ 的侵蚀下溶解;释放出来的 SiO_2 与溶液中的 $Ca(OH)_2$ 反应生成 C-S-H 凝胶,直至 $Ca(OH)_2$ 局部耗尽;此后,由于孔隙溶液中 SiO_2 浓度的提高,生成碱硅酸凝胶。而当玻璃粉粒径较小时玻璃粉在孔隙溶液中只发生火山灰反应则可全部溶解,同时由于自身也含有较高含量的 Ca^{2+},释放到孔隙溶液中参与火山灰反应,因而就没有多余的活性成分发生 ASR 反应。

当玻璃粉平均粒径为 $8.2\mu m$ 时,掺入 10% 即可将 ASR 膨胀控制在有效抑制水平;当玻璃粉平均粒径在 $16.9\mu m$ 附近时,掺入 20% 能达到有效的抑制效果;当玻璃粉平均粒径为 $144.1\mu m$ 时,要掺入 30% 才可达到有效抑制效果。整体上,玻璃粉越细,掺量越大,对 ASR 膨胀的抑制效果就越明显。

图 4-50 为玻璃粉比表面积与砂浆试件的 ASR 膨胀曲线图。可以看出,玻璃粉比表面积与其抑制 ASR 膨胀效果正相关,即玻璃粉比表面积越大,相应抑制效果越好。当玻璃粉掺量为 10% 时,只有其比表面积大于 $903m^2/kg$,才能将 ASR 膨胀控制在有效抑制范围内;当玻璃粉掺量为 20% 时,其比表面积大于 $698m^2/kg$,能达到有效抑制水平;而玻璃粉掺量为 30%,其比表面积只需大于 $97.61m^2/kg$ 即能达到有效抑制效果。

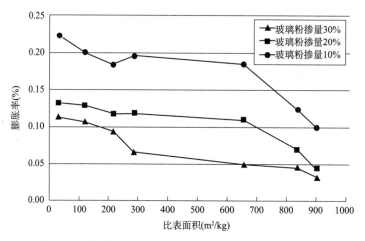

图 4-50 玻璃粉比表面积与砂浆试件的 ASR 膨胀曲线图(28d)

玻璃粉能够有效抑制骨料碱活性膨胀反应可能与以下几个方面有关:

(1)玻璃粉替代部分水泥后将会稀释孔隙溶液中的含碱量,从而减弱碱—骨料反应程度。

(2)玻璃粉通过填充效应以及二次水化作用等能够显著改善硬化浆体内部孔结构分布形态,提高浆体的密实性及抗渗性,从而降低孔隙溶液中离子的迁移速率,降低碱金属离子与活性骨料接触概率,延缓碱—骨料反应发生。

(3)玻璃粉通过火山灰反应生成大量水化硅酸钙凝胶,这类凝胶具有较低的 Ca/Si 值以及较强的碱吸附能力,因而能够有效降低孔隙溶液中碱金属离子浓度,抑制碱—骨料反应发生。

综上可知:玻璃骨料具有较高的碱活性,但作为辅助胶凝材料的玻璃粉不仅没有 ASR 膨胀危害,反而还可大大降低由于碱活性骨料带来的 ASR 膨胀率,起到较好抑制作用。玻璃粉抑制 ASR 膨胀功效随玻璃粉掺量和细度的增加而明显提高,当玻璃粉细度和掺量组合达到一定水平后,即可将玻璃骨料 ASR 膨胀控制在有效抑制范围内。

本章参考文献

[1] 卞致璋. 从发达国家的做法看我国废玻璃的回收与利用[J]. 中国建材,2003(6):51-55.

[2] 赵苏,李连君,杨合. 废玻璃的再利用研究[J]. 中国资源综合利用,2004(3):22-24.

[3] 蒋文玖. 废弃玻璃的回收再利用[J]. 建材工业信息,2003(9):39-40.

[4] 刘数华,等. 废弃玻璃粉在超高性能水泥基材料中的应用研究[J]. 混凝土与水泥制品, 2012(11):77-79.

[5] 刘连新. 利用废玻璃研制轻粗骨料及轻混凝土[J]. 新型建筑材料,2002(4):16-17.

[6] 谢国帅,孔亚宁,刘数华. 玻璃混凝土碱骨料反应研究进展[J]. 新材料产业,2012(7): 65-71.

[7] 杨晶. 废玻璃微粉在再生混凝土中的辅助胶凝作用研究[D]. 昆明:昆明理工大学,2010.

[8] 柯国军,柏纪平,谭大维. 废玻璃用于水泥混凝土的研究进展[J]. 南华大学学报(自然科学版),2010,24 (3):96-102.

[9] 钱海燕,张柏林. 水泥粉磨动力学方程及其研究进展[J]. 硅酸盐通报. 2010(01): 126-132.

[10] 张立德,牟季美. 纳米材料和纳米结构[M]. 北京:科学出版社,2001.

[11] 郁可,郑中山. 粉体粒径分布的分形特征[J]. 材料研究学报,1995,9(6):539-542.

[12] 蒲心诚. 超高强高性能混凝土[M]. 重庆:重庆大学出版社,2004.12.

[13] Topcu I B,Canbaz M. Properties of concrete containing waste glass[J]. Cement & Concrete Research,2004,34(2):267-274.

[14] Lam C S,Poon C S,Chan D. Enhancing the performance of pre-cast concrete blocks by incorporating waste glass-ASR consideration[J]. Cement & Concrete Composites,2007,29 (8):616-625.

[15] Shi C,et al. Characteristics and pozzolanic reactivity of glass powders[J]. Cement & Concrete Research,2005,35(5):987-993.

[16] Shi C,Zheng K. A review on the use of waste glasses in the production of cement and concrete[J]. Resources Conservation & Recycling,2008,52(2):234-247.

[17] Malhotra V M,Mehta P K. Pozzolanic and cementitious materials[M]. Taylor & Francis,1996.

[18] Federico L M,Chidiac S E. Waste glass as a supplementary cementitious material in concrete-critical review of treatment methods[J]. Cement and Concrete Composites,2009,31(8): 606-610.

[19] Meyer C,Xi Y. Use of recycled glass and fly ash for precast concrete[J]. Journal of Materials in Civil Engineering,1999,11(2):89-90.

[20] KOU S C,POON C S. Properties of self-compacting concrete prepared with recycled glass aggregate[J]. Cement and Concrete Composites,2009,31(2):107-113.

[21] Bignozzi M C,Saccani A,Sandrolini F. Matt waste from glass separated collection:An eco-sustainable addition for new building materials[J]. Waste Management, 2009, 29 (1): 329-334.

[22] Liu S H,Xie G S,Li L H,et al. Effect of glass powder on strength and microstructure of ultra high performance cement-based materials[J]. Applied Mechanics & Materials,2012,174-177:1281-1284.

[23] Shayan A,Xu A. Performance of glass powder as a pozzolanic material in concrete:A field trial on concrete slabs[J]. Cement & Concrete Research,2006,36(3):457-468.

[24] Johnston C D. Waste glass as coarse aggregate for concrete[J]. Journal of Testing and Evaluation,1974,2(5):344-350.

[25] Park S B,Lee B C,Kim J H. Studies on mechanical properties of concrete containing waste glass aggregate[J]. Cement & Concrete Research,2004,34(12):2181-2189.

[26] Meyer C,Egosi N,Andela C. Concrete with waste glass as aggregate[C]//Recycling and Reuse of Glass Cullet. Columbia University,2001.

[27] Sangha C M,Alani A M,Walden P J. Relative strength of green glass cullet concrete[J]. Magazine of Concrete Research,2004,56(5):293-297.

[28] Jin W,Meyer C,Baxter S. Glascrete-concrete with glass aggregate[J]. ACI Materials Journal,2000,97(2):208-213.

[29] Bažant Z P,Zi G,Meyer C. Fracture mechanics of ASR in concretes with waste glass particles of different sizes[J]. Journal of Engineering Mechanics,2000,126(3):226-232.

[30] Shayan A,Xu A. Value-added utilisation of waste glass in concrete[J]. Cement and Concrete Research,2004,34(1):81-89.

[31] Jin W. Alkali-silica reaction in concrete with glass aggregate:a chemo-physico-mechanical approach[D]. New York:Columbia University. 1998.

[32] McCoy W J,Caldwell A G. New approach to inhibiting alkali-aggregate expansion [J]. Journal Proceedings. 1951,9(1):693-706.

[33] Schwarz N,Neithalath N. Influence of a fine glass powder on cement hydration:Comparison to fly ash and modeling the degree of hydration[J]. Cement & Concrete Research,2008,38(4):429-436.

[34] Ahmad Shayan,Aimin Xu. Value-added utilisation of waste glass in concrete[J]. Cement & Concrete Research,2004,34(1):81-89.

[35] Chen G,Lee H,Young K L. Glass recycling in cement production-an innovative approach [J]. Waste Management,2002,22(7):747-753.

[36] Federico L M,Chidiac S E. Effects of waste glass additions on the properties and durability of fired clay brick[J]. Canadian Journal of Civil Engineering,2007,34(11):1458-1466.

[37] Kosmatka S H, Kerkhoff B, Panarese W C, et al. Design and Control of Concrete Mixtures [M]. Canada: Association Canadienne du Ciment Portland, 2002.

[38] Papadakis V G, Pedersen E J, Lindgreen H. An AFM-SEM investigation of the effect of silica fume and fly ash on cement paste microstructure[J]. Journal of Materials Science, 1999, 34 (4): 683-690.

[39] Meyer C, Baxter S, Jin W. Potential of waste glass for concrete masonry blocks[C]//Materials for the New Millennium. ASCE, 1996: 666-673.

[40] Sobolev K, Tuerker P, Soboleva S, et al. Utilization of waste glass in ECO-cement: Strength properties and microstructural observations[J]. Waste Management, 2007, 27(7): 971-976.

[41] Nathan Schwarz, Hieu Cam, Narayanan Neithalath. Influence of a fine glass powder on the durability characteristics of concrete and its comparison to fly ash[J]. Cement & Concrete Composites, 2008, 30(6): 486-496.

[42] Idir R, Cyr M, Tagnit-Hamou A. Pozzolanic properties of fine and coarse color-mixed glass cullet[J]. Cement & Concrete Composites, 2011, 33(1): 19-29.

[43] Idir R, Cyr M, Tagnit-Hamou A. Use of fine glass as ASR inhibitor in glass aggregate mortars [J]. Construction & Building Materials, 2010, 24(7): 1309-1312.

[44] Said Laldji T H. Glass frit for concrete structures: A new, alternative cementitious material [J]. Revue Canadienne De Génie Civil, 2007, 34(7): 793-802.

[45] Schwarz N, Neithalath N. Influence of a fine glass powder on cement hydration: Comparison to fly ash and modeling the degree of hydration[J]. Cement & Concrete Research, 2008, 38 (4): 429-436.

[46] Terro M J. Properties of concrete made with recycled crushed glass at elevated temperatures [J]. Building & Environment, 2006, 41(5): 633-639.

[47] Chen C H, Huang R, Wu J K, et al. Waste E-glass particles used in cementitious mixtures [J]. Cement & Concrete Research, 2006, 36(3): 449-456.

[48] Dyer T D, Dhir R K. Chemical reactions of glass cullet used as cement component[J]. Journal of Materials in Civil Engineering, 2001, 13(6): 412-417.

[49] Wang Z, Shi C, Song J. Effect of glass powder on chloride ion transport and alkali-aggregate reaction expansion of lightweight aggregate concrete[J]. Journal of Wuhan University of Technology-Mater. Sci. Ed. , 2009, 24(2): 312-317.

[50] Buchwald A, Kaps C, Hohmann M. Alkali-activated binders and pozzolan cement binders-complete binder reaction or two sides of the same story[C]//Proceedings of the 11th international congress on the chemistry of cement (ICCC), Durban, South Africa, 2003: 1238-1246.

[51] Shi C, Jiménez A F, Palomo A. New cements for the 21st century: The pursuit of an alternative to Portland cement[J]. Cement & Concrete Research, 2011, 41(7): 750-763.

[52] Bullard J W, Jennings H M, Livingston R A, et al. Mechanisms of cement hydration[J].

Cement & Concrete Research,2011,41(12):1208-1223.

［53］ Lothenbach B,Scrivener K,Hooton R D. Supplementary cementitious materials［J］. Cement & Concrete Research,2011,41(12):1244-1256.

［54］ ASTM C618-19. Standard specification for coal fly ash and raw or calcined natural pozzolan for use in concrete［S］. ASTM International,West Conshohocken,PA,2019.

第 5 章 稻壳灰

5.1 概述

稻壳灰是燃烧稻壳后得到的灰烬。在实验室 600℃ 条件下烧取的稻壳灰中,有 90% 以上是 SiO_2,但发电厂等所产的稻壳灰,由于焚烧物质通常还掺有秸秆、生活垃圾等物质,因而含碳量相对较高,SiO_2 含量有所下降。目前,稻壳灰主要用于制备白炭黑、活性炭、二氧化硅和吸附剂等,但应用量有限。

稻壳灰具有丰富的孔结构,呈蜂窝状,孔径大约为 $10\mu m$。一些学者的研究结果表明,稻壳灰中还存在大量由 SiO_2 凝胶粒子非紧密黏聚而形成的纳米尺度孔隙,其孔径小于 50nm。稻壳灰是一种非常有价值的硅质材料,在混凝土中可发挥较高的活性,可以较大幅度地提高混凝土强度,但其大量的孔隙可吸收较多的水分,需水量较大,严重影响到新拌混凝土的工作性,而且工业稻壳灰含碳量较大,不便于在混凝土中直接应用。因此,目前稻壳灰在混凝土中的应用仅处于试验研究阶段,没能在预拌混凝土中推广应用。

稻壳灰的 SiO_2 含量高,具有较高的火山灰活性。稻壳灰的火山灰活性通常需要碱进行激发,因而常采用磨细稻壳灰与其他惰性粉料复合添加。一方面,由于惰性材料的添加,胶凝体系对碱的消耗明显降低,保证了足够的碱性以激发稻壳灰的活性;另一方面,磨细稻壳灰可以与其他胶凝材料组成良好的颗粒级配,使胶凝体系浆体达到最优、最紧密堆积和活性发挥的平衡。本章中,将介绍一些前期研究工作。

5.2 稻壳灰的基本性质

5.2.1 化学成分与矿物组成

试验采用 X 射线荧光分析仪对稻壳灰的化学成分进行检测,测试结果见表 5-1。由该表可知:该稻壳灰的主要化学成分为 SiO_2、CaO、A_2O_3、K_2O 等,还有较高含量的 MgO 和 Fe_2O_3;与传统稻壳灰不同的是,该稻壳灰中 SiO_2 含量偏低,主要原因是电厂焚烧物质中包含较多的秸秆、生活垃圾等物质。

稻壳灰的化学成分 表 5-1

化学成分	SiO₂	A₂O₃	Fe₂O₃	CaO	MgO	K₂O	Na₂O	SO₃	P₂O₅	Cl⁻
质量分数(%)	54.39	7.49	3.02	11.27	4.76	5.64	1.14	2.26	2.73	1.30

同时,对该品种稻壳灰进行 XRD 分析,测试所得的 XRD 图谱如图 5-1 所示,该稻壳灰主要矿物组成为 SiO_2、低温钠长石、钙长石、KCl、$FeSO_3$ 等。由于现有电厂焚烧工艺改动,掺加秸秆一起煅烧,不像纯稻壳灰煅烧那样绝大部分为非晶态 SiO_2,还含有部分其他矿物组成。由 XRD 图谱上弥散衍射峰可以看出,主要物象 SiO_2 并非全部发生晶型转变,仍有部分处于非晶状态。

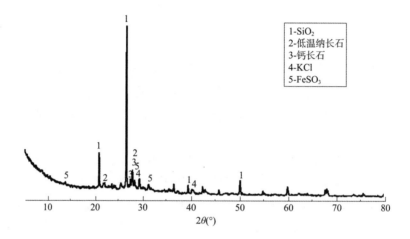

图 5-1 稻壳灰的 XRD 图谱

5.2.2 粉磨效应

为了探索稻壳灰粉磨工艺及粉磨时间,采用物理激发的方式使其活性得到最大限度发挥,采用试验球磨机分别粉磨 20min、30min 和 40min,每次粉磨稻壳灰 5kg,并与原灰进行对比,分析不同粉磨时间对稻壳灰细度的影响,最终确定粉磨工艺和粉磨时间。不同粉磨时间下稻壳灰的颗粒粒径分布如图 5-2 所示,45μm 筛筛余试验结果见表 5-2。

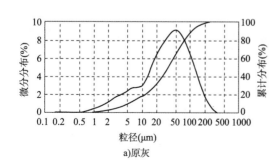

a)原灰

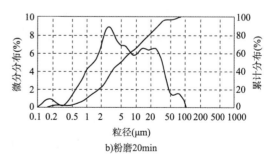

b)粉磨20min

图 5-2

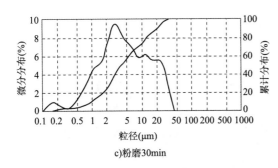
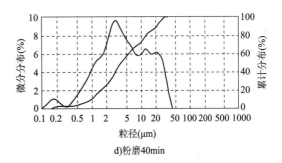

c)粉磨30min　　　　　　　　　　d)粉磨40min

图 5-2　不同粉磨时间稻壳灰的颗粒粒径分布

不同粉磨时间稻壳灰 45μm 筛筛余试验结果　　　　　表 5-2

粉磨时间（min）	0	20	30	40
筛余（%）	35.7	16.7	16.0	15.5

由图 5-2 可以看出，随着稻壳灰粉磨时间的延长，稻壳灰的细度逐渐增加，超细颗粒含量逐渐增加。通常采用 D50 数值来评价粉体整体细度，不同粉磨时间下稻壳灰的 D50 数值分别为 34.35μm、5.15μm、3.97μm、2.96μm。可见，粉磨 20min 的稻壳灰比原灰明显更细，而粉磨 30min 和 40min 的稻壳灰细度相当，也即当粉磨达到一定时间时，稻壳灰的细度很难再增加，继续粉磨只会增加无谓能耗。

由表 5-2 同样可以看出，随着粉磨时间的延长，稻壳灰 45μm 筛筛余越来越小，稻壳灰细度越来越细，粉磨 40min 的稻壳灰与粉磨 30min 的稻壳灰相比，45μm 筛筛余只下降 0.5%。因此，从颗粒粒径分布和筛余试验结果来看，稻壳灰原灰粉磨时间不宜超过 30min。

5.2.3　物理性质

针对粉磨 30min 的稻壳灰，采用 BET 法、45μm 负压筛余法和 TOC-V 型总有机碳分析仪测试其比表面积、粒度、含碳量等，测试结果见表 5-3。由该表可知，粉磨稻壳灰粉具有极大的比表面积，但 45μm 筛筛余和 63μm 筛筛余仍然较高，即稻壳灰的比表面积与颗粒粒径不太对应，说明稻壳灰的巨大表面积不只是因为其颗粒较细，其内部结构可能起主要作用。由于该稻壳灰是通过高温煅烧得到，所以与低温稻壳灰相比其有机碳的含量相对较低，粉磨后稻壳灰细粉呈灰色。

稻壳灰的物理性质　　　　　表 5-3

测试项目	比表面积（m²/g）	45μm 筛筛余（%）	63μm 筛筛余（%）	含碳量（%）	颜色
稻壳灰	70	16.0	2.5	2.2	灰

5.2.4　微观形态

图 5-3 为粉磨 30min 的稻壳灰的 SEM 照片，可以看出，粉磨后稻壳灰粉体颗粒呈不规则形状，粉体颗粒粒径在几微米到几十微米之间，具有连续级配。从高放大倍数图片可以看到

稻壳灰超细粉团聚在大颗粒周围,由于焚烧后稻壳灰易磨性极佳,且稻壳灰由于内部多呈松散结构故密度较低,所以极易被吸附。同时,正是由于这种松散结构导致了稻壳灰内表面积极大。

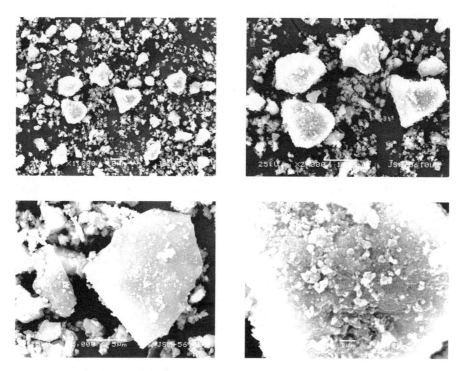

图 5-3　粉磨 30min 稻壳灰的 SEM 照片

5.2.5　火山灰活性

将粉磨 30min 的稻壳灰和硅灰分别与 Ca(OH)$_2$ 以 3:1 的质量比混合后制成水化样,将各组水化样标准养护至 7d 和 28d 后进行破碎并粉磨,分别取 20g 粉磨稻壳灰水化样和硅灰水化样,加入 60g 蒸馏水进行稀释,加入两滴酚酞溶液,采用浓度为 1mol/L 盐酸溶液进行滴定试验,试验结果见表 5-4。可以看出,随着试验龄期的延长两种掺合料水化试样中 Ca(OH)$_2$ 残留量均呈减少趋势,说明随着龄期增加掺合料的水化程度在不断增加;相同龄期,稻壳灰水化试样中 Ca(OH)$_2$ 残留量较硅灰要高,说明硅灰水化消耗 Ca(OH)$_2$ 量比稻壳灰多,稻壳灰火山灰活性弱于硅灰。

稻壳灰和硅灰水化产物滴定试验　　　　　　　　　　表 5-4

试　　样	HCl 消耗量(mL)		Ca(OH)$_2$ 残留量(g)	
	7d	28d	7d	28d
稻壳灰	45.95	37.84	1.7	1.4
硅灰	32.43	27.03	1.2	1.0

5.3 磨细稻壳灰对混凝土强度的影响

5.3.1 胶砂强度

1）细度的影响

矿物掺合料的细度对其活性的发挥至关重要。实际应用中,常需要通过机械粉磨对矿物掺合料进行物理活化,达到一定细度后才能满足作为混凝土掺合料的要求,活性才能充分发挥出来。未经粉磨的原状稻壳灰中粒度大的颗粒较多,不能满足标准规范对矿物掺合料粒径的要求,因此应使用试验球磨机对稻壳灰进行粉磨。将稻壳灰分别粉磨0min、20min、30min、40min,使其达到不同细度,进行胶砂活性试验检测,统一替代30%水泥进行胶砂强度试验,试验结果见表5-5。

不同粉磨时间稻壳灰对胶砂强度的影响   表5-5

粉磨时间（min）	抗折强度（MPa）		抗压强度（MPa）		活性指数（%）
	7d	28d	7d	28d	
基准	8.2	9.5	36.7	49.8	100
0	5.4	6.9	22.7	31.9	64.1
20	6.3	8.5	27.3	43.5	87.3
30	6.4	8.8	28.1	44.2	88.8
40	6.4	8.9	29.4	44.3	89.0

从试验结果可以看出,随着稻壳灰粉磨时间的不断延长(细度增大),胶砂试件各龄期的抗折强度和抗压强度均不断增加,稻壳灰的活性逐渐提高,有助于胶凝材料强度的增长;通过对试验中未经粉磨的稻壳灰和粉磨20min稻壳灰对比发现,掺未经粉磨稻壳灰的胶砂强度明显低于掺粉磨后稻壳灰的胶砂强度,说明机械粉磨对稻壳灰的物理激发作用明显;对比稻壳灰的不同粉磨时间可以发现,随着粉磨时间的延长,虽然各龄期强度不断增加,但当粉磨时间超过30min后强度增加较小,这主要是因为粉磨时间超过30min后,稻壳灰的细度增加很小,因而其活性也变化不大。就细度对稻壳灰活性的影响而言,本试验中所用稻壳灰的粉磨时间宜为30min。

2）掺量的影响

由于矿物掺合料自身不能水化,必须在有水泥熟料水化产生足够 $Ca(OH)_2$ 的条件下逐渐发挥其火山灰效应,所以矿物掺合料替代水泥的量是有一定限度的。为了寻找磨细稻壳灰的适宜替代范围,开展了不同掺量稻壳灰对胶砂强度的影响试验,试验选取5%～30%不同掺量进行试验,试验结果如图5-4所示。由试验结果可以看出,随着磨细稻壳灰掺量的增加,胶砂各龄期抗折强度和抗压强度均有所降低,但在20%掺量范围以内,胶砂强度下降幅度较低。

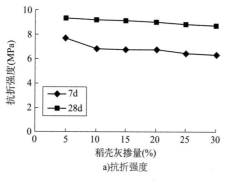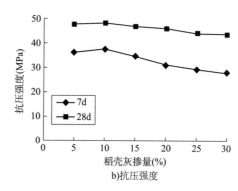

图 5-4　稻壳灰掺量对胶砂强度的影响

同时,为了对比磨细稻壳灰和硅灰胶砂活性,试验选取相同水泥替代量 10% 进行,研究磨细稻壳灰替代硅灰等高活性掺合料的可能性,试验结果见表 5-6。仅从本试验结果来看,掺量同为 10% 的稻壳灰胶砂强度大于硅灰,这可能与硅灰需水量较大造成胶砂结构密实度不高有关。总体来看,稻壳灰的水化活性较高,是一种优质的火山灰材料。

含稻壳灰和硅灰的胶砂强度试验结果　　　　　　　　　　　　　表 5-6

掺 合 料	抗折强度（MPa）		抗压强度（MPa）	
	7d	28d	7d	28d
稻壳灰	6.9	9.3	37.8	48.6
硅灰	6.8	9.2	34.6	47.2

5.3.2　混凝土强度

试验采用 42.5 级普通硅酸盐水泥、矿渣微粉和稻壳灰（粉磨 30min）等材料配制 C30 和 C60 两种强度等级的混凝土,分析稻壳灰对混凝土强度的影响,混凝土配合比见表 5-7,混凝土的工作性和抗压强度测试结果见表 5-8。

含磨细稻壳灰的混凝土配合比（单位：kg/m³）　　　　　　　　表 5-7

序号	水泥	稻壳灰	矿渣	碎石	河砂	水	外加剂
C30-1	210	—	150	1150	760	145	4.5
C30-2	210	80	70	1150	760	145	4.5
C60-1	300	50	150	1050	760	150	7.5
C60-2	300	80	120	1050	760	150	7.5
C60-3	300	110	90	1050	760	150	7.5
C60-4	300	140	60	1050	760	150	7.5

由表 5-8 可以看出,对于 C30 混凝土,掺加稻壳灰后,混凝土的坍落度略有降低,这主要是因稻壳灰的高需水性所致;掺加稻壳灰后,混凝土的抗压强度也有小幅下降,但仍能满足 C30 强度要求。

含磨细稻壳灰的混凝土的工作性和抗压强度 表 5-8

序 号	坍落度(mm)	扩展度(mm)	抗压强度(MPa)	
			7d	28d
C30-1	230	—	—	39.0
C30-2	220	—	—	38.6
C60-1	250	680	43.1	60.1
C60-2	210	640	50.0	68.2
C60-3	240	650	50.7	69.1
C60-4	220	640	41.8	58.9

对于 C60 混凝土,随着磨细稻壳灰掺量的增加,混凝土强度先增加后减小,当掺量为 110kg 时,各龄期抗压强度达到最大,这可能和磨细稻壳灰的物理特性和化学活性有关。通过粉磨的稻壳灰颗粒主要集中在 5μm 以下,少量磨细稻壳灰可以填充在水泥颗粒之间,使整个粉体体系更加密实达到紧密堆积,从而增加混凝土的整体密实度,进而增加其强度;同时,稻壳灰在水泥水化产物 $Ca(OH)_2$ 的激发下产生火山灰效应,其水化产物也能为混凝土提供强度。随着磨细稻壳灰掺量的增加,过多的超细粉不仅不能起到密实作用,而且还导致粉体比表面积增大,需水量增加,因而磨细稻壳灰掺量过大时混凝土强度有所下降。

5.4 磨细稻壳灰在超高强混凝土中的应用

5.4.1 原材料与试验

为制备超高强混凝土,使用了 52.5 级普通硅酸盐水泥、磨细稻壳灰及复合矿粉组成复合胶凝材料,此外,原材料还包括河砂、5 ~ 20mm 玄武岩碎石、聚羧酸高效减水剂及自来水。超高强混凝土配合比参数及性能见表 5-9。

超高强混凝土的配合比参数及性能 表 5-9

编号	混凝土配合比参数(kg/m³)					坍落度/扩展度(mm)	抗压强度(MPa)	
	水泥	稻壳灰	复合矿粉	总胶凝材料用量	水		7d	28d
UHSC-0	480	0	170	650	140	255/675	89	106
UHSC-1	360	70	290	600	132	260/670	84	113
UHSC-2	240	90	270	600	132	265/680	90	105
UHSC-3	240	105	255	600	140	265/680	72	91
UHSC-4	240	105	255	600	132	260/675	98	120
UHSC-5	240	105	255	600	110	250/660	105	142
UHSC-6	240	110	250	600	132	260/675	92	112
UHSC-7	300	100	230	630	115	260/680	115	148
UHSC-8	300	120	210	630	115	250/670	112	143

5.4.2 试验结果与讨论

试验中制备的九组超高强混凝土的工作性相近,其坍落度和扩展度均分别超过 150mm 和 650mm,具有较好的工作性。超高强混凝土的 28d 抗压强度要求超过 100MPa,从表 5-9 的抗压强度测试结果来看,除 UHSC-3(水胶比偏高)外,其余八组试件均满足超高强混凝土 的强度要求。可见,采用稻壳灰作为掺合料,可配制出性能优异的超高强混凝土。

从超高强混凝土的试验结果还可以看出,影响抗压强度的主要因素是水胶比。当水胶 比很低时,混凝土的抗压强度往往很高,如 UHSC-5、UHSC-7 和 UHSC-8,28d 抗压强度均超 过 140MPa;对比 UHSC-2 与 UHSC-4,在稻壳灰掺量略有增加时,混凝土的抗压强度略有提 高;对比 UHSC-7 与 UHSC-8,混凝土的抗压强度随稻壳灰掺量的增大而略有减小。可见,稻 壳灰掺量对超高强混凝土的强度影响较小。

由于胶凝材料用量大、水胶比低,因而超高强混凝土的自收缩往往较大,这也是它的主 要缺陷之一。本试验采用非接触混凝土收缩变形测定仪,测试了四种超高强混凝土初凝后 700h 内的自收缩曲线,如图 5-5 所示。

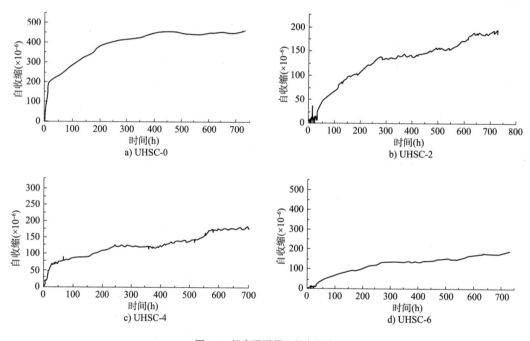

图 5-5　超高强混凝土的自收缩

在超高强混凝土的生产制备中,由于胶凝材料用量较高,自收缩往往很大,容易引起混 凝土开裂。为了提高超高强混凝土的抗裂性能,往往会掺加大量的矿物掺合料取代水泥。 稻壳灰含有大量无定形二氧化硅,具有较高的火山灰活性,不仅能有效保障超高强混凝土的 强度,而且由于减少了水泥用量,还能减小超高强混凝土的自收缩。由图 5-5 可以看出,基 准样由于水泥用量最大,因而其自收缩最大;其余三组超高强混凝土的自收缩基本上都控制 在 200×10^{-6} 以内,仅为基准样的一半。

本章参考文献

[1] 汪知文,李碧雄.稻壳灰应用于水泥混凝土的研究进展[J].材料导报,2020,34(09):9003-9011.

[2] 刘闯.原状稻壳灰混凝土抗压强度尺寸效应及其现象研究[D].绍兴:绍兴文理学院,2017.

[3] 王维红,孟云芳,王德志.稻壳灰改善混凝土抗氯离子渗透性能试验研究[J].混凝土,2017(01):86-89.

[4] 何凌侠,尹健,田冬梅,等.稻壳灰对活性粉末混凝土强度的影响[J].湘潭大学自然科学学报,2016,38(02):23-28.

[5] 吴中伟,廉慧珍.高性能混凝土[M].北京:中国铁道出版社,1999.

[6] 蒲心诚.超高强高性能混凝土[M].重庆大学出版社,2004.

[7] 袁润章.胶凝材料学[M].武汉:武汉工业大学出版社,1996.

[8] 明阳,李顺凯,屠柳青,等.稻壳灰建材资源化的研究进展[J].水泥工程,2015(03):69-72.

[9] R Sani,Sule E,Mohammed A K,et al. The effect of metakaolin on compressive strength of rice husk ash concrete at varying temperatures. Civil and Environmental Research,2014,6(5):54-59.

[10] Kah Yen Foong,U Johnson Alengaram,Mohd Zamin Jumaat,et al. Enhancement of the mechanical properties of lightweight oil palm shell concrete using rice husk ash and manufactured sand. Journal of Zhejiang Universityence A,2015,16(1):59-69.

[11] V Ramasamy. Compressive strength and durability properties of rice husk ash concrete. Ksce Journal of Civil Engineering,2012,16(1):93-102.

[12] Ravande Kishore,V. Bhikshma,P. Jeevana Prakash. Study on strength characteristics of high strength rice husk ash concrete. Procedia Engineering,2011,14:2666-2672.

第 6 章 烧结黏土砖粉

6.1 概述

烧结黏土砖作为承重或围护结构在我国建筑物中一度被广泛使用。伴随着城市建设的发展和城市改造步伐的不断加快,拆除旧建筑物产生了大量的废弃黏土砖,自然灾害等原因也造成建筑物极大地堆砌。据预计,在未来 5～10 年我国将新建住宅达 300 亿 m²,至少将产生 50 亿 t 建筑废物,其中碎砖占建筑垃圾总量的 30%～50%(见图 6-1)。如何重复利用这些烧结黏土砖,是摆在我们面前的又一难题。

图 6-1 建筑废弃物黏土砖

建筑垃圾的再生利用不仅会产生良好的社会效益和经济效益,而且还是实现可持续发展战略的目标之一,同时也是绿色混凝土发展过程中需要解决的问题。因此,烧结黏土砖的再利用已经成为一项迫切需要解决的课题。

目前,对烧结黏土砖的再生利用取得了一定的成果,并进行了小规模的应用,但由于烧结黏土自身的一些特点,比如孔隙率大、吸水率高、压碎值低等问题,阻碍了其广泛应用。当前研究主要针对烧结黏土砖作为再生骨料用于配制混凝土,一定程度上解决了烧结黏土砖任意堆砌的问题,节约了部分天然砂石资源。

但也正是由于烧结黏土砖存在孔隙率大、吸水率高、压碎值低等缺陷,使其用作再生骨料制备混凝土时受到诸多限制,如对混凝土的工作性、抗压强度、体积稳定性及耐久性等性能均有不利影响。若能将这种多孔材料磨细成粉,则可将其孔隙率大大降低,趋近于零,可改善其不利作用。同时,烧结黏土砖粉中还含有一定量的活性成分,可用作混凝土辅助胶凝材料,替代部分水泥,改善混凝土的性能。

6.2 烧结黏土砖粉对复合胶凝材料强度的影响

6.2.1 原材料与试验

试验所用原材料主要有 42.5 级普通硅酸盐水泥、实验室粉磨加工而得的烧结黏土砖粉、聚羧酸高效减水剂和自来水。

黏土砖粉由收集到的烧结黏土砖经过表面清理、破碎等工序处理后用实验室的球磨机粉磨得到,其密度为 $2.76g/cm^3$,主要化学成分见表 6-1。可以看出,黏土砖粉含有大量的 SiO_2 和 Al_2O_3,主要化学组分与粉煤灰等火山灰材料相似。黏土砖粉的 SiO_2、Al_2O_3 及 Fe_2O_3 含量达 94.6%,而 ASTM C618-19 对火山灰质材料的要求是三者的总量应超过 70%。

黏土砖粉的化学成分 表 6-1

化学成分	SiO_2	Al_2O_3	Fe_2O_3	MgO	SO_3	P_2O_5	Na_2O	K_2O	CaO	TiO_2
质量分数(%)	67.582	18.941	8.0841	0.719	0.130	0.082	0.246	1.884	0.948	1.062
化学成分	MnO	NiO	CuO	ZnO	Rb_2O	SrO	Y_2O_3	ZrO_2	CeO_2	Cr_2O_3
质量分数(%)	0.112	0.006	0.008	0.007	0.011	0.012	0.003	0.052	0.048	0.052

图 6-2 为黏土砖粉的 X 射线衍射(XRD)图谱。可以看出,黏土砖粉主要由石英(αSiO_2)、片沸石($CaAl_2Si_7O_{18} \cdot 6H_2O$)、蓝矿石($FePO_4$)等矿物组成。

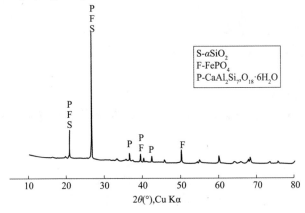

图 6-2 黏土砖粉的 XRD 图谱

图 6-3 为黏土砖粉颗粒的粒径分布曲线图,粉磨时间分别为 20min 和 40min,对应黏土砖粉的比表面积分别为 $460m^2/kg$ 和 $632m^2/kg$,说明了烧结黏土砖容易磨细,粉磨时间短,能耗低。通常,对混凝土辅助胶凝材料要求细度宜达到 $400m^2/kg$ 以上,并且细度越高,使用效果越好;但另外一个方面,细度的提高往往需要以延长粉磨时间为代价,粉磨时间越长,能耗越高。粉磨时间过长将会直接影响产品成本和推广应用,而黏土砖粉粉磨时间短,制备过程

中能耗相对小,将有利于黏土砖粉的推广及应用。

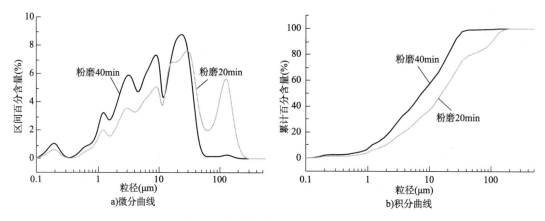

a)微分曲线 b)积分曲线

图6-3 黏土砖粉颗粒的粒径分布曲线图

由粒径分布曲线看出:随着粉磨时间的增加,黏土砖粉颗粒粒径逐渐减小,比表面积逐渐增大,其颗粒尺寸大多在50μm以下,5~30μm附近的颗粒居多;粉磨40min的黏土砖粉的中值粒径为6μm,明显小于水泥颗粒,这部分颗粒能够与水泥熟料形成良好级配,具有较好的填充效果,因为水泥浆体中往往含有大量10μm以内的孔隙。

图6-4为黏土砖粉颗粒微观形貌。可以看出,黏土砖粉颗粒大多棱角分明,结构形体不规则,中间颗粒少,这与粉煤灰规则的球状颗粒有着很大的不同。随着粉磨时间从20min增加至40min,黏土砖粉颗粒明显减小,颗粒体系细化。

a)粉磨20min

b)粉磨40min

图6-4 黏土砖粉颗粒微观形貌

试验设计系列掺黏土砖粉的净浆配合比试验,通过控制黏土砖粉的细度(粉磨 20min,记为 TB;粉磨 40min,记为 FB)和掺量(0、15%、30%、45%)、养护条件(标准养护、80℃蒸汽养护)、水胶比(0.4、0.3)等参数设计净浆配合比,见表6-2。

根据表 6-2 中配合比在实验室成型净浆试件,成型水胶比为 0.3 的试件时掺入了 1.0% 聚羧酸减水剂以提高净浆流动性。试件成型后 1d 脱模,此后参考《水泥胶砂强度检验方法(ISO 法)》(GB/T 17671—1999)分别进行标准养护及高温 80℃蒸汽养护,至 3d、7d、28d 及 90d 时测定其抗压强度。

掺黏土砖粉的净浆配合比 表 6-2

水 胶 比	黏土砖粉掺量(%)	水泥(g)	黏土砖粉(g)	水(g)
0.4	0	450.0	0.0	180
	15	382.5	67.5	180
	30	315.0	135	180
	45	247.5	202.5	180
0.3	0	450.0	0.0	135
	15	382.5	67.5	135
	30	315.0	135.0	135
	40	247.5	202.5	135

6.2.2 黏土砖粉掺量对净浆抗压强度的影响

图 6-5 为各组试件黏土砖粉掺量与净浆抗压强度的关系曲线图。可以看出,各试件抗压强度都随着龄期的增加而增大。试件抗压强度基本都随黏土砖粉掺量的增加而降低,且降低幅度随着龄期有减小趋势,到 90d 龄期时抗压强度随黏土砖粉掺量的变化不大。

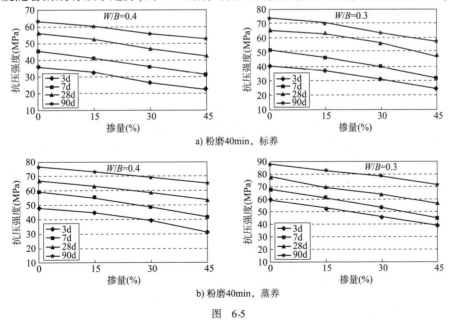

a) 粉磨40min, 标养

b) 粉磨40min, 蒸养

图 6-5

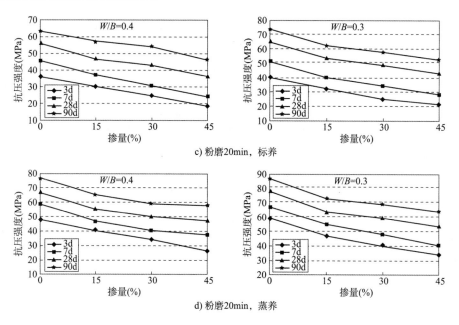

c) 粉磨20min，标养

d) 粉磨20min，蒸养

图6-5　黏土砖粉掺量与净浆抗压强度的关系曲线图

6.2.3　养护龄期对净浆抗压强度的影响

采用各龄期抗压强度与其对应的28d抗压强度之比来研究黏土砖粉净浆试件抗压强度随龄期的变化规律。各试件抗压强度发展系数计算结果见表6-3。

黏土砖粉净浆试件抗压强度发展系数 　　　　　　　　表6-3

编　　号	标养条件下抗压强度发展系数				蒸养条件下抗压强度发展系数			
	3d	7d	28d	90d	3d	7d	28d	90d
4-FB-0	0.64	0.81	1.00	1.13	0.72	0.88	1.00	1.14
4-FB-15	0.62	0.78	1.00	1.15	0.71	0.87	1.00	1.15
4-FB-30	0.57	0.77	1.00	1.19	0.67	0.83	1.00	1.18
4-FB-45	0.53	0.73	1.00	1.23	0.58	0.77	1.00	1.21
4-TB-0	0.64	0.81	1.00	1.13	0.72	0.88	1.00	1.14
4-TB-15	0.64	0.79	1.00	1.21	0.74	0.85	1.00	1.18
4-TB-30	0.57	0.71	1.00	1.25	0.68	0.81	1.00	1.18
4-TB-45	0.51	0.67	1.00	1.26	0.55	0.79	1.00	1.22
3-FB-0	0.61	0.78	1.00	1.13	0.76	0.86	1.00	1.12
3-FB-15	0.59	0.73	1.00	1.12	0.76	0.88	1.00	1.19
3-FB-30	0.56	0.70	1.00	1.13	0.72	0.84	1.00	1.23
3-FB-45	0.51	0.67	1.00	1.21	0.69	0.78	1.00	1.26
3-TB-0	0.61	0.78	1.00	1.13	0.76	0.86	1.00	1.12
3-TB-15	0.60	0.75	1.00	1.16	0.74	0.87	1.00	1.15
3-TB-30	0.52	0.70	1.00	1.18	0.68	0.81	1.00	1.16
3-TB-45	0.50	0.66	1.00	1.22	0.63	0.75	1.00	1.20

可以看出,黏土砖粉净浆试件 3d 的强度发展系数相对较小,且随着黏土砖粉掺量的增加而减小。黏土砖粉净浆试件 7d 的强度发展系数增加很快,一些已超过同期的基准试件强度的发展系数。到 90d 时,强度发展系数继续增大,绝大部分已超过同期的纯水泥净浆试件的强度发展系数,此时随着黏土砖粉掺量的增加,强度发展系数逐渐变大,说明掺黏土砖粉的净浆呈现早期强度发展较慢、后期强度发展较快的特点,这与粉煤灰砂浆强度发展特征较为类似。

6.2.4 黏土砖粉细度对净浆抗压强度的影响

黏土砖粉颗粒尺寸对其水化活性有着重要的影响。分别采用粉磨 20min(TB 体系)的粗黏土砖粉与粉磨 40min(FB 体系)的细黏土砖粉来对比研究黏土砖粉细度对净浆强度的影响。

为了便于定量分析黏土砖粉细度对各组试件抗压强度的影响,设 FB 体系抗压强度为 R_{FB},TB 体系抗压强度为 R_{TB},则黏土砖粉进一步磨细后对净浆抗压强度的影响可由磨细指数 φ 来表示:

$$\varphi = \frac{R_{FB}}{R_{TB}} \times 100\% \tag{6-1}$$

当 $\varphi > 100\%$ 时,说明磨细后净浆强度增大;当 $\varphi < 100\%$ 时,说明磨细后净浆抗压强度减小。

各组试件磨细指数计算结果如图 6-6 所示,由该图可知,所有黏土砖粉试件磨细指数整体上都在 100% 以上,说明黏土砖粉磨细后净浆的抗压强度整体上都有所增加,并且在水化早期,磨细指数也都相对较高。其原因主要有:

(1)黏土砖粉颗粒比表面积增大后增加了颗粒的反应活性以及与水的接触概率,促进了水化反应速率及进程;

(2)黏土砖粉粒径越小,其填充效果越好,浆体孔隙率越低,试块强度越高;

(3)粒径很细的黏土砖粉颗粒又可在水化早期提供成核基体,通过促使非均匀成核降低了成核位垒,促使水化反应的进行以及更多水化产物的生成,从而促进了早期强度的发展。

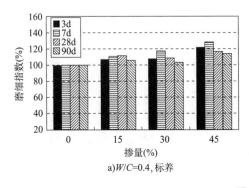
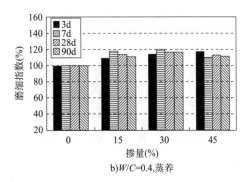

图 6-6

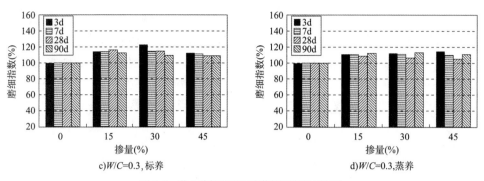

c) W/C=0.3, 标养   d) W/C=0.3, 蒸养

图 6-6　黏土砖粉细度对净浆抗压强度的影响

6.2.5　养护条件对净浆抗压强度的影响

养护条件的改变对水泥基材料水化进程以及辅助胶凝材料的水化作用也有较大影响。分别采用标准养护与80℃蒸汽养护两种养护条件来对比研究其对掺黏土砖粉的净浆抗压强度的影响。与磨细指数类似,可定义蒸养指数 φ' 为:

$$\varphi' = \frac{R_{\text{蒸}}}{R_{\text{标}}} \times 100\% \tag{6-2}$$

当 $\varphi' > 100\%$ 时,说明蒸养后净浆抗压强度增大;当 $\varphi' < 100\%$ 时,说明蒸养后净浆抗压强度减小。

各组试件蒸养指数计算结果如图 6-7 所示,由该图可知,蒸汽养护后各组试件抗压强度比标准养护均有所提高,尤其是水化早期(3d)对黏土砖粉净浆抗压强度的促进作用最大,这是因为高温蒸养对于水泥基复合材料早期的水化速率以及水化程度都有明显促进作用,因而早期强度都有较大程度的提升。

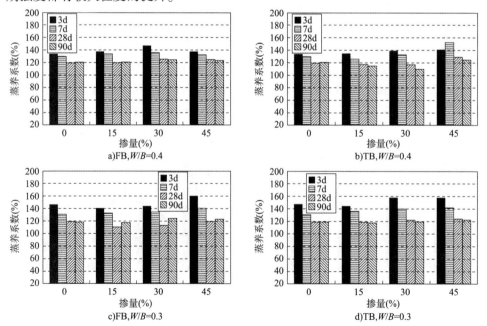

a) FB, W/B=0.4   b) TB, W/B=0.4

c) FB, W/B=0.3   d) TB, W/B=0.3

图 6-7　养护条件对净浆抗压强度的影响

水胶比为 0.4 时,早期强度有明显增加,但在水化后期,与标准养护相比,强度增加有所下降,这可能是由于在蒸养促进作用下早期水化反应比较剧烈,以致大量的水化产物都在短时间内集中形成,没有足够的时间扩散、沉淀,进而制约了后期强度的发展。水胶比为 0.3 时,蒸养后早期强度明显增加,后期强度变化不大,是因为蒸养大大提高水泥水化速率,蒸养 7d 时大部分水泥水化基本完成,少部分未水化水泥被水化产物包裹,故后期强度变化较小。

随着黏土砖粉掺量的增加,蒸养指数在各龄期均有增大趋势,在 3d、7d 龄期时,蒸养指数能够达到 160%;后期蒸养强度也高于标准养护强度。说明体系中黏土砖粉含量越多,蒸养对强度的促进作用也明显。一方面,水化早期,水分相对充足,有利于硅酸盐水泥部分水化反应的进行,因而蒸养对其作用也就越明显。另一方面,黏土砖粉在蒸养作用下水化活性相对较高,水化后期自身参与水化反应的程度增大,生成了更多水化产物,促使体系强度在水化后期也有明显增加,这同时也说明了蒸汽养护对于激发黏土砖粉的水化活性是有效的。

6.2.6 磨细与蒸养复合作用下净浆抗压强度的发展

由上述分析可知,单独的蒸养或磨细处理对黏土砖粉净浆试件的强度发展均有促进作用,两者的联合作用则可能对强度有更大的影响。类似的,采用 FB 蒸养条件下抗压强度与 TB 标养条件下抗压强度之比 φ'' 来定量分析磨细与蒸养复合作用对黏土砖粉净浆强度的影响作用。

$$\varphi'' = \frac{R_{FB}}{R_{TB}} \times 100\% \tag{6-3}$$

各组试件磨细蒸养复合指数计算结果如图 6-8 所示。

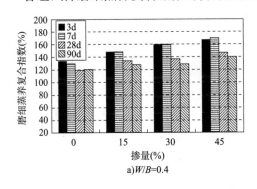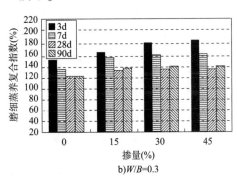

图 6-8 磨细与蒸养共同作用对掺黏土砖粉的净浆抗压强度的影响

由图 6-8 可知,在磨细与蒸养共同作用下对黏土砖粉净浆的抗压强度都有明显提高,增加幅度基本均在 20% 以上,远高于两者单独作用时的促进效果。与磨细或蒸养单独作用相似,水化早期时磨细蒸养复合指数较大,说明对早期强度的促进作用更为明显。与纯水泥净浆试件相比,随着黏土砖粉掺量的增加,磨细蒸养复合指数也有逐步增加的趋势,黏土砖粉掺量达到 45% 时早期强度提升幅度较大,说明磨细与蒸养共同作用下对黏土砖粉净浆抗压强度的影响主要体现在对黏土砖粉的水化作用,有效地激发了黏土砖粉的反应活性,促进了黏土砖粉的水化反应进程,提高了黏土砖粉净浆的力学性能。

6.2.7　黏土砖粉的水化活性

火山灰质材料的活性组分 SiO_2 和 Al_2O_3 能分别与水泥熟料水化产生的 $Ca(OH)_2$ 和高碱性 C-S-H 凝胶发生二次反应,生成低碱性 C-S-H 凝胶,使水泥基复合材料的强度和耐久性得到提高。火山灰活性是辅助胶凝材料品质优劣的重要指标之一。从强度分析来看,黏土砖粉的掺入对净浆试件的强度有明显影响。可借助抗压强度比和活性指数两个指标来评估黏土砖粉的水化活性。

1) 抗压强度比

抗压强度比法是将一定比例(此处为30%)矿物掺合料等量替代水泥,按照标准方法测定胶砂强度与同龄期的基准胶砂强度之比,作为评价矿物掺合料的活性指标,见式(4-10)。

抗压强度比的高低很大程度上可以反映出黏土砖粉的水化活性,计算结果见表6-4。由该表可知,各抗压强度比都在 0.62 以上,符合活性材料要求。抗压强度比整体上随龄期有增大趋势,说明黏土砖粉水化活性随龄期有所增强。黏土砖粉 FB 体系(粉磨 40min)各抗压强度比值普遍高于 TB 体系(粉磨 20min),说明黏土砖粉细度大能有效提高黏土砖粉的水化活性。蒸养体系各抗压强度比值普遍高于标养体系,说明蒸汽养护有助于激发黏土砖粉的水化活性。

黏土砖粉抗压强度比值汇总表　　　　　　表6-4

养护条件	水 胶 比	粉磨时间	抗压强度比 $A(\%)$			
			3d	7d	28d	90d
标养	0.4	40min(FB)	0.74	0.79	0.83	0.88
	0.4	20min(TB)	0.68	0.67	0.77	0.85
	0.3	40min(FB)	0.78	0.77	0.86	0.86
	0.3	20min(TB)	0.64	0.67	0.75	0.79
蒸养	0.4	40min(FB)	0.81	0.83	0.87	0.91
	0.4	20min(TB)	0.70	0.69	0.75	0.77
	0.3	40min(FB)	0.77	0.79	0.82	0.90
	0.3	20min(TB)	0.69	0.72	0.77	0.79

2) 活性指数

各组黏土砖粉净浆试件中黏土砖粉水化活性效应强度贡献率计算结果如图6-9所示。由图可知,黏土砖粉的火山灰效应强度贡献率与黏土砖粉颗粒大小及掺量、水胶比、龄期、养护条件等都有密切的关系。黏土砖粉 FB 体系与 TB 体系相比,FB 体系中火山灰效应强度贡献率普遍较高,说明黏土砖粉经磨细处理后能有效增强其水化活性效应。

水化早期(3d)时,各组黏土砖粉试件的火山灰效应强度贡献率都较小,黏土砖粉 FB 体系随黏土砖粉掺量的增加其强度贡献率增加,黏土砖粉 TB 体系随黏土砖粉掺量的增加呈现出火山灰效应强度贡献率先减小后增大的趋势,说明黏土砖粉细度较大时不利于其早期水化活性效应的发挥;但是到了水化后期(90d)时,各组黏土砖粉试件的火山灰效应强度贡献率较大且随着黏土砖粉掺量的增加而增大。

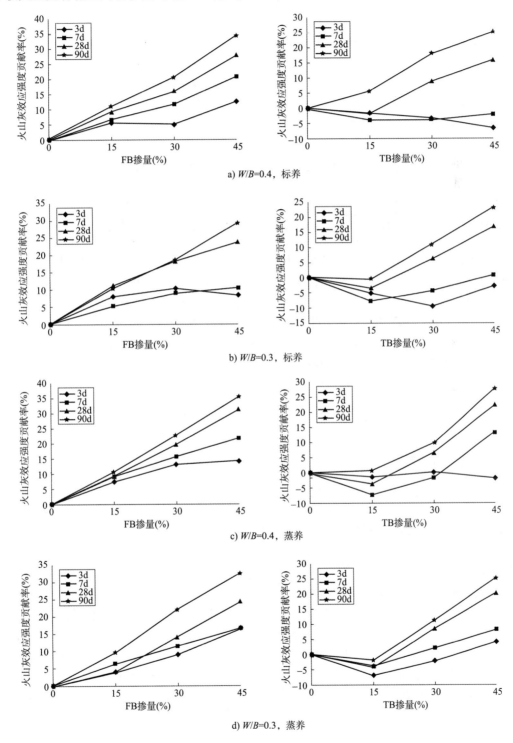

a) W/B=0.4,标养

b) W/B=0.3,标养

c) W/B=0.4,蒸养

d) W/B=0.3,蒸养

图6-9　各组试件黏土砖粉火山灰效应强度贡献率

6.2.8　小结

随着黏土砖粉掺量的增加,净浆试件的抗压强度有所降低,但降低幅度随龄期有减小的趋势,90d 时抗压强度随黏土砖粉掺量的变化较小;随着龄期的不断增长,黏土砖粉净浆试件的强度发展系数不断提高,90d 时基本超过同期的纯水泥净浆试件。

蒸养后各组试件强度比标养都有所提高,尤其是在水化早期(3d)对掺黏土砖粉的净浆试件的强度促进作用最大,在磨细以及蒸养共同作用下掺黏土砖粉的净浆试件的抗压强度都有明显提高,增加幅度基本都在 20% 以上,远高于两者单独作用时的促进效果。

黏土砖粉净浆试块的抗压强度比和活性指数表明黏土砖粉具有一定的水化活性,且主要受其细度和养护温度的影响,细度越大,养护温度越高,则水化活性越高。

6.3　黏土砖粉对水泥基材料微观结构的影响

此处主要采用 X 射线衍射(XRD)、热重—差热(TG-DTA)及扫描电子显微镜(SEM)研究黏土砖粉对水泥基材料微结构的影响,主要有不同水化龄期的水化产物种类、形貌及含量,并与普通硅酸盐硅水泥作对比,分析黏土砖粉在水泥基材料中的作用机理。

采用水灰比 0.4,黏土砖粉掺量为 30%,对标养和蒸养条件下的试件进行测试。纯水泥试件在标养条件下养护至 28d 的试件记为 C-28d-标养,粉磨时间为 20min 的黏土砖粉在标养条件下养护至 28d(水灰比 0.4,掺量 30% 默认不写)的试件记为 TB-28d-标养,粉磨时间为 40min 的黏土砖粉在蒸养条件下养护至 90d 的试件记为 FB-90d-蒸养。

6.3.1　XRD 测试分析

1)水化龄期的影响

图 6-10 为黏土砖粉试件在不同龄期的 XRD 图谱。由图可以看出,掺黏土砖粉的水化产物中晶体类型主要是 $Ca(OH)_2$,说明黏土砖粉的掺入对体系水化产物种类的影响不大。图中 SiO_2 的特征衍射峰强度很强,主要来源于黏土砖粉。随着龄期的增长,$Ca(OH)_2$ 特征衍射峰强度明显减弱,且蒸养条件下,峰值减小幅度更明显,说明此时因黏土砖粉发生火山灰反应而消耗了部分 $Ca(OH)_2$。

随着龄期的增长,体系中硅酸盐水泥水化程度增加,理论上将有更多的 $Ca(OH)_2$ 生成;但与此同时,水化后期时 $Ca(OH)_2$ 数量的累积又诱导并促进黏土砖粉火山灰反应的进行,而该过程又将消耗 $Ca(OH)_2$,生成水化硅酸钙,因而两者相互作用,共同决定了体系中 $Ca(OH)_2$ 总量。当后者作用大于前者时,$Ca(OH)_2$ 总量将会有所减小,出现对应特征衍射峰强度减弱的现象。因此,相对于养护 28d 的情况,养护 90d 后对应的 $Ca(OH)_2$ 和 SiO_2 特征衍射峰强度出现减弱的现象,进一步验证了黏土砖粉的火山灰反应。

2)细度的影响

图 6-11 为两种细度、同掺 30% 黏土砖粉的净浆试件在标养条件下的 XRD 图谱,基准样

也同时列入该图。与基准样相比,掺30%黏土砖粉的净浆试件的 SiO_2 特征衍射峰强度明显比纯水泥试件高,主要是由于黏土砖粉含有大量 SiO_2 所致;掺有黏土砖粉的净浆试件的 $Ca(OH)_2$ 特征衍射峰强度低于纯水泥试件,表明其含量相对较少,一方面是水化生产的 $Ca(OH)_2$ 较少,另一方面是由于 $Ca(OH)_2$ 与 SiO_2 反应消耗所致。同时,与粉磨20min(TB 体系)相比,粉磨40min(FB 体系)的黏土砖粉其净浆的 SiO_2 和 $Ca(OH)_2$ 特征衍射峰强度也明显更弱,说明颗粒越细,参与火山灰反应的黏土砖粉的数量越多,消耗的 $Ca(OH)_2$ 也更多。

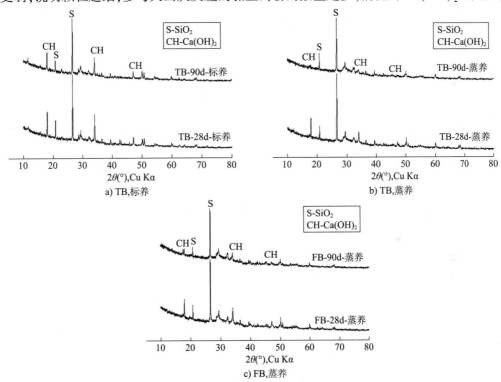

图 6-10　掺黏土砖粉的试件在不同龄期的 XRD 图谱

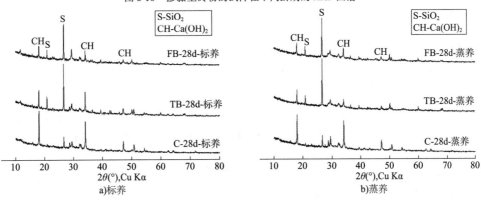

图 6-11　黏土砖粉净浆试件与纯水泥试件的 XRD 图谱对比分析

3) 养护条件的影响

图6-12为不同养护条件下黏土砖粉试件的 XRD 图谱。在同龄期内,黏土砖粉蒸养的试

件其 Ca(OH)₂ 特征衍射峰强度明显低于标养试件,这与黏土砖粉发生火山灰反应而消耗部分 Ca(OH)₂ 有关。黏土砖粉水泥基材料蒸养后,一方面促进了体系中硅酸盐水泥部分的水化,促使其生成了更多的 Ca(OH)₂;但另一方面也促进了黏土砖粉火山灰反应程度,消耗掉了更多的 Ca(OH)₂。显然,蒸养对后者的促进作用大于前者,因而 Ca(OH)₂ 总量有所减小,对应特征衍射峰强度减弱。

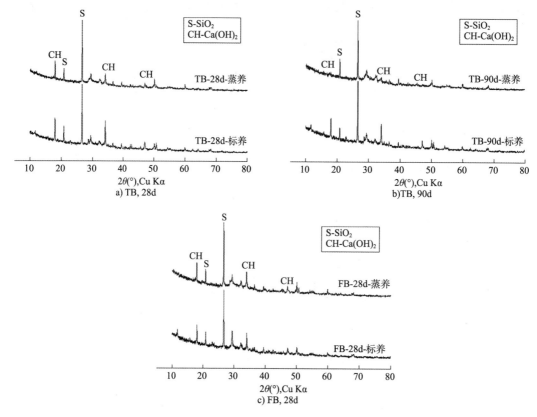

图 6-12　不同养护条件下黏土砖粉试件的 XRD 图谱

6.3.2　TG-DTA 测试分析

1) 水化龄期的影响

图 6-13 为黏土砖粉 TB 体系试件在不同龄期的 TG-DTA 曲线图。标养条件下,温度 160℃、472℃、737℃和 869℃处都出现了吸热峰,分别是水化硫铝酸钙(AFt)脱水、氢氧化钙脱水、水化硅酸钙脱水、CaCO₃ 分解所致。蒸养条件下,温度 143℃、475℃、766℃和 872℃处出现的吸热峰也分别是水化硫铝酸钙(AFt)脱水、氢氧化钙脱水、水化硅酸钙脱水、CaCO₃ 分解所致。同时,龄期 90d 的试件比 28d 的试件在 475℃处的吸热峰明显低,这可能是黏土砖粉在后期发生了火山灰反应而消耗部分 Ca(OH)₂ 所致。

随着龄期的增长,体系中硅酸盐水泥的水化程度增加,理论上将有更多的 Ca(OH)₂ 生成;但与此同时,水化后期时 Ca(OH)₂ 数量的累积又诱导并促进黏土砖粉火山灰反应的发生,而这个过程又消耗掉了 $Ca(OH)_2$。由于火山灰反应消耗的 $Ca(OH)_2$ 大于硅酸盐水泥生成的 $Ca(OH)_2$,因而 $Ca(OH)_2$ 总量有所减小,这验证了 XRD 分析中黏土砖粉的火山灰反应。

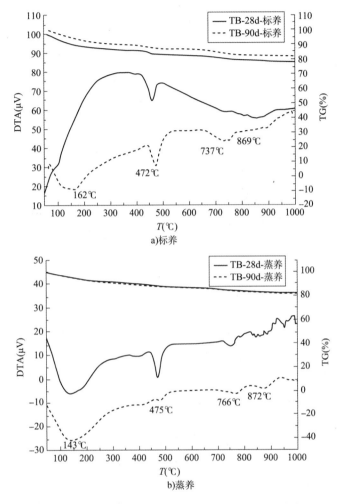

图 6-13 黏土砖粉 TB 体系试件在不同龄期的 TG-DTA 曲线图

2)细度的影响

图 6-14 为不同细度黏土砖粉净浆试件的 TG-DTA 曲线图。TG-DTA 曲线的吸热峰表明,主要水化产物仍为 AFt、$Ca(OH)_2$、C-S-H 凝胶。与粉磨 20min(TB 体系)相比,粉磨 40min(FB 体系)的黏土砖粉净浆试件的 $Ca(OH)_2$ 吸热峰明显更低,说明颗粒越细,参与火山灰反应的黏土砖粉的数量便越多,消耗的 $Ca(OH)_2$ 也更多,这与 XRD 分析结果一致。

3)养护条件的影响

图 6-15 为黏土砖粉净浆试件在不同养护条件下的 TG-DTA 曲线图。与标养条件相比,在蒸养条件下,掺黏土砖粉的净浆试件的 $Ca(OH)_2$ 吸热峰明显降低,特别是 90d 龄期,说明蒸养能促进黏土砖粉火山灰反应的进行,有利于其火山灰活性的提高。

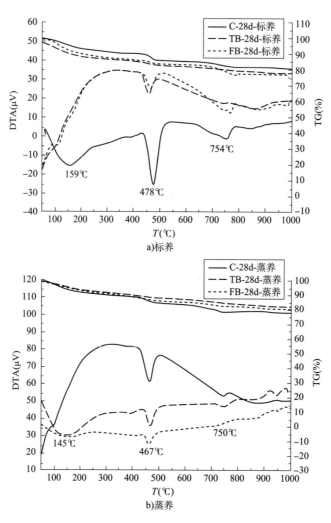

图6-14 不同细度黏土砖粉净浆试件的 TG-DTA 曲线图

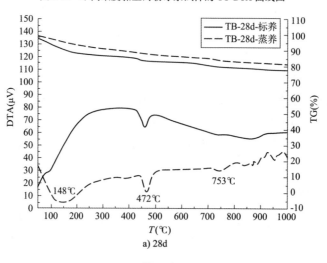

图 6-15

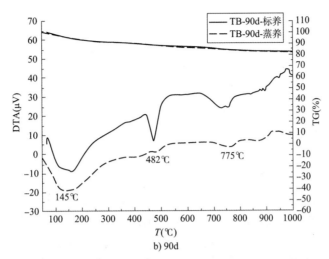

图 6-15 黏土砖粉净浆试件在不同养护条件下的 TG-DTA 曲线图

4）氢氧化钙含量的计算

由 TG-DTA 曲线特征还可以定量计算出一些水化产物的含量,据此计算结果可以间接分析黏土砖粉的掺入对水泥基材料水化的影响。

各试件体系中氢氧化钙含量计算结果如图 6-16 所示,计算方法参见第 4 章。可以看出,随着龄期的增长,试件水化程度不断增大,因而基准样水化生成的 $Ca(OH)_2$ 含量逐渐增多。掺入黏土砖粉后,体系中 $Ca(OH)_2$ 含量却随着龄期的增长而减少,这是因为体系发生了火山灰反应,且火山灰反应程度也随龄期的增长而增加,当火山灰反应消耗掉的 $Ca(OH)_2$ 量大于体系中水泥部分新生成的 $Ca(OH)_2$ 量时,体系中 $Ca(OH)_2$ 的总量将会有所减少。

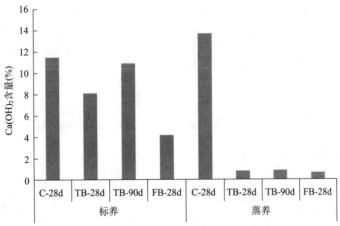

图 6-16 各试件水化产物中 $Ca(OH)_2$ 含量

与龄期增长作用效果相似,纯水泥试件 C-28d 蒸养处理后水化生成的 $Ca(OH)_2$ 含量增多,说明蒸养促进了水化程度。蒸养处理后所有黏土砖粉试件水化生成的 $Ca(OH)_2$ 含量都有所减少,说明蒸养有效促进了黏土砖粉的火山灰反应,蒸养热处理可以有效地激发与提高黏土砖粉的反应活性。

黏土砖粉颗粒越细,体系中水化生成的 $Ca(OH)_2$ 含量有明显减少。可见,随着黏土砖粉细度的增加,比表面积增大,体系反应活性更大,反应更加充分,因而水化产生的 Ca(OH)$_2$含量也依次减少。

6.3.3 SEM 测试分析

1)水化龄期的影响

图 6-17 为黏土砖粉净浆试件在不同龄期水化产物的 SEM 照片。可以看出,各个凝胶团簇之间已经有明显搭接,水化产物处有六边形层状薄片的 Ca(OH)$_2$晶体出现,定向交叉于凝胶中,由于生长空间相对充分,晶粒也相对较大。随着龄期的延长,水化产物形成,水泥石结构逐渐致密,在孔隙中轴向生长出呈细长棒状的 AFt 晶体,在孔隙中生长出相互搭接成细纤维状的水化产物 C-S-H 晶体,有利于改善水泥孔隙,提高水泥石的后期抗压强度和抗侵蚀性。

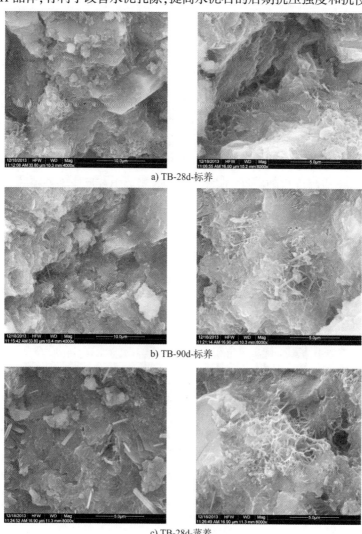

a) TB-28d-标养

b) TB-90d-标养

c) TB-28d-蒸养

图　6-17

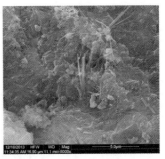

d) TB-90d-蒸养

图 6-17　黏土砖粉净浆试件在不同龄期水化产物的 SEM 照片

在蒸养条件下,不断生成的水化产物逐步填充于孔隙中,使体系结构更加致密。此时,水化硅酸钙凝胶已经充分地交叉连接为整体,早期呈团簇放射状及纤维状形态的凝胶已不存在。与标养条件下相比,可以看到体系中有更少的六边形层片状的 $Ca(OH)_2$ 晶体生成,这些晶体大都垂直定向交叉于水化硅酸钙凝胶中,这也说明蒸养条件下水化程度更深,生成了更多的水化产物,结构更加密实,力学强度也更高,这些结果与 XRD 测试结果相一致。

2）细度的影响

图 6-18 为不同细度黏土砖粉试件 90d 水化产物的 SEM 照片。可以看出,水化产物结构致密,有相互堆积或交叉的棒状钙矾石晶体,它们在孔隙中生长,填充孔隙,使得结构致密,仍可见 $Ca(OH)_2$ 晶体,$Ca(OH)_2$ 晶体边缘已被明显侵蚀,同时侵蚀产物均定向附于胶凝基材料中,这是由于掺入的黏土砖粉与 $Ca(OH)_2$ 晶体发生了火山灰反应,也进一步证实了黏土砖粉的火山灰活性。

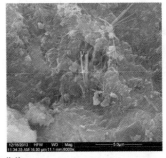

a) TB-90d-蒸养

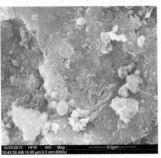

b) FB-90d-蒸养

图 6-18　不同细度黏土砖粉试件 90d 水化产物的 SEM 照片

将黏土砖粉 TB 体系试件与 FB 体系试件对比,可知黏土砖粉 FB 体系试件的水化产物结构更为致密,存在着相互堆积或交叉的棒状钙矾石晶体,这可能是因黏土砖粉颗粒较细、级配分布合理,有效改善了粉体的堆积密度,减少了产物孔隙。

3) 养护条件的影响

图 6-19 为不同养护条件下黏土砖粉试件 28d 水化产物的 SEM 照片。可以看出,水化产物结构存在相互堆积或交叉的棒状钙矾石晶体。对比标养与蒸养条件下黏土砖粉试件的微观形貌,在蒸养条件下,水化产物中存在着大量的水化硅酸钙凝胶,其结构也更为致密,说明在蒸养条件下更有利于黏土砖粉发生火山灰反应。

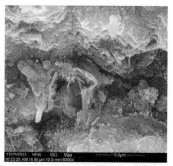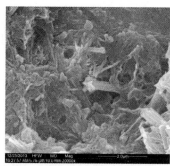

a) FB-28d-标养

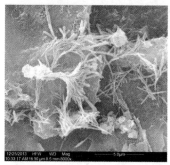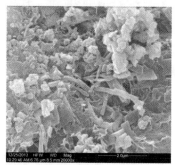

b) FB-28d-蒸养

图 6-19　不同养护条件下黏土砖粉试件 28d 水化产物的 SEM 照片

6.3.4　小结

黏土砖粉试件的水化产物主要由 C-S-H 凝胶、$Ca(OH)_2$ 以及未反应水泥颗粒等组成,黏土砖粉的掺入对水化产物种类的影响不大,但对水化产物的数量却有很大影响。随着龄期的增长,$Ca(OH)_2$ 特征衍射峰强度明显减弱,特别是在蒸养条件下,峰值减小幅度更明显,这是黏土砖粉在后期发生火山灰反应而消耗部分 $Ca(OH)_2$ 所致。

黏土砖粉净浆试件水化产物的微观结构较为致密,存在大量水化硅酸钙凝胶,并存在相互堆积或交叉的棒状钙矾石晶体,它们在孔隙中生长,填充孔隙,使得结构致密,有利于改善水泥孔隙,提高水泥石的后期强度。

纯水泥试件蒸养处理后水化生成的 $Ca(OH)_2$ 含量增多,说明蒸养促进了其水化程度。

但蒸养后所有掺黏土砖粉的试件水化生成的 $Ca(OH)_2$ 含量都有所减少,说明蒸养有效提高了黏土砖粉的反应活性,促进了黏土砖粉的火山灰反应。而且,随着黏土砖粉的细度提高,比表面积增大,体系反应活性更大,反应更加充分,使得水泥石的微结构更加密实,因而有利于提高其力学强度。

6.4　黏土砖粉作用机理的讨论

在 $CaO\text{-}SiO_2\text{-}Al_2O_3$ 三相系统中,绝大多数辅助胶凝材料的 CaO 含量比普通硅酸盐水泥低,自身基本无独立水硬性;粒化高炉矿渣的 CaO 含量相对较高,具有潜在水硬性。黏土砖粉在三相系统中的分布接近于粉煤灰、硅灰、天然火山灰、偏高岭土等富硅类材料,需要外部提供钙源后才能发生二次水化反应。这说明黏土砖粉理论上属于火山灰类型辅助胶凝材料,化学成分与粉煤灰最为相近。

黏土砖粉属于火山灰类型辅助胶凝材料,无水硬性能,由前期实验和测试分析总结其在水泥基材料中的作用机理主要为填充效应和火山灰效应。

黏土砖粉在早期无明显火山灰活性,但由于它在搅拌中不参与水化反应,即可获得更好的形态效应。粉磨 40min 的黏土砖粉中值粒径为 $6\mu m$,可以填充到水泥颗粒间的空隙中,改善了胶凝材料的颗粒分布,提高了其堆积密度。掺入黏土砖粉后,能与水泥熟料形成良好级配,因而具有较好的填充效果。净浆水化 28d 后,通过 SEM 照片可明显看到黏土砖粉填充在其他水化产物的空隙中,特别是对界面的填充。由强度数据也可看出,30% 黏土砖粉替代水泥,对水泥基胶体系强度的影响不大。

黏土砖粉的火山灰活性,其反应的过程主要是:受扩散控制的溶解反应,早期黏土砖粉表面溶解,反应生成物沉淀在颗粒的表面上,后期钙离子继续通过表层和沉淀的水化产物层向芯层扩散。有文献表明,在黏土砖粉水化产物表面有一层水解层,钙离子通过水解层,不断侵蚀黏土砖粉表面,而水化产物则不断通过填实水解层。在水化初期,水解层填实度不高,结构疏松,该阶段火山灰效应对强度帮助不大。C-S-H 凝胶与 $Ca(OH)_2$ 沉淀共同组成"双膜层",随水化的进展,双膜层与水泥浆体紧密结合。从强度数据也可看出,掺黏土砖粉的浆体早期强度较低,后期强度增长较快。由 SEM 图可明显看出 $Ca(OH)_2$ 对黏土砖粉颗粒的腐蚀作用。黏土砖粉火山灰反应活性与黏土砖粉的细度、水胶比、养护条件、龄期等都紧密相关。黏土砖粉的火山灰效应主要在 28d 以后,且黏土砖粉粒径越小,活性越高,而高温蒸养条件更能促进火山灰反应的进行,提高其水化活性。

本章参考文献

[1] 芦静,路备战,曹素改,等.建筑垃圾砖粉制备水泥混合材的应用研究[J].粉煤灰综合利用,2012(2):37-42.
[2] 张孟雄,张学良,王卫秋,等.建筑垃圾砖的开发及应用[J].砖瓦世界,2006(8):19-21.

[3] 严捍东,陈秀峰. 黏土砖再生骨料性质及其对水泥基材料强度的影响[J]. 环境工程, 2008,26(4):37-39.

[4] 曾路春. 废混凝土作粗骨料、废砖作细骨料制备再生混凝土的实验研究[J]. 新型墙材, 2006(8):35-36.

[5] 葛智,王昊,郑丽,等. 废黏土砖粉混凝土的性能研究[J]. 山东大学学报,2012,42(1): 104-105.

[6] 张长森,刘学军,荀和生. 废砖制备轻质节能保温墙材的试验研究[J]. 新型建筑材料, 2010(10):27-29.

[7] 苗毓恩,王罗春. 旧建筑物拆除中废旧砖瓦的资源化途径[J]. 上海电力学院学报,2009 (6):579-582.

[8] 金立虎,黄军妹. 用废黏土砖骨料配制砌块的试验[J]. 建筑砌块与砌块建筑,2001,(6): 17-19.

[9] Malhotra V M,Mehta P K. Pozzolanic and cementitious materials [C]//Advances in Concrete Technology. New York:Gordon and Breach Publishers,1996.

[10] Sadek D M. Physico-mechanical properties of solid cement bricks containing recycled aggregates[J]. Journal of Advanced Research,2012,3(3):253-260.

[11] Bektas F,Wang K,Ceylan H. Effects of crushed clay brick aggregate on mortar durability [J]. Construction & Building Materials,2009,23(5):1909-1914.

[12] Netinger I,Kesegic I,Guljas I. The effect of high temperatures on the mechanical properties of concrete made with different types of aggregates[J]. Fire Safety Journal,2011,46(7): 425-430.

[13] Böke H,AKKurt S,İpekoğlu B,et al. Characteristics of brick used as aggregate in historic brick-lime mortars and plasters [J]. Cement & Concrete Research, 2006, 36 (6): 1115-1122.

[14] Khalaf F M. Using crushed clay brick as coarse aggregate in concrete[J]. Journal of Materials in Civil Engineering,2006,18(4):518-526.

[15] M A Mansur,T H Wee,L S Cheran. Crushed bricks as coarse aggregate for concrete[J]. Aci Material Journal,1999,96(4):478-484.

[16] Khaloo A R. Properties of concrete using crushed clinker brick as coarse aggregate[J]. Aci Material Journal,1994,91(2):401-407.

[17] Akhtaruzzaman A A,Hasnat A. Properties of concrete using crushed brick as aggregate[J]. Concrete International,1983,5(2):58-63.

[18] Devenny A,Khalaf F M. The use of crashed brick as coarse aggregate in concrete[J]. Masonry Int,1999(12):81-84.

[19] Padmini A K,Ramamurthy K,Mathews M S. Behavior of concrete with low-strength bricks as lightweight coarse aggregate[J]. Mag Concrete Res,2001,53(6):367-375.

[20] Khalaf F M,DeVenny A S. Performance of brick aggregate concrete at high temperatures

[J]. Mater Civil Eng,2004,16(6):456-464.

[21] J M Khatib. Properties of concrete incorporating fine recycled aggregate[J]. Cement & Concrete Research,2005(35):763-769.

[22] F Bektas,K Wang,H Ceylan. Effects of crushed clay brick aggregate on mortar durability [J]. Construction and Building Materials,2009(23):1909-1914.

[23] Hansen T C. Recycling of demolished concrete and masonry [M]. Boca Raton: CRC Press,1992.

[24] Turanli L,Bektas F,Monteiro P J M. Use of ground clay brick as a pozzolanic material to reduce the alkali-silica reaction[J]. Cement Concrete Res,2003,33(10):1539-1542.

[25] O'Farrell M,Wild S,Sabir B B. Pore size distribution and compressive strength of waste clay brick mortar[J]. Cement and Concrete Composites,2001,23(1):81-91.

[26] O'FARRELL M,Khatib J M,Wild S. Porosity and pore size distribution of mortar containing ground calcined brick clay[C]//Proceedings of the Fifth International Conference on Modern Building Materials,Structures and Techniques,Lithuania:Vilnius,1997:33-38.

[27] Moriconi G. Corinaldesi V. Antonucci R. Environmentally-friendly mortars:A way to improve bond between mortar and brick[J]. Materials and Structures,2003(36):702-708.

[28] Chi-Sun Poon,Dixon Chan. Effects of contaminants on the properties of concrete paving blocks prepared with recycled concrete aggregates[J]. Construction and Building Materials,2007(21):164-175.

[29] Chi-Sun Poon,Chan D. Paving blocks made with recycled concrete aggregate and crushed clay brick[J]. Construct Build Mater,2006(20):569-577.

第 7 章 粉煤灰

7.1 概述

粉煤灰在胶凝材料体系中可用作火山灰材料,而另一种可用于制造水泥的工业副产品是高炉铁矿渣。粉煤灰和冶金矿渣可用于修筑道路的基层或底基层,或者储存在积水池中进行简单处理,其中约80%没有得到充分利用。这种处理方式不仅浪费资源而且会造成土地、空气和地下水污染。这些工业副产品通常含有少量重金属,而绝大多数的有害金属能安全地与水泥水化产物结合,不易溶出,所以混凝土建筑工业是处理这些工业副产品的首选。实际上,混凝土工业是安全和经济处理数百万吨可用粉煤灰和矿渣的有效途径。

值得注意的是,需要处理大量粉煤灰的很多国家往往水泥需求量巨大。如果找到利用所有或部分可用粉煤灰的方法,用于混合硅酸盐水泥或者在混凝土拌和时作为辅助胶凝材料组分加入,未来将能够满足水泥需求量而不增加当前硅酸盐水泥熟料的生产量,以保证水泥和混凝土工业的可持续发展。

7.2 粉煤灰利用的障碍

据估计,全球只有约20%的可用粉煤灰正用于水泥和混凝土工业。为了混凝土工业的可持续发展,必须提高火山灰和胶凝性副产品的利用率。因而,有必要明确和扫除这些阻止水泥替代材料高效利用的障碍。

7.2.1 品质

来自燃煤炉的粉煤灰的化学成分和物理特性由煤的品种和燃炉的加工条件控制。这些条件不仅各个工厂不同,而且同一工厂也不尽相同。因此,粉煤灰的化学成分离散性很大。然而,粉煤灰的火山灰特性不是由化学成分决定,而是由其矿物成分和颗粒粒径决定。因而,对粉煤灰化学成分的规定显然是其在水泥和混凝土中应用的一大障碍。应该注意到,现代燃煤热电厂通常都能生产高质量的粉煤灰,这种粉煤灰具有碳含量低和玻璃含量高的特点,75%甚至更多的颗粒粒径小于45μm。对于粗粉煤灰或含碳量高的粉煤灰,很多选矿技术能提高它们在水泥和混凝土工业中的适用性。

均质性是粉煤灰用作水泥和混凝土组分的另一个障碍。对于工业副产品,物理和化学特性的离散性是不可避免的,为了使产品满足预期用途,必须克服这种离散性。多年来,水泥和混凝土生产厂的不同类、各批材料的混合工艺已经可以确保其最终产品的均质性。如果有足够的经济刺激,粉煤灰的生产者将会克服阻碍该材料大量利用的问题。例如,由于填地和填塘的费用非常高,一些欧洲国家保持较高的粉煤灰利用率,同时提高粉煤灰处理费用以得到更好和更均质的产品。

7.2.2　粉煤灰对混凝土性能的影响

粉煤灰部分取代水泥的混凝土后期抗压强度和抗拉强度通常都高于相应的纯硅酸盐水泥混凝土;但是掺粉煤灰的混凝土早期的凝结和硬化速率较慢,特别是在寒冷气候条件下,此时活性粉煤灰的利用率就更低。这是阻碍混凝土建筑工业中将大量粉煤灰混入水泥或混凝土拌合物的主要原因。最近发展的超塑化混凝土混合物成功地解决了这一问题,其中,粉煤灰占总胶凝材料的50%～60%,在相当早的龄期获得较高的强度和耐久性。利用这种新方法,现在已经可以掺大量粉煤灰配制混凝土,并且能够得到和纯硅酸盐水泥混凝土相似的早期强度发展速率。

关于耐久性,存在一个很大的误解:含粉煤灰的钢筋混凝土耐久性在侵蚀环境下并不让人满意。而理论分析和大量室内及现场试验资料都表明,当质量合适的火山灰材料以正确的配合比掺入合适的混凝土建筑物时,对耐久性会有积极的影响。养护良好的高掺粉煤灰混凝土不仅由于热收缩和干缩使渗透性很低,裂缝更少(因而提供更高的抵抗氯离子扩散性能),而且有利于抵抗膨胀性化学反应的发生,如硫酸盐侵蚀和碱—骨料反应。

如果不要求较高的早期强度,在满足耐久性和长期强度的条件下,粉煤灰的减水性能可用于生产不含高效减水剂的高掺粉煤灰混凝土拌合物。由于硅酸盐水泥的水化热较高,掺粉煤灰可有效控制混凝土的温度裂缝问题,尤其是在中等尺寸结构(即厚度超过500mm)中,其早期较低的弹性模量和较高的徐变对混凝土抗裂性能有利。

7.2.3　标准与规范

在很多国家制定的复合硅酸盐水泥标准和混凝土建筑规范中,明确限制了复合硅酸盐水泥中混合材料的最大含量。例如,ASTM C595复合水硬性水泥标准规定,水泥中火山灰材料的质量掺量限制在40%以内。其他一些国家,如印度,复合水泥中粉煤灰或类似火山灰材料的质量掺量限制在35%以内。很多部门都有各自的混凝土材料和配合比标准,如美国交通部门,将用于结构混凝土的胶凝材料中粉煤灰的掺量限制在25%以内。

“超塑化高掺粉煤灰混凝土体系”(主要用于生产高早强、高耐久性混凝土)问世以后,标准和规范放宽了对混凝土中粉煤灰用量的限制。基于此,ASTM出台了基于性能要求的新水硬性水泥标准ASTM C1157,该标准不再限制复合硅酸盐水泥中混合材料的品种和含量。同时,欧盟的新水硬性水泥标准EN/197也允许硅酸盐—粉煤灰复合水泥的粉煤灰含量提高至55%。

7.2.4　有毒金属和氡

所有的混凝土中都含有极少量可以被滤去的有毒金属。常见的有害金属是砷(As)、铬(Cr)、硒(Se)、钛(Ti)和钒(Va),当粉煤灰堆放在池塘或垃圾填埋池中,将使地下水中的有害阳离子含量增加,将粉煤灰用于混凝土中能解决这个问题。因为硅酸盐水泥或复合硅酸盐水泥的水化产物能够与粉煤灰释放的有害金属反应,生成稳定的新物质,从而固定有害金属。德国亚琛大学的研究者由现场滤析试验发现,将185mg的锌(Zn)加入硅酸盐—粉煤灰水泥砂浆,56d以后,滤析试验中1kg砂浆滤出的锌只有0.09mg。

加拿大矿产能源技术中心(CANMET)也报道了相似的试验结果,见表7-1。试验中粉煤灰有两个质量掺量水平(30%、60%),以18h为一个浸泡周期,对比在pH=2.88的酸性溶液环境下混凝土(最大骨料粒径为9.5mm)中有害金属的滤析特征。研究者发现,镉、铬、铁、镍和铅含量处于可检限值或低于可检限值。在滤析溶液中只检测到了砷(As)、铜(Cu)和锌(Zn),而且它们的含量也大大低于安全用水规定的下限。

CANMET的有害金属滤析试验结果(单位:mg/L)　　表7-1

析出金属	粉煤灰掺量(%)			不安全限值
	0	30	60	
As	0.002	0.010	0.017	>0.050
Cu	0.014	0.030	0.158	>0.050
Zn	0.280	0.410	0.580	>5.00

根据美国电力研究院(EPRI)出版的《环境焦点》报道,粉煤灰产品中释放的氡也较低。美国地质调查报告表明,粉煤灰制品的放射性与传统的混凝土或红砖等建筑材料并没有显著差别。总体来讲,粉煤灰中氡的释放量不会危害人的身体或环境,可以与建筑砖块及其他建筑材料一样用于建筑物中。

7.3　粉煤灰的基本特性

本节将介绍粉煤灰的物理和化学特性,简要讨论粉煤灰改善新拌混凝土和硬化混凝土性能的作用机理。

7.3.1　来源

燃煤中通常含有10%~40%的杂质,如黏土、页岩、石英、长石、白云石和石灰石,燃煤的等级决定粉煤灰的品质。由于燃烧效率的提高,绝大多数热能电厂生产的粉煤灰较细,75%或更多的粉煤灰颗粒能通过200目(75μm)筛。在高温炉中,挥发性物质和碳充分燃烧,大多数矿物杂质形成灰并随尾气排出。粉煤灰颗粒在燃烧炉中为熔融态,离开燃烧区后,熔融态粉煤灰迅速冷却(如数秒内从1500℃降至200℃),固化成球形、玻璃质颗粒。有些熔融物结块成底灰,但绝大多数还是形成燃灰排出,这就是所谓的粉煤灰。粉煤灰在燃烧尾气中经一系列收集设备收集。通常,湿排收集的粉煤灰和底灰之比为70∶30,干排为85∶15。由于其独特的矿物成分和颗粒特性,从热能电厂生产的粉煤灰通常可以不需任何加工而用作硅酸盐水泥的矿物掺合料。底灰的颗粒更粗、活性更低,通常需要磨细以提高其火山灰活性。

7.3.2　化学成分

北美部分地区粉煤灰的主要氧化物分析见表7-2,我国、澳大利亚、印度、日本、土耳其和英国也多次进行了相似的分析,结果见表7-3。显然,粉煤灰的化学成分差别很大。但是,从后面的讨论可知,化学成分对粉煤灰品质的影响并不大,重要的是矿物成分和颗粒形貌(颗粒粒径和形状),它们决定着粉煤灰对混凝土性能的影响。

北美部分地区粉煤灰的主要氧化物分析(质量分数,单位:%)　　表7-2

来源	SiO_2	Al_2O_3	Fe_2O_3	CaO	MgO	碱	SO_3	烧失量
美国烟煤1	55.1	21.1	5.2	6.7	1.6	3.0	0.5	0.6
美国烟煤2	50.9	25.3	8.4	2.4	1.0	3.1	0.3	2.1
美国烟煤3	52.2	27.4	9.2	4.4	1.0	0.8	0.5	3.5
加拿大烟煤1	48.0	21.5	10.6	6.7	1.0	1.4	0.5	6.9
加拿大烟煤2	47.1	23.0	20.4	1.2	1.2	3.7	0.7	2.9
美国次烟煤1	38.4	13.0	20.6	14.6	1.4	2.4	3.3	1.6
美国次烟煤2	36.0	19.8	5.0	27.2	4.9	2.1	3.2	0.4
加拿大次烟煤	55.7	20.4	4.6	10.7	1.5	5.7	0.4	0.4
美国褐煤	26.9	9.1	3.6	19.2	5.8	8.6	16.6	—
加拿大褐煤	44.5	21.1	3.4	12.9	3.1	7.1	7.8	0.8

部分国家粉煤灰的氧化物分析(质量分数,单位:%)　　表7-3

氧化物	SiO_2	Al_2O_3	Fe_2O_3	CaO	MgO	SO_3	烧失量	$Na_2O + K_2O$	Na_2O	K_2O
中国	51.4	26.2	5.6	3.5	1.1	1.3	6.5	—	1.1	1.8
澳大利亚	59.2	23.4	4.1	2.8	1.1	0.2	1.7	—	0.8	2.2
印度	53~71	13~35	3.5~12.0	0.6~6.0	0.3~3.2	0.01~1.1	—	0.12~5.0	—	—
日本	54.4	31.1	4.6	4.4	0.8	0.4	—	—	0.6	0.8
土耳其	50.5	8.7	5.9	23.7	2.8	—	3.9	4.2	—	—
英国	59.4	23.8	2.3	7.8	1.3	0.46	—	3.4	—	—
	48.9	29.1	10.9	2.0	1.4	0.72	0.42	—	0.9	3.6

7.3.3　矿物成分

粉煤灰的火山灰活性主要取决于玻璃相的数量和组成。经过超高温处理后的粉煤灰通常含有60%～90%的玻璃体,而玻璃体的化学成分和活性又主要取决于钙的含量。

由烟煤生产的低钙粉煤灰含有铝硅玻璃体,其活性通常低于高钙粉煤灰中的钙铝硅酸盐玻璃体。在低钙粉煤灰中发现的晶体矿物主要是石英、莫来石($3Al_2O_3 \cdot 2SiO_2$)、硅线石($Al_2O_3 \cdot SiO_2$)、赤铁矿和磁铁矿,这些矿物并不具备任何的火山灰活性。高钙粉煤灰中的晶体矿物主要是石英、铝酸三钙($3CaO \cdot Al_2O_3$)、硫铝酸钙($4CaO \cdot 3Al_2O_3 \cdot SO_3$)、硬石膏($CaSO_4$)、游离氧化钙(f-CaO)、方镁石(f-MgO)和碱性硫酸盐。除了石英和方镁石外,高钙粉煤灰中所有的晶体矿物均具有较高活性。这就解释了为什么高钙粉煤灰相较于低钙粉煤灰具有更高的活性。高钙粉煤灰不仅具有胶凝性、火山灰活性,还可加速水泥的凝结硬化。

7.3.4　颗粒特性

一般来讲,矿物掺合料对新拌混凝土和硬化混凝土性能的影响主要取决于颗粒的粒径、形状和结构,而非化学成分。例如,需水量和工作性由颗粒粒径分布、颗粒堆积效应和表面结构的光滑度控制。火山灰活性或胶凝特性决定复合水泥系统的强度发展和渗透性,这主要受控于粉煤灰的矿物特性和颗粒粒径。

粉煤灰的火山灰活性通常与小于$10\mu m$的颗粒含量成正比,大于$45\mu m$的粉煤灰颗粒只有很小或不具备火山灰活性。北美的粉煤灰中粒径$10\mu m$以下的颗粒含量通常为40%～50%,粒径$45\mu m$以上的颗粒含量小于20%,平均粒径为$15～20\mu m$。

相较于高炉矿渣等其他辅助胶凝材料,粉煤灰为球形颗粒,这对于减少混凝土拌合物的需水量和提高混凝土拌合物的工作性具有积极作用,典型的粉煤灰颗粒如图7-1所示。烟

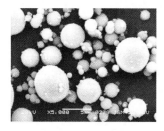

煤粉煤灰(低钙粉煤灰)通常比褐煤粉煤灰(高钙粉煤灰)干净得多,这是由于高钙粉煤灰表面含有更多的碱性硫酸盐。粉煤灰中有时含有不完全燃烧的含碳物质或熔融球形结块形成的大颗粒。有些球形粉煤灰颗粒是空心的,称为漂珠,其中更小的球形颗粒称为超细空心微珠。当粉煤灰中含有大量的碳质颗粒或破碎漂珠时,其比表面积将会提高,因而也需要增大减水剂和引气剂的掺量。

图7-1　粉煤灰颗粒形貌

7.4　粉煤灰提高混凝土性能的机理

在混凝土中掺用粉煤灰等辅助胶凝材料通常会通过纯粹的物理效应(与粉煤灰中出现的极细颗粒有关)或物理化学效应(与火山灰或胶凝性反应有关,可减小孔径)影响混凝土的诸多性能,通常能提高新拌混凝土的流变行为及硬化混凝土的强度和耐久性。化学侵蚀和温度裂缝是影响混凝土耐久性的两个主要方面,通过掺用粉煤灰均能得到改善。但是,人们很少认识到现场使用粉煤灰的不利之处,这主要由粉煤灰的质量、不合理的混凝土配合比、缺少养护等导致。因此,需要正确理解粉煤灰提高混凝土性能的机理。

7.4.1 减水效应

混凝土拌合物中的大量水是引起混凝土诸多问题的最重要原因。混凝土含有较多拌和水的原因主要有两个：第一，影响混凝土拌合物需水量和工作性的主要因素是固体系统的颗粒粒径分布、颗粒堆积效应及空隙。通常，混凝土固体颗粒的粒径分布不可能处于最佳状态，为了达到一定的工作性，必须提高拌和用水量。第二，由于硅酸盐水泥颗粒表面的电极作用，水泥浆容易形成絮凝结构，为了使水泥浆获得足够的和易性，掺加的水要比水泥水化所需的水多得多，如图7-2所示。

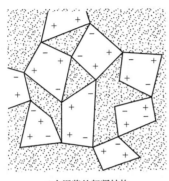 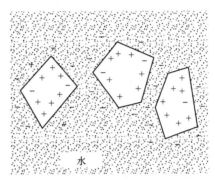

a)水泥浆的絮凝结构　　　　　　b)解絮后水的释放

图7-2　新拌水泥浆示意图

在砂浆和混凝土中，保持和易性一定，粉煤灰部分取代水泥后能够降低用水量。如图7-3和表7-4所示，根据粉煤灰质量和掺量的不同，拌和用水量可以减少20%。粉煤灰具有较高减水效应的主要机理有三点：第一，粉煤灰颗粒吸附在带负电的水泥颗粒表面，阻止水泥浆絮凝结构的形成，将水泥颗粒有效分散，释放出大量的水。这意味着可以以更少的用水量达到相同的和易性；第二，粉煤灰颗粒的球形形状和光滑表面有利于减小混凝土拌合物中颗粒表面的内摩擦力，提高流动性；第三，固体系统的颗粒堆积效应可以在满足和易性的前提下降低水泥用量。需要注意的是，硅酸盐水泥和粉煤灰颗粒粒径大多处于$1\sim45\mu m$之间，能有效填充骨料间的空隙。实际上，由于密度较低，粉煤灰比硅酸盐水泥能更有效地填充砂浆和混凝土的空隙。

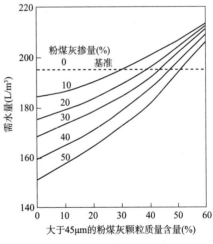

图7-3　粉煤灰掺量和颗粒粒径对相同工作性混凝土需水量的影响

粉煤灰混凝土特性　　　　　　　　　　　表7-4

编　号	粉煤灰（%）	水胶比	减水剂（%）	温度（℃）	密度（kg/m³）	坍落度（mm）	含气量（%）
F0	0	0.43	—	23	2445	55	—

续上表

编　号	粉煤灰 （%）	水胶比	减水剂 （%）	温度 （℃）	密度 （kg/m³）	坍落度 （mm）	含气量 （%）
F1	55	0.38	11.2	23	2430	55	1.9
F2	55	0.39	8.8	23	2445	55	2.0
F3	55	0.37	14.1	23	2415	65	1.9
F4	55	0.35	17.6	21	2400	60	1.7
F5	55	0.34	18.8	21	2415	60	1.9
F6	55	0.38	9.4	22	2400	70	1.8
F7	55	0.38	10.6	22	2300	60	1.8
F8	55	0.34	19.4	21	2415	65	2.0

7.4.2　干缩

使用硅酸盐水泥混凝土的最大弊端是由干缩引起的开裂问题，进而引发混凝土的诸多缺陷。混凝土的干缩直接受水泥浆的比例和性质影响，干缩随混凝土拌合物中水泥浆含量和水泥浆含水量的增加而增加。

显然，粉煤灰的减水效应能有效地减小混凝土的干缩。相对于传统的 C25 混凝土，具有相同强度等级的高流态高掺粉煤灰混凝土坍落度更高。由于用水量的显著降低，高掺粉煤灰混凝土的水泥浆体积只占 25.4%，而传统硅酸盐水泥混凝土的水泥浆体积含量为29.6%，掺加粉煤灰后水泥浆体积可以减少 16%，见表 7-5。

传统混凝土与掺加粉煤灰混凝土的对比　　　　　　　　　　　　表 7-5

项　　目		C25 传统混凝土		C25 粉煤灰混凝土	
		质量（kg/m³）	体积（m³）	质量（kg/m³）	体积（m³）
水泥		307	0.098	154	0.049
粉煤灰		—		154	0.065
水		178	0.178	120	0.120
含气量		—	0.020	—	0.020
粗骨料		1040	0.385	1210	0.448
细骨料		825	0.305	775	0.287
合计		2350	0.986	2413	0.989
水胶比		0.58	—	0.39	—
浆体	体积	—	0.296	—	0.254
	百分比（%）	—	29.6	—	25.4

7.4.3　抗渗性和耐久性

钢筋混凝土结构对锈蚀、碱—骨料膨胀、硫酸盐侵蚀或其他化学侵蚀的抵抗能力主要取决于混凝土的抗渗性。抗渗性的主要影响因素为拌和用水量、辅助胶凝材料的品种和用量、养护条件及混凝土抗裂性。对粉煤灰混凝土进行合理的养护,能够获得优异的抗渗性和耐久性。

混凝土拌合物浇筑振捣后,一部分拌和水随气泡释放。由于密度较小,水将上升至混凝土表面。但是,不是所有的泌水都会上升至混凝土表面,由于粗骨料颗粒的墙体效应,部分水将聚集在骨料颗粒表面,导致系统中的水分布不均。骨料和水泥浆之间的界面过渡区水灰比较高、空隙较多,有利于多孔水化产物的形成,含有大量的氢氧化钙和钙矾石晶体。

由于界面过渡区的水灰比低于水泥浆基体,因而是混凝土中的薄弱环节,由应力引发的微裂缝首先在界面过渡区形成。水分通过微裂缝连通裂缝,比扩散和毛细管吸附更容易流入混凝土,因此界面过渡区的微裂缝不仅决定着混凝土的力学性能,也决定着恶劣环境条件下混凝土的渗透性和耐久性。在掺入粉煤灰细小颗粒之后,水化硅酸盐水泥浆体的非均质性将得到改善,特别是界面过渡区中存在大量的大孔和大晶体产物将大大减少。随着火山灰反应的发展,界面过渡区的毛细管孔径逐渐减小,晶体水化产物逐渐减少,这将减少甚至消除混凝土微结构中的薄弱环节。总之,由于粉煤灰的颗粒堆积效应、减水效应及火山灰反应将使粉煤灰混凝土的界面过渡区逐渐消失,提高混凝土的抗渗性和耐久性。

7.4.4　温度裂缝

温度裂缝主要与大体积混凝土结构相关,一般不会出现在中等厚度(如≤50cm)的钢筋混凝土结构中。但是,由于现代水泥活性很高,水泥用量较高的混凝土拌合物在养护期间水化热发展很快,也经常有中等尺寸结构出现温度裂缝的报告。与40年前的硅酸盐水泥相比,当前普通硅酸盐水泥的水化热更高。同时,当前的混凝土要求较高的早期强度,因而需要提高混凝土拌合物的水泥用量。在炎热地区,很多混凝土的温度在浇筑几天后就升高60℃。

对于不配筋的大体积混凝土结构,有些方法可以预防混凝土温度裂缝的产生,其中一些也成功地用于大体积混凝土温度裂缝的预防。例如,含有 $350kg/m^3$ 硅酸盐水泥的C40混凝土,如果与环境没有热量交换,其温度在一周内将升高 $55\sim60℃$。同样是C40混凝土,粉煤灰取代50%水泥后,绝热温升为 $30\sim35℃$。通常,为避免温度裂缝,混凝土的内外最大温差不能超过20℃,过高的温差在降温时经常引起开裂。解决该问题的传统方法是对混凝土进行隔热保温至温差降至20℃,或者大大减少胶凝材料中硅酸盐水泥的比例。如果结构设计者能够接受前7d强度缓慢增长,粉煤灰是后一方法的实现手段之一,通过减少水泥用量,提高混凝土预防温度裂缝的能力,此时常以90d强度取代28d的强度。

7.5　粉煤灰的相关标准

我国国家标准《用于水泥和混凝土中的粉煤灰》(GB/T 1596—2017)对拌制混凝土和砂浆用粉煤灰的技术要求和水泥活性混合材料用粉煤灰的技术要求分别见表7-6和表7-7,并要求放射性必须合格。

拌制混凝土和砂浆用粉煤灰的技术要求 表 7-6

项 目		技 术 要 求		
		Ⅰ级	Ⅱ级	Ⅲ级
细度(45μm 筛筛余),不大于(%)	F 类粉煤灰	12.0	25.0	45.0
	C 类粉煤灰			
需水量比,不大于(%)	F 类粉煤灰	95	105	115
	C 类粉煤灰			
烧失量,不大于(%)	F 类粉煤灰	5.0	8.0	15.0
	C 类粉煤灰			
含水量,不大于(%)	F 类粉煤灰	1.0		
	C 类粉煤灰			
三氧化硫,不大于(%)	F 类粉煤灰	3.0		
	C 类粉煤灰			
游离氧化钙,不大于(%)	F 类粉煤灰	1.0		
	C 类粉煤灰	4.0		
安定性:雷氏夹沸煮增加距离,不大于(mm)	C 类粉煤灰	5.0		

水泥活性混合材料用粉煤灰的技术要求 表 7-7

项 目		技 术 要 求
烧失量,不大于(%)	F 类粉煤灰	8.0
	C 类粉煤灰	
含水量,不大于(%)	F 类粉煤灰	1.0
	C 类粉煤灰	
三氧化硫,不大于(%)	F 类粉煤灰	3.5
	C 类粉煤灰	
游离氧化钙,不大于(%)	F 类粉煤灰	1.0
	C 类粉煤灰	4.0
安定性:雷氏夹沸煮增加距离,不大于(mm)	C 类粉煤灰	5.0
强度活性指数,不大于(%)	F 类粉煤灰	70.0
	C 类粉煤灰	

加拿大和美国对粉煤灰的技术要求见表 7-8 和表 7-9,两者略有差别。美国标准 ASTM C618 应用更为普遍,很多国家都在采用。ASTM C618 规定了三种氧化物(SiO_2、Al_2O_3 和 Fe_2O_3)的最小含量,但很多研究表明这种规定太过武断,也与混凝土的性能缺乏必然的相关性。为了预防硫酸盐引发的相关膨胀,美国和加拿大标准都将 SO_3 限制在 5% 以内,而我国则限制到 3.5%,甚至 3.0%。同时,为了避免碱—骨料反应的发生,ASTM C618 还曾将粉煤

灰的含碱当量控制在1.5%以内,但此条在最新的版本中已经删去。很多试验表明,即便粉煤灰的硫酸盐和碱含量超过标准限值,混凝土仍安全稳定。

硅酸盐水泥混凝土用粉煤灰的化学要求 表7-8

项 目	加拿大 CSA-A23.5		美国 ASTM C618	
	F 类	C 类	F 类	C 类
含水量,不大于(%)	*	*	3.0	3.0
烧失量,不大于(%)	12.0	6.0	6.0**	6.0
$(SiO_2 + Al_2O_3 + Fe_2O_3)$,不小于(%)	—	—	70	50
CaO,不大于(%)	—	—	—	—
SO_3,不大于(%)	5.0	5.0	5.0	5.0

注:*加拿大标准没有对粉煤灰的含水量进行限制,但使用者通常会要求含水量不大于3.0%;

**如果室内试验结果满足性能要求,则 F 类粉煤灰的烧失量可以放宽到12.0%。

硅酸盐水泥混凝土用粉煤灰的物理要求 表7-9

项 目		加拿大 CSA-A23.5	美国 ASTM C618
细度:45μm 筛筛余,不大于(%)		34	34
需水量比,不大于(%)		—	105
安定性:蒸压膨胀,不大于(%)		—	0.8
均质性要求	密度波动,不大于(%)	5	5
	细度(45μm 筛筛余)波动,不大于(%)	5	5
强度活性指数	硅酸盐水泥:7d 或 28d 不低于基准百分比(%)	68	75
	石灰:55℃下 7d 强度,不低于(MPa)	—	5.5

对比 ASTM C618 和 CSA-A23.5,两者对粉煤灰细度的要求一致,均为45μm 筛筛余不大于34%,当前大多数粉煤灰均能满足这一要求。粉煤灰的烧失量和粗颗粒(大于45μm)含量决定粉煤灰的减水效应。通常,粉煤灰的烧失量低于2%、45μm 筛筛余小于20%时具有很好的减水效果。当粉煤灰掺量为50%时,与相同和易性的基准混凝土相比,用水量可以减少15%~20%。

7.6 粉煤灰对混凝土性能的影响

7.6.1 工作性

工作性是设计混凝土配合比的重要指标。粉煤灰混凝土的工作性主要包括需水量、坍落度、坍落度损失、泌水及离析等。粉煤灰对混凝土工作性的改善主要是通过其中的玻璃微珠及细小颗粒的形态效应与微集料效应进行的,作用机理非常复杂,这种改善作用主要通过与工作性相同的等效混凝土浆体对比来表现。

在使用高效减水剂后,粉煤灰混凝土降低需水量的效果更加明显。粉煤灰混凝土需水量的降低不仅改善了混凝土的工作性,还降低了硬化混凝土干缩裂缝出现的概率,降低了体积变化率,提高了强度。采用I级粉煤灰等量取代水泥的方法来研究增加粉煤灰掺量对降低胶凝材料需水量比的效果,试验结果如图7-4所示。可以看出:相对需水量比随着粉煤灰掺量的增加而减小,特别是当粉煤灰掺量小于50%时,相对需水量比减小幅度较大。

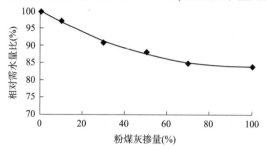

图7-4 粉煤灰掺量对胶凝材料相对需水量比的影响

坍落度是评价新拌混凝土工作性最主要的指标。试验通过等量取代水泥的方法,研究粉煤灰对混凝土坍落度及坍落度损失的影响。首先进行了粉煤灰掺量对混凝土坍落度影响的试验研究,研究结果如图7-5所示。可以看出:混凝土的坍落度随着粉煤灰掺量的增加而增大;而且,当粉煤灰掺量小于50%时,坍落度增加较快。

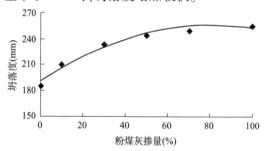

图7-5 粉煤灰掺量对混凝土坍落度的影响

目前,混凝土很多都是在混凝土搅拌站生产的,由于搅拌站距施工场地还有一定距离,因此,通常要求混凝土的坍落度损失越小越好。本试验测试出了各粉煤灰掺量下混凝土在1h和3h的坍落度,如图7-6所示。可以看出,经时1h和3h,混凝土坍落度的减小幅度随着粉煤灰掺量的增加而下降,特别是当粉煤灰掺量小于50%时。适当掺入粉煤灰能有效减小混凝土坍落度的损失。

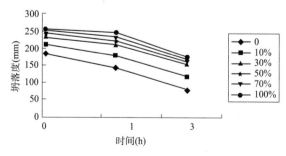

图7-6 粉煤灰掺量对混凝土坍落度经时保值的影响

新拌混凝土的泌水是固体颗粒下沉而水分上升到表面的现象。泌水会导致表面浮浆和浮灰,影响混凝土的表面质量。泌水进入混凝土上层会影响其表层的耐久性。泌水停留在钢筋和粗骨料底部会降低砂浆的黏结能力。往混凝土中加入粉煤灰,可弥补水泥和细骨料的不足,降低需水量,阻塞泌水通道(孔隙),从而改善混凝土的泌水性,提高混凝土的防渗能力。

新拌混凝土的离析是指浆体和骨料的分离现象。掺入粉煤灰后,混凝土中粉料的比例增加,浆体的体积增大,可改善混凝土的黏聚性,减弱混凝土的离析作用。

粉煤灰混凝土具有较低的泌水率,且不容易离析,这对混凝土的其他性能(如耐久性等)也有很大的间接改善作用。

7.6.2 强度

首先考察粉煤灰掺量对胶砂强度的影响。不同粉煤灰掺量对胶砂强度的影响如图7-7所示。显然,胶砂试件的抗压强度和抗折强度均随着龄期的延长而增大,随着粉煤灰掺量的增加而减小。同时注意到,随着龄期的增加,粉煤灰掺量对强度的不利影响将逐渐减小,特别是在粉煤灰掺量较低(<30%)时。

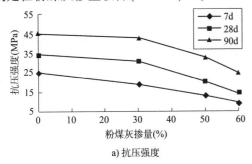

a) 抗压强度

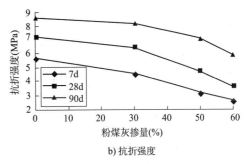

b) 抗折强度

图7-7 粉煤灰掺量对胶砂强度的影响

其次,还可得到粉煤灰掺量对混凝土抗压强度的影响规律,如图7-8所示。混凝土的抗压强度随粉煤灰掺量的增大而减小;混凝土180d的抗压强度随粉煤灰掺量的增加只有小幅下降,说明粉煤灰对混凝土强度效应随龄期的延长而提高。此外,在很多其他学者的研究中,还可以看到掺粉煤灰混凝土的后期(90d或180d以后)强度超过基准混凝土,这与粉煤灰品质等很多因素都有着密切关系。

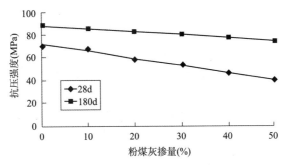

图7-8 粉煤灰掺量对混凝土抗压强度的影响

除了粉煤灰掺量对混凝土的抗压强度有较大影响外,粉煤灰的品质也是另一种影响因素。我们对比了 F 类和 C 类粉煤灰对不同龄期混凝土抗压强度的影响,如图 7-9 所示。两类粉煤灰混凝土的抗压强度都随龄期的延长而增大。大约 120d 以前,C 类粉煤灰混凝土的抗压强度大于 F 类粉煤灰混凝土的抗压强度,120d 以后则相反。尽管 F 类粉煤灰混凝土早期强度低于 C 类粉煤灰混凝土,但增长速度更快,后期强度更高。

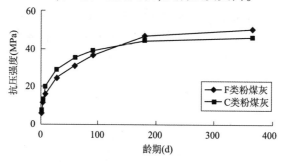

图 7-9　粉煤灰品质对混凝土抗压强度的影响

水泥中的 C_3S、C_2S 在水化时析出 $Ca(OH)_2$,粉煤灰在碱性介质中,其硅铝玻璃球体中的部分 Si-O、Al-O 键在极性较强的 OH^-、Ca^{2+} 及剩余石膏中发生反应,生成水化硅酸钙、水化铝酸钙和钙矾石,从而产生强度。C 类粉煤灰属于高钙灰,加水后便有 $Ca(OH)_2$ 生成,更早地为粉煤灰提供 OH^-、Ca^{2+},因此其火山灰活性更早地发挥作用,早期强度更高。F 类粉煤灰混凝土后期强度更高的原因,则是由于该粉煤灰与混凝土中析出的 $Ca(OH)_2$ 缓慢反应,生成的水化产物结晶更好,更好地填充了混凝土中的原始孔缝,从而提高抗压强度。

7.6.3　干缩

由图 7-10 可知,随着粉煤灰掺量的增加,混凝土的干缩呈线性下降,掺入粉煤灰能大大减小混凝土的干缩。干缩过大是影响混凝土抗裂性和耐久性的主要因素之一,因而掺入粉煤灰后混凝土的抗裂性和耐久性均能得到提高。

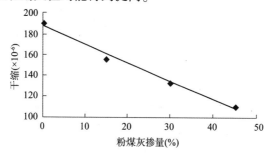

图 7-10　粉煤灰掺量对混凝土 90d 干缩的影响

7.6.4　耐久性

1)抗渗性

粉煤灰掺量对混凝土 90d 抗渗系数的影响如图 7-11 所示,当粉煤灰掺量较小(小于

30%)时,随着粉煤灰掺量的增加,混凝土的渗透系数减小,抗渗性提高;当粉煤灰掺量较大(大于30%)时,随着粉煤灰掺量的增加,混凝土的渗透系数增大,抗渗性降低;存在一最佳掺量,当粉煤灰掺量约为30%时,混凝土的抗渗性最佳。

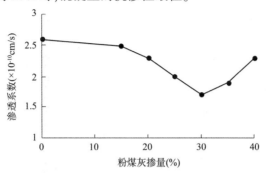

图7-11 粉煤灰掺量对混凝土90d渗透系数的影响

2)抗冻性

粉煤灰掺量对混凝土抗冻性的影响如图7-12所示。其中,混凝土的水胶比为0.45,粉煤灰四个掺量(0%、15%、30%、45%),标准养护180d后测试。经过150次冻融循环后,混凝土的抗压强度和质量损失仍较小(小于5%),相对动弹性模量仍大于60%,抗冻等级达到F150。此外,随着粉煤灰掺量的增加,混凝土的抗压强度和质量损失较小,相对动弹性模量有小幅增大,说明粉煤灰的掺入能在一定程度上提高混凝土的抗冻性。

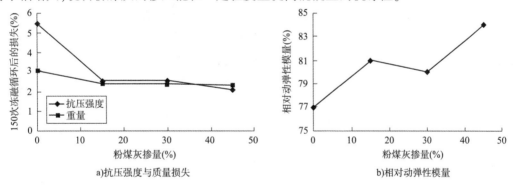

a)抗压强度与质量损失　　　　　　　　　　b)相对动弹性模量

图7-12 粉煤灰掺量对混凝土抗冻性的影响

7.7 微观机理分析

粉煤灰是从电厂烟尘中收集的一种细颗粒粉末,其主要成分是二氧化硅、氧化铝、氧化铁,形状为微细硅铝玻璃微珠,这些玻璃体单元——硅氧四面体、铝氧四面体和铝氧八面体的聚合度较大,一般呈无规则的长链式和网络式结构,不易解体断裂。

水泥中的 C_3S、C_2S 在水化时析出 $Ca(OH)_2$,粉煤灰处在这种碱性介质中,其硅铝玻璃球体中的部分 Si-O、Al-O 键在极性较强的 OH^-、Ca^{2+} 及剩余石膏中发生反应,生成水化硅酸钙、水化铝酸钙和钙矾石,从而产生强度。但由于活性较高的硅铝玻璃球珠表面致密且光滑,OH⁻或极性水分子对它的侵蚀过程缓慢,这使上述反应过程非常缓慢,相应生成的水化产物数量很少,早期强度会有所降低。

7.7.1 形态效应

水是混凝土拌制与硬化过程中必不可少的组成成分之一。混凝土中的水有两方面的作用:一方面是满足水泥水化作用所需,这方面的水占胶凝材料用量的20%~25%;另一方面是使所配制出来的混凝土拌合物具有一定的流动性,便于施工操作。超过水化作用所需的水在混凝土浇筑工作完成以后就成了有害部分,其中大部分水在混凝土硬化后形成直径较大的孔隙,给混凝土结构造成永久性伤害,降低混凝土强度、耐久性等性能。

粉煤灰具有形态效应,可以产生减水效应。粉煤灰颗粒中绝大多数为玻璃微珠,是一种表面光滑的球形颗粒。由于粉煤灰玻璃微珠的滚珠轴承作用,粉煤灰在混凝土中有减水作用。这将有利于减少混凝土的单位用水量,从而减少多余水在混凝土硬化后所形成的直径较大的孔隙。混凝土的需水量主要取决于混凝土固体材料混合颗粒之间的空隙,因此在保持一定稠度指标的条件下,要求降低需水量,就必须减少混合颗粒之间的空隙。混凝土颗粒间隙的变化范围是20%~30%,这个百分数越大,需水量就越多。在混凝土中应用粉煤灰,虽然减水量不如表面活性外加剂,但也有不错的效果,可以改善新拌混凝土的流变性质。因此,有人把粉煤灰叫作"矿物减水剂"。同时,在保证混凝土强度的前提下,减少水泥用量,可降低混凝土的绝热温升和混凝土中温度裂缝发生的概率,使混凝土更为致密。

影响混凝土工作性的主要因素是粉煤灰的粒度。粉煤灰颗粒越细、球形颗粒含量越高,则需水量越少。粉煤灰中粒径大于45μm的颗粒越少,混凝土的工作性越好。粒径小于45μm的球形粉煤灰颗粒可以使新拌混凝土的需水量明显降低。试验采用的Ⅰ级细粒粉煤灰(<45μm)替代50%的水泥时,混凝土的需水量可以降低近20%。球形粉煤灰颗粒对混凝土工作性的贡献是普通水泥的1.5倍。经试验得知,用粉煤灰取代30%的水泥,胶凝材料需水量可减少9%左右。总之,粉煤灰具有良好的形态效应,可提高混凝土拌合物的工作性。

7.7.2 填充效应

粉煤灰还具有微集料填充效应,能产生致密效应,可以减少硬化混凝土有害孔的比例,有效提高混凝土的密实性;化学反应产生的水化产物起到骨架作用,提高黏结强度,从而提高混凝土的抗裂性能。

由于粉煤灰在混凝土中活性填充行为的综合效果,粉煤灰具有致密作用。混凝土中应用优质粉煤灰,在新拌混凝土阶段,粉煤灰充填于水泥颗粒之间,使水泥颗粒"解絮"扩散,改善了和易性,增加了黏聚性和浇筑密实性,从而使混凝土初始结构致密化;在硬化发展阶段,发挥物理充填料的作用;在硬化后,又发挥活性充填料的作用,改善混凝土中水泥石的孔结构。

过去,往往只注意粉煤灰的火山灰活性,其实按照现代混凝土技术来衡量,粉煤灰致密作用的重要意义不逊于火山灰活性。因为优质粉煤灰的细度较小,颗粒强度较高,粉煤灰的致密作用对混凝土抗压强度的发展有利。另外,粉煤灰填充效应减少了混凝土中的孔隙体积和较粗孔隙的数量,特别是填塞了浆体中毛细孔的通道,对混凝土的抗压强度和耐久性十分有利,是提高混凝土性能的一项重要技术措施。

7.7.3　火山灰活性

粉煤灰火山灰活性反应的主要过程是:受扩散控制的溶解反应,早期粉煤灰微珠表面溶解,反应生成物沉淀在颗粒的表面上,后期钙离子继续通过表层和沉淀的水化产物层向芯层扩散。

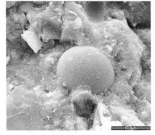

图 7-13　粉煤灰混凝土 90d 的 SEM 照片

在用扫描电镜观察混凝土中粉煤灰火山灰反应的过程中(图 7-13),发现粉煤灰微珠周围形成的水化产物和微珠颗粒之间存在着一层 $0.5 \sim 1\mu m$ 厚的水解层。钙离子通过水解层,不断侵蚀微珠表面,而水化产物则不断填实水解层。在水化初期,水解层填实的程度不高,结构疏松,该阶段的火山灰反应对强度的帮助不大。C-S-H 凝胶与 $Ca(OH)_2$ 沉淀共同组成"双膜层",随水化反应的进展,双膜层与水泥浆体紧密结合。从强度试验结果上看,后期水解层的填实程度提高,强度也就提高了,于是粉煤灰的强度效应也就越来越明显。粉煤灰取代水泥,减少了水泥用量,从而减少水化热温升和干缩。因而,粉煤灰混凝土的抗裂性能也得到提高。

此外,很多混凝土中还掺有高效减水剂,大大减少混凝土中因释放多余水分而留下的毛细孔通道,使水泥中硅酸钙水化产生的 $Ca(OH)_2$ 通过液相扩散到粉煤灰球形玻璃体表面发生化学吸附和侵蚀,并生成水化硅酸钙和水化铝酸钙。大部分水化产物开始以凝胶状出现,填充了混凝土内部的孔隙,改善了混凝土中水泥石的孔结构,使水泥石中总的孔隙率降低、平均孔径降低、大孔数量减少、小孔数量增加,使孔结构进一步细化,分布更为合理,并随龄期的增长,水化产物数量不断增加,形成网络结构,使混凝土更加致密,从而切断混凝土渗水的通道。不断进行的火山灰反应使粉煤灰混凝土的孔结构进一步优化,使得混凝土的后期强度和耐久性进一步得到提高。

7.8　高掺粉煤灰高强自密实混凝土

自密实混凝土流动性好,混凝土拌合物主要靠自重而不需要振捣即可充满模型和包裹钢筋,具有良好的施工性能和填充性能,而且骨料不离析,混凝土硬化后具有良好的力学性能和耐久性。自密实混凝土的工作性能指标应达到:坍落度 $240 \sim 270mm$,扩展度 $\geqslant 600mm$,Orimet 法流下时间 $8 \sim 16s$,坍落度中边高差 $\leqslant 20mm$。

7.8.1　自密实混凝土的配制机理

按流变学理论,新拌混凝土属宾汉姆流体,其流变方程为:

$$\tau = \tau_0 + \eta\gamma$$

式中:τ——剪切应力;

τ_0——屈服剪切应力;

η——塑性黏度;

γ——剪切速度。

τ_0是阻止塑性变形的最大应力,在外力作用下混凝土拌合物内部产生的剪切应力$\tau \geqslant \tau_0$时,混凝土产生流动;η是混凝土拌合物内部阻止其流动的一种性能,η越小,在相同外力作用下流动速度越快。与普通混凝土采用机械振捣时以触变作用令τ_0大幅度减小,使振动影响区内的混凝土呈液化而流动并密实成型的道理相似,制备自密实混凝土的原理是通过外加剂、胶凝材料和粗细骨料的选择搭配设计,使τ_0减小到适宜范围,同时又具有足够的塑性黏度η,使骨料悬浮于水泥浆中,不出现离析和泌水问题,能自由流淌充分填充模型内的空间,形成密实且均匀的结构。

首先,采用高效减水剂可对水泥颗粒产生强烈的分散作用。高效减水剂在水泥颗粒界面的吸附作用和形成的双电层,使水泥颗粒间产生静电斥应力,拆散其絮凝结构,释放它们约束的水,水泥颗粒间相互滑动能力增大,使混凝土开始流动的屈服剪切应力τ_0降低,获得高流动性能,同时能有效控制混凝土的用水量,保证力学与耐久性的要求。

另一方面,自密实混凝土应具有较好的抗离析性。试验表明,离析的混凝土在通过间隙时,粗骨料会产生聚集而阻塞间隙,难以填充模板和保持拌合物均质。混凝土离析的主要原因是τ_0和η过小,混凝土抵抗粗骨料与水泥砂浆相对移动的能力弱。由此可知,屈服剪切应力τ_0和塑性黏度η既是混凝土开始流动的前提,又是不离析的条件。

混凝土拌合物的浆固比和砂率值,对其工作性有很大影响,浆固比越大流动性越好,但过大会对硬化后体积的稳定性不利;砂率适宜,粗骨料周围包裹足够的砂浆,不易在间隙处聚集而影响填充和密实效果,提高了拌合物通过间隙的能力。

7.8.2 高掺粉煤灰自密实混凝土的制备

1)原材料与试验

试验所用原材料主要有42.5级普通硅酸盐水泥、Ⅰ级粉煤灰、人工中砂、5~20mm碎石、FND高效减水剂以及自来水。

其中,水泥主要关注其与外加剂的相容性、标准稠度用水量和强度问题,水泥与外加剂是否相适应,决定着能否配制出某个强度等级的自密实混凝土,因此应选用较稳定的水泥。

粉煤灰具有形态效应、填充效应和火山灰活性,是自密实混凝土最常用的活性辅助胶凝材料。在自密实混凝土中,要求充分发挥粉煤灰的这些效应,一是要求活性掺合料的颗粒与水泥颗粒在微观上形成级配体系;二是球形玻璃体含量要求高,因为球形玻璃体掺合料的减水效应显著,需水量比可大大降低。试验采用Ⅰ级粉煤灰,需水量比为95%,45μm筛筛余为10.4%。

砂在混凝土中存在双重效应,一是圆形颗粒的滚动减水效应,二是比表面积吸水率高的需水效应。这两种相互矛盾的效应,决定了必须根据水泥、掺合料、外加剂等情况综合考虑。砂中的泥和杂质,会使水泥浆与骨料的黏结力下降,需要增加用水量和水泥用量。因此,本试验采用人工中砂。由于自密实混凝土常常用于钢筋稠密或薄壁的结构中,因此粗骨料的最大粒径一般以小于20mm为宜,尽可能选用圆形且不含或少含针、片状颗粒的骨料。本试验采用5~20mm的碎石。

自密实混凝土具备的高流动性、抗离析性、间隙通过性和填充性这四个方面都需要以添加外加剂的手段来实现,外加剂的主要要求为:①与水泥的相容性好;②减水率大;③缓凝、保塑。本试验采用FDN高效减水剂。

试验采用的配合比见表7-10:四组混凝土的水胶比均为0.3、胶凝材料总用量为600kg/m³、砂率为0.45、高效减水剂FDN掺量为2.0%,通过改变粉煤灰的掺量,研究粉煤灰对自密实混凝土坍落度和抗压强度的影响。

自密实混凝土的配合比及性能　　　　　　　　　　　　　表7-10

水胶比	胶凝材料(kg/m³)	砂率	FDN(%)	粉煤灰(%)	坍落度(mm)	抗压强度(MPa)	
						7d	28d
0.3	600	0.45	2.0	0	245	69.1	84.1
0.3	600	0.45	2.0	30	255	55.3	73.5
0.3	600	0.45	2.0	40	260	49.7	69.1
0.3	600	0.45	2.0	50	265	45.6	59.0

2)试验结果与分析

自密实混凝土的坍落度和7d、28d抗压强度也列入表7-10。试验配制的自密实混凝土的坍落度均大于240mm,达到自密实混凝土要求的工作性。混凝土的坍落度随着粉煤灰掺量的增加而增大,抗压强度(包括7d和28d)随着粉煤灰掺量的增加而下降。当粉煤灰掺量为40%时,混凝土28d抗压强度达到69.1MPa,达到高强混凝土的强度等级要求。

7.9　粉煤灰在碾压混凝土中的应用

7.9.1　碾压混凝土筑坝技术

1960—1961年,中国台湾修筑石门坝心墙,首次采用了碾压混凝土。1974—1982年,巴基斯坦在修复塔贝拉水利枢纽建筑物时,利用枯水期浇筑了250多万 m³ 的碾压混凝土,这是碾压混凝土筑坝技术最重要的里程碑。1982年竣工的美国柳溪坝是世界上第一座全部采用碾压混凝土修筑的不设段间缝的大坝,坝高52m,坝顶长518m,混凝土量33万 m³;混凝土采用破碎的人工骨料拌制,骨料最大粒径76mm,细粒料用量4%~10%;胶凝材料视不同坝区而定,水泥用量47kg/m³,粉煤灰用量19kg/m³。至此,碾压混凝土筑坝技术逐渐成熟。

我国碾压混凝土筑坝技术已经达到世界先进及领先水平,表现在:

(1)我国已建工程最多,在建及规划设计中的工程最多。

(2)已建、在建的不少工程代表了国际最先进的水平。例如,沙牌:坝高132m的碾压混凝土拱坝;招徕河:坝高107m的碾压混凝土薄拱坝,为厚高比0.17的双曲拱坝;龙滩:坝高216.5m的碾压混凝土重力坝。

目前,我国碾压混凝土坝的胶凝材料用量约为173kg/m³,其中包括79kg/m³水泥和94kg/m³的活性掺合料(活性掺合料约占总胶凝材料的54%),已形成"低胶凝材料用量、高粉煤灰掺量"的筑坝特点。

7.9.2 粉煤灰对碾压混凝土性能的影响

我国碾压混凝土通常掺有50%左右的粉煤灰,因而粉煤灰对碾压混凝土性能有着重要影响。一般来讲,碾压混凝土的强度等级较低,且设计龄期一般为90d或180d,此时粉煤灰的火山灰活性得到充分发挥,能够保证碾压混凝土强度达到设计要求。此处,我们对碾压混凝土的一些特殊性能进行研究,主要包括抗渗性、抗冻耐久性、抗化学侵蚀性及水化产物长期稳定性、抗碳化性。

1)抗渗性

碾压混凝土的抗渗性主要取决于混凝土的配合比、密实度及内部孔隙构造。高粉煤灰掺量碾压混凝土中,胶凝材料(水泥 + 粉煤灰)用量较多,水胶比相对较小,混凝土中原生孔隙较少,28d抗渗等级就可达W3 ~ W4或者更高。随着龄期的延长,混凝土原生孔隙的变化对其密实度及孔隙结构将产生很大影响;而掺入的粉煤灰,其水化主要在28d龄期以后开始,因此至90d龄期时碾压混凝土的孔隙率和孔隙构造与28d时相比有明显改善,抗渗等级一般可达W6 ~ W12,抗渗性明显提高。

表7-11的试验结果(孔隙率测试采用吸水动力学法)表明:①90d两种碾压混凝土砂浆内部的孔隙率均比28d有明显减少,因而90d抗渗性能比28d时有较大的提高;②相同龄期,高粉煤灰掺量碾压混凝土比干贫碾压混凝土的孔隙率小、密实性好,因此粉煤灰的掺入有利于提高碾压混凝土的抗渗性能。

不同龄期碾压混凝土砂浆的孔隙率   表7-11

混凝土类型	干贫碾压混凝土		高粉煤灰掺量碾压混凝土	
	28d	90d	28d	90d
孔隙率(%)	28.78	19.46	24.84	13.88

由表7-12可以看出,在干贫碾压混凝土中,孔径大于500Å的孔隙占54.78%;高粉煤灰掺量碾压混凝土A和B中,孔径大于500Å的孔隙分别仅为37.58%和32.84%。孔径大于500 Å的孔隙对于混凝土的抗渗性不利,因此高粉煤灰掺量碾压混凝土砂浆的抗渗性能较好。

90d 碾压混凝土砂浆中的孔隙分布   表 7-12

孔径(Å)	孔隙分布(%)		
	干贫碾压混凝土 水胶比 = 0.80 $C:FA = 2.3:1$	高粉煤灰掺量碾压混凝土 A 水胶比 = 0.85 $C:FA = 1:1$	高粉煤灰掺量碾压混凝土 B 水胶比 = 0.50 $C:FA = 1:2.16$
75000 ~ 10000	5.01	3.16	1.37
10000 ~ 1000	30.52	14.41	10.32
1000 ~ 500	19.25	20.01	20.95
500 ~ 250	17.58	22.68	21.58
250 ~ 50	27.64	39.76	45.76

2) 抗冻耐久性

碾压混凝土一般都掺有粉煤灰,其抗冻耐久性一直备受关注。当胶凝材料用量一定时,碾压混凝土的抗冻耐久性随粉煤灰掺量的增加而降低;当水泥用量不变时,增大粉煤灰掺量,能够保持碾压混凝土的抗冻耐久性不变。水胶比和含气量相同时,随着粉煤灰掺量的增加,碾压混凝土的抗冻耐久性降低。

碾压混凝土中粉煤灰的水化要在水泥水化产物 $Ca(OH)_2$ 的激发下进行,主要在 28d 后才能大量进行,因此不宜用短龄期的试件进行抗冻性试验。辽宁观音阁水库建设时曾用不同水泥品种、不同粉煤灰掺量配制不同的碾压混凝土,28d 分别进行 50 次冻融循环的抗冻性试验。试验结果显示,只有当胶凝材料用量在 160kg/m³ 以上、粉煤灰掺量为 30%、水胶比在 0.40 左右时才能满足抗冻等级 D50 的要求。但 90d 龄期的试验结果大不相同,掺粉煤灰 20% ~ 50% 并控制胶凝材料总量为 120 ~ 180kg/m³,配制的 28 组碾压混凝土的试验结果均能满足水工设计 90d 抗冻等级 D50 的要求。因此,考察粉煤灰对碾压混凝土的抗冻耐久性影响时,以使用较长龄期(一般为 90d 或 180d)为宜。

考察粉煤灰对碾压混凝土抗冻耐久性的影响时,还应以混凝土中含气量相当、强度相仿为前提。若固定混凝土的胶凝材料用量不变,研究粉煤灰掺量对混凝土抗冻耐久性的影响,势必得出粉煤灰掺量越大混凝土的抗冻耐久性越差的结论。相反,若保持或适当降低混凝土中的水泥用量,通过增大粉煤灰掺量(此时胶凝材料用量增加,水胶比有所降低)使混凝土的强度基本保持不变或略有提高,对其抗冻耐久性也有较大的提高。

3) 抗化学侵蚀性及水化产物长期稳定性

目前尚缺碾压混凝土抗化学侵蚀方面的资料。但根据侵蚀原理可知,碾压混凝土具有较高的抗硫酸盐和镁盐侵蚀的能力。因为碾压混凝土中掺有较多的粉煤灰,故熟料用量相对减少,胶凝材料体系中 C_3S 及 C_3A 含量相对减少;而且,易引起化学侵蚀的水化产物 $Ca(OH)_2$ 与粉煤灰发生二次水化而进一步被消耗。当然,抗化学侵蚀性能与密实性有关。

我国的碾压混凝土是一种贫钙混凝土,在长期的动平衡反应下其水化产物是不稳定的。含钙胶凝材料中,总 CaO 的质量分数应维持在 40% 左右,最低极限不低于 35%;并且胶凝材

料中活性 SiO_2、Al_2O_3 和总的 CaO 量应保持适当比例,如 $Ca/Si \approx 1.0$。

在研究高掺粉煤灰混凝土的水化产物时,采用 XRD 测定水化产物 $Ca(OH)_2$ 的质量分数与龄期的关系,发现不同掺量的粉煤灰混凝土中,56d 时 $Ca(OH)_2$ 的减少量大致相同;采用 TG-DTA 测定水化产物 $Ca(OH)_2$ 的质量分数与龄期的关系,一年的试验结果表明,不同粉煤灰掺量的几种混凝土中 $Ca(OH)_2$ 与粉煤灰的反应率相近。采用 $Ca(OH)_2$ 和半水石膏与粉煤灰配制净浆,以模拟不同粉煤灰掺量的水泥粉煤灰浆进行试验。结果表明,即使粉煤灰掺量高达 87%,90d 以后试样的强度仍在增长,一年时硬化浆体中仍然有 $Ca(OH)_2$ 的存在。对胶凝材料中水泥熟料仅占 17% 的碾压混凝土水化产物进行研究,结果发现水泥熟料矿物水化的产物足够使 83% 的粉煤灰得以正常水化,而且水化产物稳定,水化产物结构交织紧密,物理力学及工程性质发展正常。

研究资料表明,即使粉煤灰掺量达 80%,试件的强度仍随着龄期的延长得到改善,这其中显然包括了粉煤灰的强度贡献;而且从电子扫描结果看,其水化产物与纯水泥的水化产物无明显差别,证明粉煤灰水化产物是稳定的。从目前已取得的水泥化学研究结果可知,水泥的水化产物中,只有高硫型水化硫铝酸钙(Aft)在石膏耗尽的情况下会转化成低硫型水化硫铝酸钙(Afm);其他水化产物(特别是 C-S-H 凝胶)在 CaO 含量较低的情况下也不存在转化的问题;CaO 含量降低只可能影响新生成水化产物的钙硅比,并不造成已存在的水化产物的转化问题。

4)抗碳化性

混凝土的碳化是水化产物 $Ca(OH)_2$ 与空气中的 CO_2 在含水环境中反应生成 $CaCO_3$ 和水的过程,仅发生在混凝土的表面。碾压混凝土的抗碳化性研究成果不多,表 7-13 是碾压混凝土中粉煤灰掺量与碾压混凝土抗碳化性关系的试验资料:①随着粉煤灰掺量的增加,混凝土的碳化深度也增大。②粉煤灰掺量 ≤50% 时,经碳化后的碾压混凝土抗压强度反而有所提高;但粉煤灰掺量大于 50% 时,经碳化后的碾压混凝土抗压强度降低。

粉煤灰对碾压混凝土碳化性的影响

表 7-13

水胶比	胶凝材料（kg/m^3）	粉煤灰（%）	28d 碳化深度（mm）	90d 抗压强度（MPa） 碳化前	碳化后	碳化后强度增长（%）
0.44	170	0	23.7	35.5	48.5	37.0
		30	27.8	35.8	40.6	13.4
		40	32.0	30.5	34.5	13.1
		50	37.3	25.6	26.9	5.1
		60	43.9	22.7	21.5	−5.3
		70	100.0	18.5	13.5	−27.0

7.10 低品质粉煤灰

我国标准将粉煤灰划分为 Ⅰ、Ⅱ、Ⅲ 级,一方面我国能满足 Ⅰ、Ⅱ 级标准的粉煤灰很少,尤其是原状灰,符合 Ⅰ 级标准的粉煤灰约占排灰量的 5%。更多的粉煤灰是 Ⅲ 级甚至等外灰,即低品质粉煤灰,但这方面的研究略显不足,限制了其推广应用。

7.10.1 原材料与试验

试验所用原材料主要有42.5级普通硅酸盐水泥、低品质粉煤灰、石灰石粉、SP1高效减水剂及自来水。水泥、粉煤灰及石灰石粉的化学成分见表7-14。

水泥、粉煤灰及石灰石粉的化学成分(质量分数,单位:%)　　　　表7-14

检测项目	SiO_2	Fe_2O_3	Al_2O_3	CaO	MgO	K_2O	Na_2O	SO_3	烧失量
水泥	23.61	3.44	4.06	59.59	2.51	0.86	0.19	—	3.00
粉煤灰	53.41	4.28	25.79	2.60	2.79	1.38	0.42	0.30	3.67
石灰石粉	1.79	0.35	0.56	54.69	0.4	0.14	—	0.03	41.93

物理性能检测结果列于表7-15。原状灰的颗粒较粗,45μm筛筛余达49.8%,未达到Ⅱ级灰要求;实验室小磨粉磨30~45min后,45μm筛筛余降至19.7%,达到Ⅱ级灰要求。就需水量比而言,磨细前后对胶凝材料的需水量影响不大,能够满足Ⅱ级灰要求。因此,出于经济原因,本试验中所有灰渣均粉磨30~45min,达到Ⅱ级灰标准即可。磨细粉煤灰和石灰石粉的密度、45μm筛筛余、需水量比及比表面积都相近,在可比较范围之内。

原材料的物理性能　　　　表7-15

检测项目	密度(kg/m^3)	细度(45μm筛筛余,%)	需水量比(%)	比表面积(kg/m^2)
Ⅱ级灰控制标准	—	≤25	≤105	—
原状粉煤灰	1880	49.8	99.6	278
磨细粉煤灰	2340	19.7	100.4	794
石灰石粉	2670	16	98	780
水泥	3010	—	—	437

图7-14为低品质粉煤灰粉磨前、后的颗粒形貌。粉磨前粒径较粗且大小不规则,结构松散,其中非球形颗粒可能是未燃碳粉或者炉渣。粉磨后粉煤灰的微观结构得到明显改善,粒径在45μm以下的粉煤灰颗粒大部分为玻璃微珠,粒径大于45μm的粉煤灰颗粒中含有漂珠或含碳粒的海绵状颗粒,而且玻璃微珠的含量较高,因而可预测其具有较高的火山灰活性,这对混凝土的后期强度有益。

a)粉磨前(原状灰)

图 7-14

b)粉磨后(磨细灰)

图7-14　低品质粉煤灰粉磨前、后的颗粒形貌

图7-15为四种材料的粒径分布曲线图,经过球磨机粉磨后的粉煤灰颗粒粒径明显减小,而且与石灰石粉在粒径分布上相似,石灰石粉略细。

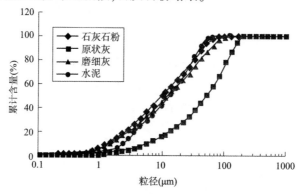

图7-15　胶凝材料的粒径分布曲线图

《用于水泥和混凝土中的粉煤灰》(GB/T 1596—2017)要求Ⅱ级灰的45μm筛筛余含量不应大于20%。表7-16为粉煤灰和石灰石粉粒径分布参数的计算结果,可以看出,实测磨细灰满足Ⅱ级灰的细度要求,且与石灰石粉粒度相差不大。

粉煤灰和石灰石粉粒径分布参数　　　　　　　表7-16

样　品	累计百分数(%)			特征粒径(μm)		
	≤10μm	≥30μm	≥45μm	D10	D50	D90
原状灰	16.35	64.2	49.8	5.86	52.14	144.54
磨细灰	44.87	29	19.7	1.39	12.42	64.05
石灰石粉	49.84	22.93	16	1.34	10.07	46.84

试验制备净浆试件,胶凝材料的组成见表7-17。设定0.25、0.3和0.35三个水胶比,通过改变粉煤灰与石灰石粉的含量来对比研究低品质粉煤灰对复合胶凝材料强度与微结构的影响。净浆试件为40mm×40mm×40mm立方体试块。

胶凝材料组成(质量分数,单位:%)　　　　　　　表7-17

编　号	水　泥	原状灰	磨细灰	石灰石粉
C	100	—	—	—

续上表

编 号	水 泥	原 状 灰	磨 细 灰	石 灰 石 粉
R2	80	20	—	—
R4	60	40	—	—
R6	40	60	—	—
G2	80	—	20	—
G4	60	—	40	—
G6	40	—	60	—
L2	80	—	—	20
L4	60	—	—	40
L6	40	—	—	60

7.10.2 抗压强度

1)净浆抗压强度

图7-16为含原状灰和石灰石粉的净浆抗压强度测试结果,每个龄期的三个强度值对应于0.25、0.3和0.35三个水胶比,通过添加高效减水剂调整净浆流动性。G组抗压强度为横坐标,L组抗压强度为纵坐标。图中各点落于直线$y = x$上方,说明在此龄期时,L组抗压强度值高于G组;反之,则前者低于后者强度。

由图7-16a)、b)可以看出,掺量为20%和40%时,3d、7d的净浆抗压强度在$y = x$附近,28d、90d明显偏离,位于下半区。掺量为60%时,数据较离散,但仍能看出相似的规律。说明早期(3d、7d)原状灰和石灰石粉的作用机理相似,均以填充效应为主;28d后原状灰开始表现出火山灰活性;到90d时,掺原状灰与石灰石粉的净浆抗压强度之比在1.25~1.89之间,其火山灰活性逐渐显现;可以推测,随着龄期的延长,强度比值还将增大。

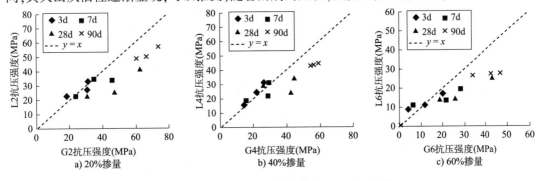

图7-16 含原状灰与石灰石粉的净浆抗压强度对比图

2)胶砂抗压强度

以表7-17的胶凝材料制备胶砂试件,胶凝材料用量为450g,标准砂用量为1350g,设置0.3和0.5两个水胶比,通过添加高效减水剂使各试件具有相当的流动度。图7-17为胶砂试件抗压强度的测试结果。可以看出:与 C 组相比,在相同水胶比情况下,辅助胶凝材料降低了胶砂抗压强度,并且掺量越多,降低幅度越大;原状灰颗粒较粗,和石灰石粉一样,其活性较低,掺量较大时(40% 和 60%)胶砂强度显著降低;但低品质粉煤灰磨细后,水化活性得到显著提高,因而胶砂强度下降幅度较小,特别是掺量较小(20%)和养护龄期较长(90d)时。

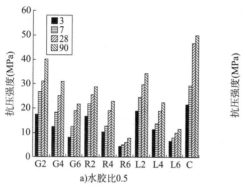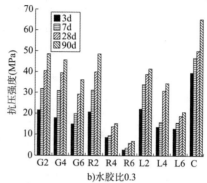

图 7-17　胶砂试件的抗压强度

不同水胶比条件下,辅助胶凝材料的种类和掺量对胶砂强度的影响略有差别。对比 0.3和 0.5 两个水胶比,尽管不同辅助胶凝材料对胶砂强度的影响规律相似,但在较低水胶比条件下,掺有辅助胶凝材料的胶砂试件强度更接近基准试样,对强度的影响更小。

7.10.3　低品质粉煤灰对复合胶凝材料水化过程的影响

复合胶凝材料水化是其各组分和水之间发生的化学过程。通常可以根据复合胶凝材料的水化放热过程来分析其水化进程。图 7-18 为表 7-17 中六组复合胶凝材料的水化放热曲线。可以看出,复合胶凝材料和纯水泥一样,其水化过程经历五个阶段:

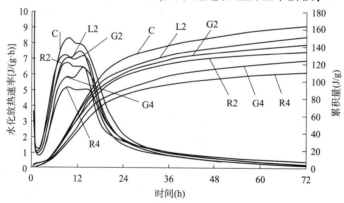

图 7-18　复合胶凝材料水化放热曲线图

(1)诱导前期:复合胶凝材料加水后立即发生急剧反应,形成尖锐的放热峰,但该阶段的时间很短,这是由表面润湿和初始反应所致。

(2)诱导期:又称静止期,这一阶段反应速率缓慢,一般持续 2~4h,是硅酸盐水泥浆体能在几小时内保持塑性的原因。

（3）加速期：反应重新加快，反应速率随时间而增长，出现第二个放热峰，在达到峰顶时本阶段即告结束。

（4）减速期：又称衰减期，反应速率随时间下降的阶段，水化作用逐渐受到扩散速率的控制。

（5）稳定期：反应速率很低，反应过程基本趋于稳定并完全受扩散速率控制。

还可以观察得到，掺粉煤灰的复合胶凝材料由于体系中石膏消耗完毕，AFt 相向 AFm 相转化引起的第三放热峰比较显著。

比较各试验组的水化放热曲线可以看到，不同种类、不同掺量辅助胶凝材料的掺入对复合胶凝材料水化放热曲线的影响不同。从整体来看，辅助胶凝材料的加入，降低了水化放热速率和总放热量。

首先，从辅助胶凝材料的种类上看，粉煤灰的掺入对水化放热速率曲线的影响为：一方面降低了水化放热速率；另一方面延长诱导期，从而推迟第二放热峰的出现。为了进一步明确分析，将诱导期结束及加速时间（第二放热峰值对应的时间减去诱导期结束时间）绘制于图 7-19 中。粉煤灰虽然延长了诱导期，但明显缩短了加速期，并没有推迟第二放热峰的出现。粉煤灰在早期水化过程中被认为是惰性材料，在最初几分钟，水泥颗粒水化实际有效水量增加，因而水化热增加。诱导期的延长有两方面的原因：一方面，有效水量的增加降低了孔溶液中钙离子浓度，因此通过增加钙离子达到饱和状态需要的时间延长；另一方面，粉煤灰具有吸附溶液中钙离子的能力，通过吸附作用抑制了最初几个小时溶液中钙离子浓度的升高，推迟 CH 和 C-S-H 成核结晶，因此推迟水泥水化。随后的加速阶段，一方面，由于水的增加，更多的水会和暴露的新表面接触，加速了水泥颗粒水化；另一方面，由于粉煤灰的成核效应加速了水泥水化。

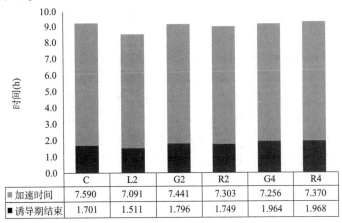

	C	L2	G2	R2	G4	R4
加速时间	7.590	7.091	7.441	7.303	7.256	7.370
诱导期结束	1.701	1.511	1.796	1.749	1.964	1.968

图 7-19 诱导期结束及加速时间

掺石灰石粉的复合胶凝材料与水泥曲线有三个不同点：①诱导期缩短；②加速期被提前；③第三放热峰明显较高。一方面，石灰石粉可为 C_3S 和 C_2S 的水化提供成核场所，缩短诱导期并加速水化；另一方面，填充效应激发形成第三放热峰的反应，导致水化速率增高，峰值增大。此外，第三放热峰形成的原因可能是钙矾石向更稳定的单碳型碳酸盐的转变而非向单硫型硫酸盐的转变，引起更高的放热速率。

另外,粉煤灰掺量越大,对复合胶凝材料水化放热曲线的影响越大:水化速率降低,诱导期延长,这应该是由于水泥水化量减少,有效水量增加,延长了钙离子饱和时间。R4 与 R2 相比,加速时间变长。还可以观察到,磨细灰试样的水化放热速率高于原状灰,第三放热峰明显更高,说明低品质粉煤灰磨细后有助于水泥水化和早期形成的 AFt 向 AFm 转化。低掺量(20%)时,磨细灰诱导期和加速期变长;而高掺量(40%)时,由于有效水量更多,诱导期更长,磨细灰成核效应更显著,加速期变短。

由图 7-18 还可以看出,粉煤灰和石灰石粉的掺入还可降低复合胶凝材料的总放热量,掺量越大,水化放热速率和总放热量降低幅度越大。

辅助胶凝材料的加入导致胶凝体系中水泥用量减少,而水化热主要由水泥水化产生,因而复合胶凝材料的总放热量降低。将各组单位质量复合胶凝材料的水化热总量转化为单位质量水泥的水化放热量,大致得出各组试验中水泥的反应状况。

设辅助胶凝材料掺量为 N,单位质量复合胶凝材料的水化放热量为 $Q(t)$,则单位质量水泥的水化放热量 $Q_c(t)$ 可以用下式表达:

$$Q_c(t) = \frac{Q(t)}{1-N} \tag{7-1}$$

设 C 组单位质量水泥放热量为 1J/g 时,表 7-18 列出不同水化时刻对应于各组复合胶凝材料的水泥相对放热量 $Q(t)$。

不同水化时刻单位质量水泥放热量(单位:J/g)　　　　　　　　表 7-18

时间(h)	C	L2	G2	R2	G4	R4
2	1.00	2.10	2.32	2.29	3.18	3.20
8	1.00	1.37	1.19	1.19	1.35	1.24
17	1.00	1.16	1.10	1.05	1.23	1.10
24	1.00	1.13	1.09	1.06	1.21	1.12
72	1.00	1.15	1.09	1.03	1.26	1.12

从该表可以看出,各试验组的 $Q(t)$ 值均大于 C 组。2h 时,诱导期都已经结束,如前所述,由于 L 组诱导期缩短,所以 $Q(t)$ 最小;8h 时,各试验组加速期结束,此时 L2 组值最大,也是由于石灰石粉明显提前了第二放热峰的出现。另外,辅助胶凝材料掺量的增加明显增加了 $Q(t)$ 值。说明辅助胶凝材料对水泥水化有一定的促进作用,且石灰石粉作用更明显。

7.10.4　低品质粉煤灰对水泥基材料孔结构的影响

以水胶比 0.35 成型各组净浆试件,养护至不同龄期后进行压汞测孔试验,测试结果如图 7-20 所示。由该图可知:7d 时,掺粉煤灰的水泥浆体孔隙率高于掺石灰石粉的水泥浆体。随着水化的进行;到 90d 时,掺粉煤灰的水泥浆体的孔隙率显著降低,低于纯水泥和掺石灰石粉试样。说明无论是原状灰还是磨细灰,在水化后期都有助于降低浆体的孔隙率,这将有助于改善浆体的微结构和性能。

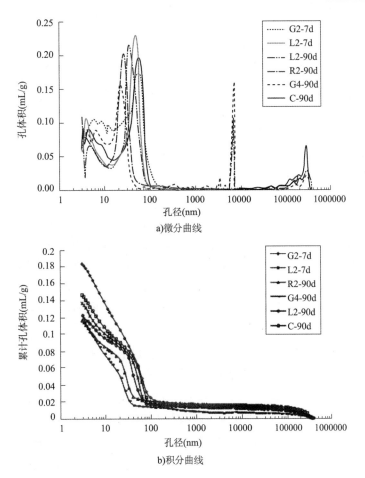

a)微分曲线

b)积分曲线

图7-20　孔径分布曲线图

　　孔径分布,而非总孔隙率,才是评价水化水泥浆体特性比较好的指标。按照 Metha 和 Monteirio 的研究,将各组浆体孔结构分布情况绘于图7-21。粉煤灰的掺入虽然在前期使总孔隙率增加,但在 90d 时显著降低了总孔隙率;随着龄期增长,浆体孔结构变化主要表现为毛细管孔数量的降低,转变为间隙孔,粗毛细管孔和凝胶微孔变化不大,各自维持在总孔隙的 10% 左右。

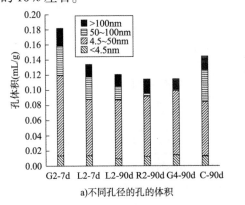

a)不同孔径的孔的体积

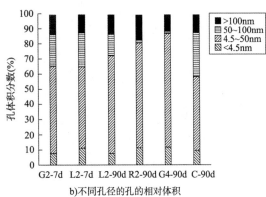

b)不同孔径的孔的相对体积

图7-21　不同试样的孔体积分布情况

通过压汞测试结果可得出一些特征孔径,包括阈值孔径、最可几孔径、平均孔径、体积中值孔径 R_v 和面积中值孔径 R_s。

阈值孔径表示开始大量增加孔体积处的孔径。由图 7-20 可以看出,7d 时磨细灰掺量 20% 的浆体阈值孔径最大,大于 100nm;90d 时,原状灰掺量 20% 和磨细灰掺量 40% 的试样的阈值直径为 50nm 左右,而纯水泥浆体试样的阈值孔径仍在 100nm 左右。这说明随着水化的进行,粉煤灰的二次水化使得大孔数量减少。

图 7-20 微细曲线的峰值对应的孔径即为最可几孔径,即出现概率最大的孔径。最可几孔径大,阈值孔径越大,平均孔径越大。另外,在浆体中可能有一个以上的最可几孔径,即曲线有若干峰,且峰值接近。7d 时,粉煤灰掺量 20% 的浆体和纯水泥浆体最可几孔径相差不大,都在 60nm 左右,而掺石灰石粉试样的最可几孔径在 50nm 左右;90d 时,掺石灰石粉试样的最可几孔径为 30nm 左右,另外在 7μm 左右出现较强峰值,原状灰掺量 20% 的试样的最可几孔径为 20~30nm,磨细灰掺量 40% 的试样的最可几孔径为 20nm 左右,另外也在 7μm 左右出现峰值;在 20nm 以下,所有试样都具有明显的峰值。以上说明,粉煤灰的掺入有效降低了试样的最可几孔径,并且对龄期的变化更加敏感,随着水化龄期的进行,最可几孔径显著降低程度远大于石灰石粉。

中值孔径是根据表面积和压入汞总体积估算得到的,代表达到 50% 累积表面积时的孔径,或者达到 50% 累积侵入汞体积时的孔径。平均孔径是根据总孔隙体积和总孔隙表面积比值得出的,这里假定孔隙是圆柱体。这些参数数值见表 7-19,可以看出:7d 时,掺粉煤灰的浆体的 R_s 远大于掺石灰石粉试样;掺石灰石粉的浆体随着龄期增加,R_s 有所增大;90d 时,石灰石粉掺量 20%、原状灰掺量 20% 和磨细灰掺量 40% 的试样的 R_s 相差不大。掺石灰石粉的试样的 R_v 随龄期增长略有降低,但仍在 38nm 左右;90d 时,原状灰掺量 20% 的试样的 R_v 为 25nm,磨细灰掺量虽然高达 40%,但其 R_v 仍非常小,为 16.7nm,远低于纯水泥浆体。R_v 反映毛细孔在孔隙总体分布中的相对情况,可见粉煤灰能够有效降低浆体中的毛细孔。

各组浆体中值孔径及平均孔径 表 7-19

编 号	中值孔径(nm)		平均孔径 (nm)
	R_v	R_s	
G2-7d	28.4	6.4	14.0
L2-7d	39.0	5.1	13.6
L2-90d	36.3	5.8	15.3
R2-90d	25.0	5.5	12.6
G4-90d	16.7	5.9	10.5
C-90d	43.9	5.8	16.1

通过孔结构的测试分析表明,由于火山灰活性的后期作用,掺入粉煤灰的浆体孔隙率变化对龄期变化更加敏感,使得浆体后期的孔隙率大幅降低,特别是降低了大于 50nm 的毛细管孔含量。

7.10.5　水化特性

1）XRD 测试分析

图 7-22 是纯水泥 C 组试样水化产物的 XRD 图谱,主要有 $Ca(OH)_2$ 和钙矾石,未水化的水泥熟料均用 A 标出,其中包括 C_3S 和 C_2S 等。

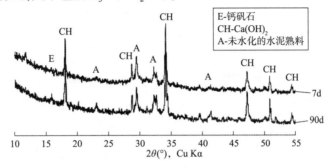

图 7-22　纯水泥 C 组试样水化产物的 XRD 图谱

从 R 组(见图 7-23)和 G 组(见图 7-24)的 XRD 图谱来看,粉煤灰的莫来石和石英衍射峰较明显。另外,G6 中检测出碳酸钙衍射峰,这是氢氧化钙碳化所致,而 XRD 对碳酸钙检测的灵敏度较高。在 L 组(见图 7-25)XRD 图谱中,除了较明显的碳酸钙衍射峰,还有较明显的单碳铝酸钙衍射峰,这是碳酸钙与 C_3A 反应生成单碳水化铝酸钙所致。

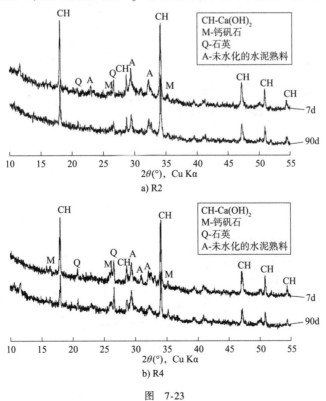

图　7-23

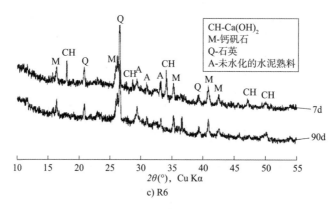

c) R6

图 7-23　含原状灰的 R 组浆体水化产物的 XRD 图谱

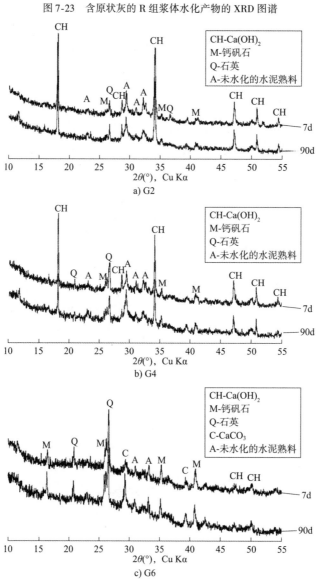

a) G2

b) G4

c) G6

图 7-24　含磨细灰的 G 组浆体水化产物的 XRD 图谱

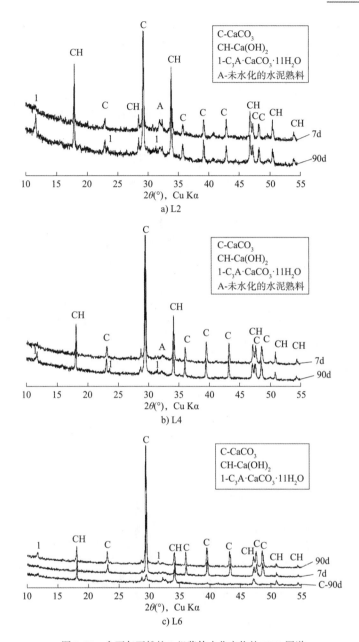

图 7-25 含石灰石粉的 L 组浆体水化产物的 XRD 图谱

粉煤灰对水化产物的数量有一定影响。粉煤灰掺量为 20%（R2 和 G2）时，相对于 7d，90d 浆体水化产物中氢氧化钙含量有所降低，说明粉煤灰的火山灰反应消耗了部分水泥水化产物氢氧化钙；G2 组试样更明显，由于灰渣的磨细，更大地激发了火山灰活性，使其二次反应消耗的氢氧化钙量更大。粉煤灰掺量为 40%（R4 和 G4）时，90d 氢氧化钙含量低于 C 组及其 7d 的含量。与 20% 掺量相比，90d 氢氧化钙含量也有所降低，这应该归因于两个方面：一方面，水泥相对含量的降低，产生的氢氧化钙含量减少；另一方面，粉煤灰的火山灰反应消耗了部分氢氧化钙。粉煤灰掺量为 60%（R6 和 G6）时，7d 和 90d 的氢氧化钙衍射峰都进一步降低，特别是 90d 龄期，氢氧化钙的衍射峰甚至消失，这是由于水泥水化提供的氢氧化钙含量已经不能满足粉煤灰火山灰反应的需求。此外,相对于原状灰R6,7d时磨细灰G6的氢氧化钙衍射峰很弱,说明磨细工艺对低品质粉煤灰早期火山灰活性有一定的改善作用。

含石灰石粉的L组浆体水化产物的XRD图谱如图7-25所示。石灰石粉掺量对氢氧化钙含量的变化规律影响不是太大,且随龄期的变化不明显。另外,图中出现较弱的单碳型水化铝酸钙衍射峰。

通过对比R、G和L组试样中氢氧化钙含量的变化规律可以发现:首先,L组中氢氧化钙含量随着龄期延长而增加;R组由于颗粒较粗,在低掺量时,氢氧化钙含量随着龄期延长而增加,而随着原状灰掺量的增加,氢氧化钙含量明显降低;G组氢氧化钙含量随着磨细灰掺量的增加和水化龄期延长而降低。原状灰由于颗粒较粗,活性很低,在低掺量时更多表现为填充效应;磨细灰由于粉磨改性,使得火山灰活性得以提高,促进了后期的二次水化反应。

2)TG-DTA 测试分析

采用热分析技术,可测试获得TG-DTA曲线,根据TG-DTA曲线可计算得到浆体的化学结合水含量,如图7-26所示。可以看出,粉煤灰和石灰石粉均降低了浆体的化学结合水含量,且掺量越高,降低幅度越大。这是因为掺入粉煤灰和石灰石粉后,水泥用量减少,因而水化产物的生成量也较少。7d时G和R组非蒸发水含量略大于L组,到90d则相差更大。

复合胶凝材料加水拌和后,水泥熟料首先水化,然后粉煤灰在水化产物氢氧化钙的激发下发生二次水化从而贡献强度。通过氢氧化钙含量的变化可以间接反映粉煤灰的水化活性,依据TG-DTA曲线测得的氢氧化钙含量如图7-27所示。

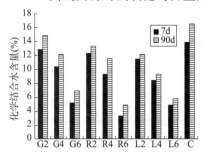
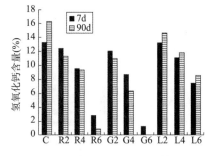

图7-26 不同试样的化学结合水计算结果   图7-27 氢氧化钙含量测试结果

从水化龄期来看,C组浆体中氢氧化钙含量随着水化龄期延长逐渐增加,而粉煤灰—水泥浆体中氢氧化钙含量却相反,这是因为粉煤灰的二次水化反应消耗掉部分氢氧化钙的量大于水泥水化产生的量。L组中氢氧化钙含量随龄期延长而增加,主要表现为填充作用。从辅助胶凝材料的种类来看,粉煤灰—水泥浆体和石灰石粉—水泥浆体相比,氢氧化钙含量明显减少;磨细灰和原状灰相比,氢氧化钙含量减少更加明显,尤其是90d时,G6浆体已经检测不到氢氧化钙的存在,这说明磨细有效地激发了粉煤灰的火山灰活性。

3)SEM 测试分析

图7-28为纯水泥C组试样的微观形貌,28d时大量纤维状C-S-H凝胶呈现簇状放射生

长并相互搭接;90d 时 C-S-H 凝胶变得密实紧凑,很难区分,并且与薄板层状氢氧化钙交错叠生,结构变得致密。

a) 28d   b) 90d

图 7-28 纯水泥 C 组试样的微观形貌

由图 7-29 和图 7-30 可知,28d 时浆体结构疏松,粉煤灰颗粒表面较为光滑,未见腐蚀,在其周围可见棒状 C-S-H 凝胶等水化产物,说明粉煤灰前期主要起填充作用。90d 粉煤灰掺量 20% 时可见片状氢氧化钙,粉煤灰颗粒被大量的水化产物包裹,表面出现侵蚀,说明粉煤灰已经参与水化反应;粉煤灰掺量为 60% 时很难找到氢氧化钙,这是因为二次水化反应将氢氧化钙消耗完毕,也验证了 XRD 和 TG-DTA 的测试分析结论。

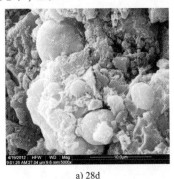
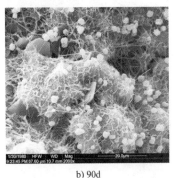

a) 28d   b) 90d

图 7-29 R2 试样的微观形貌

a) 28d   b)90d

图 7-30 R6 试样的微观形貌

由图 7-31 和图 7-32 可知,G 组砂浆微观形貌和 R 组基本相同,只是在后期包裹粉煤灰颗粒的 C-S-H 凝胶更加致密,同样大掺量下,很难观察到氢氧化钙的存在。

a) 28d

b) 90d

图 7-31　G2 试样的微观形貌

a) 28d

b) 90d

图 7-32　G6 试样的微观形貌

图 7-33 为 L4 试样的微观形貌,其主要水化产物为 $Ca(OH)_2$ 和钙矾石晶体以及Ⅱ型网状和Ⅲ型粒状 C-S-H 凝胶。28d 时已经有大量致密凝胶包裹着石灰石粉颗粒,90d 时可以观察到石灰石粉表面已经受到侵蚀,可以断定已参与水化,反应产物结构也比较密实。

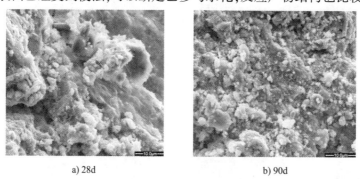

a) 28d

b) 90d

图 7-33　L4 试样的微观形貌

7.10.6　小结

低品质粉煤灰在复合胶凝材料水化过程中,前期以物理效应为主,后期则表现出较强的火山灰活性;磨细加工能显著提高粉煤灰的物理及化学活性。正是因为粉煤灰具有火山灰活性,能改善浆体的水化产物类型、数量和孔结构,因而对水泥基材料的性能,特别是后期性能,具有一定的提高作用。

7.11 粉煤灰微珠

粉煤灰微珠是提取的一种超细粉煤灰颗粒,如图 7-34 所示。由于颗粒粒径很小,且均为空心玻璃体,在复合胶凝材料中将具有更为显著的物理填充作用和化学活性作用。

图 7-34 粉煤灰微珠的颗粒形貌

7.11.1 粉体堆积密实度

1)粉煤灰微珠—水泥二元体系

主要原材料有 P.Ⅱ52.5 级水泥,D_{50} 为 1.0μm 的粉煤灰微珠 $D_{50-1.0}$、3.0μm 的粉煤灰微珠 $D_{50-3.0}$ 和 12.0μm 的粉煤灰微珠 $D_{50-12.0}$。

粉煤灰微珠细度对水泥复合粉体压实体空隙率的影响如图 7-35 所示。由该图可知,当 D_{50} 为 1.0μm 和 3.0μm 时,随着粉煤灰微珠掺量的增加,复合粉体压实体空隙率呈先减小后增大的趋势,$D_{50-1.0}$ 和 $D_{50-3.0}$ 掺量分别为 30% 和 25% 时,两者能不同程度地降低复合粉体的空隙率,且 $D_{50-1.0}$ 的效果更好。但当两者的掺量达到一定程度后,压实体空隙率又逐渐增加,这是由于微珠颗粒已充分填充于大颗粒空隙之间,固体颗粒体系已达到最紧密堆积,再进一步增加微珠掺量反而会由于附壁等效应影响大颗粒之间的堆积,使得固体颗粒体系整体的堆积密实度下降,空隙率增加。$D_{50-12.0}$ 粉煤灰微珠的效果则不同,随着其掺量的增加,复合粉体的空隙率逐渐增大。这与粒径大小有关,当粉煤灰的粒径与水泥相近时,便起不到填充水泥颗粒空隙的作用,因而不能降低复合粉体的空隙率。

2)$D_{50-3.0}$ 粉煤灰微珠—硅灰—水泥三元体系

在粉煤灰微珠—水泥二元体系中,D_{50} 为 3.0μm 粉煤灰微珠($D_{50-3.0}$),具有较好的填充效应,因而在单掺的基础上,再对比研究 $D_{50-3.0}$ 微珠—硅灰—水泥三元体系的紧密堆积效应、力学性能及微观孔结构。$D_{50-3.0}$ 微珠—水泥二元体系和 $D_{50-3.0}$ 微珠—硅灰—水泥三元体系空隙率的变化规律如图 7-36 所示。

掺加 $D_{50-3.0}$ 微珠有利于降低二元复合粉体的压实体空隙率,提高粉体堆积密实度,当 $D_{50-3.0}$ 粉煤灰掺量为 25% 时,压实体空隙率为 34.75%,二元复合粉体达到最紧密堆积。在

$D_{50\text{-}3.0}$ 微珠—硅灰—水泥三元体系中, $D_{50\text{-}3.0}$ 微珠和硅灰的复掺总量为 25% 时,随着硅灰掺量在 0% ~10% 范围内增加,复合粉体的压实体空隙率呈现先降后增的趋势,当硅灰掺量为 8% 时,复合粉体的压实体空隙率达到最低,堆积密实度最大。

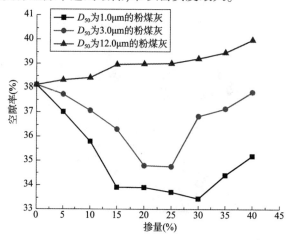

图7-35　粉煤灰微珠细度对水泥复合粉体压实体空隙率的影响

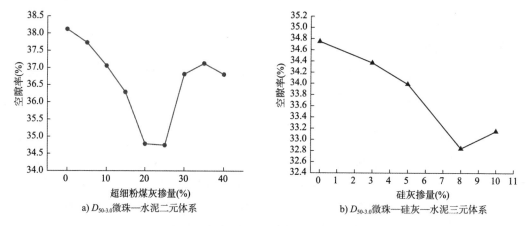

图7-36　复合粉体压实体空隙率的变化规律

通过掺加 $D_{50\text{-}3.0}$ 微珠可以有效地改善复合粉体的粒径分布,并由小颗粒的填充效应提高复合粉体堆积密实度,但掺量过多,则会影响大颗粒的堆积结构而产生"松动效应",进而影响复合粉体的堆积密实度,压实体空隙率反而增长。试验在二元体系的基础上掺入粒径更小的硅灰,可通过掺加硅灰进一步填充 $D_{50\text{-}3.0}$ 微珠颗粒空隙,使复合粉体压实体空隙率进一步降低,堆积密实度进一步提高。

7.11.2　粉煤灰微珠对新拌水泥浆体工作性的影响

1) $D_{50\text{-}1.0}$ 微珠—水泥二元体系新拌浆体工作性

将 $D_{50\text{-}1.0}$ 微珠以不同掺量取代水泥,制备 $D_{50\text{-}1.0}$ 微珠—水泥浆体,水胶比固定为 0.2,高效减水剂掺量为 0.8%,测试其净浆流动度,试验结果如图 7-37 所示。由该图可知, $D_{50\text{-}1.0}$ 微珠可显著提高复合胶凝材料浆体的流动性。当 $D_{50-1.0}$ 微珠掺量在 0% ~15% 时,净浆流动度随其掺量的增加而提高;当掺量在 15% ~30% 时,净浆流动度较为稳定;当掺量超过 30% 时,净浆流动度呈现降低趋势。$D_{50-1.0}$ 微珠颗粒较水泥颗粒细,且具有良好的球形粒形,能减少颗粒间的摩擦阻力,更好地发挥"滚珠"的作用,提高浆体的流动性。

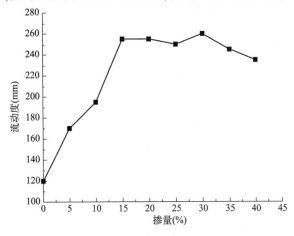

图 7-37 $D_{50-1.0}$ 微珠掺量对复合胶凝材料净浆流动度的影响

2) $D_{50-3.0}$ 微珠—水泥二元体系新拌浆体工作性

将 $D_{50-3.0}$ 微珠以不同掺量取代水泥,制备 $D_{50-3.0}$ 微珠—水泥浆体,水胶比固定为 0.2,高效减水剂掺量为 0.8%,测试其净浆流动度,试验结果如图 7-38 所示。由该图可知,$D_{50-3.0}$ 微珠—水泥二元体系中,随着 $D_{50-3.0}$ 微珠掺量的增加,新拌浆体的流动度先提高后降低;当掺量在 0% ~25% 时,净浆流动度随其掺量的增加而提高。由于 $D_{50-3.0}$ 粉煤灰颗粒粒径小于水泥颗粒粒径,填充于水泥颗粒间,将填充水挤出,排出的水量大于表面积增加所需水量,使净浆流动度提高;当 $D_{50-3.0}$ 微珠掺量在 25% ~40% 时,净浆流动度随其掺量的增加而整体呈现降低趋势,此时粉煤灰微珠比表面积增加所需水量超过排出的填充水,使得净浆流动度降低。

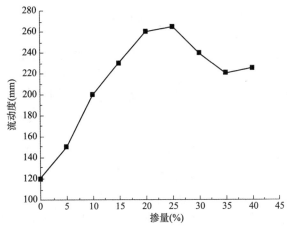

图 7-38 $D_{50-3.0}$ 微珠掺量对复合胶凝材料净浆流动度的影响

3) $D_{50-12.0}$ 微珠—水泥二元体系新拌浆体工作性

将 $D_{50-12.0}$ 微珠以不同掺量取代水泥,制备 $D_{50-12.0}$ 微珠—水泥浆体,水胶比固定为 0.2,高效减水剂掺量为 1.1%,测试其净浆流动度,试验结果如图 7-39 所示。由该图可知,$D_{50-12.0}$ 微珠—水泥二元体系中,随着 $D_{50-12.0}$ 微珠掺量的增加,新拌浆体的流动度整体上呈提高的趋势。当掺量在 0% ~20% 之间增加时,净浆流动度提高幅度较大;当掺量在 20% ~40% 之间增加时,净浆流动度提高幅度较小。虽然 $D_{50-12.0}$ 粉煤灰颗粒粒径与水泥颗粒粒径相差不大,但粉煤灰的"形态效应"能有效减少颗粒间的摩擦阻力,发挥"滚珠"的作用,从而可提高浆体的流动性。

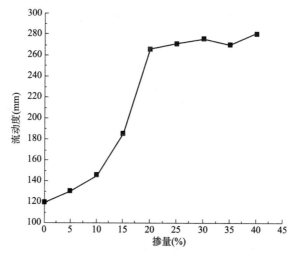

图 7-39　$D_{50-12.0}$ 微珠掺量对复合胶凝材料净浆流动度的影响

结合前面的压缩空隙率试验结果,可以发现,$D_{50-1.0}$ 微珠和 $D_{50-3.0}$ 微珠—水泥体系粉体的压实体堆积密度与净浆流动度具有较好的对应关系。在相同水灰比和外加剂掺量的情况下,掺加一定量的粉煤灰微珠,可提高固体颗粒体系的堆积密实度,有利于改善新拌浆体的流动性。

7.11.3　粉煤灰微珠对硬化水泥浆体孔结构的影响

水泥基材料是多相、不均匀的分散体系,内部含有多种尺寸的孔隙。Mehta 认为,只有大于 100nm 的孔才对强度和抗渗性有害。水泥基材料的孔结构决定了其渗透性、耐久性等性能。因而开展复合超细粉体—水泥基材料硬化浆体孔结构的研究具有重要意义。

1) $D_{50-1.0}$ 微珠—水泥二元体系

分别以 0%、10%、30% 的 $D_{50-1.0}$ 微珠取代水泥制备净浆试件,养护至 28d 后测试硬化水泥浆体的孔结构,测试结果见表 7-20 和图 7-40。

由表 7-20 可知,基准样的最大孔径尺寸较大,孔隙率较高;当 $D_{50-1.0}$ 微珠掺量为 10% 时,硬化水泥浆体的孔隙率较基准下降了 21%,最大孔径仅为基准组的 25%;当 $D_{50-1.0}$ 微珠掺量进一步提高至 30% 时,硬化水泥浆体中的孔隙率较基准下降了 44%,最大孔径仅为基准的

6%,显著地细化了大孔孔径,改善了孔隙分布。$D_{50-1.0}$微珠的掺入大幅降低了硬化水泥浆体中的孔隙率,最大孔径和平均孔径显著减小。

$D_{50-1.0}$微珠—水泥二元体系复合胶凝材料硬化水泥浆体的孔结构测试结果　　　　表7-20

编　　号	累计孔容积(cm³/g)	平均孔径(nm)	最大孔径(nm)
$D_{50-1.0}-0$	0.06856	16	3688
$D_{50-1.0}-10$	0.05421	13	911
$D_{50-1.0}-30$	0.03870	12	222

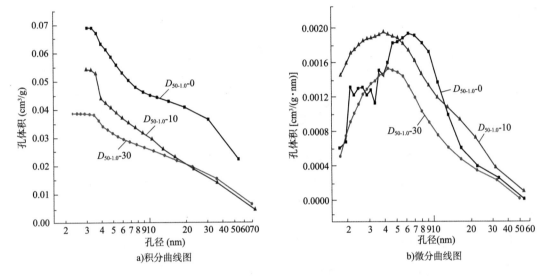

图7-40　$D_{50-1.0}$微珠—水泥二元体系复合胶凝材料硬化水泥浆体的孔结构

由图7-40可知,基准样中5~20nm孔的数量较多,>50nm有害孔也较多;而$D_{50-1.0}$微珠掺量为10%时,硬化水泥浆体结构中2~10nm孔的数量较多,>50nm有害孔较基准组减少;$D_{50-1.0}$微珠掺量为30%时,>50nm的有害孔则显著减少,孔结构得到明显的改善。

由于基准组中水泥颗粒平均粒径在15.0μm左右,颗粒尺寸较大,胶凝材料体系中容易形成空隙、孔洞,造成结构不致密,从而影响硬化水泥浆体的强度、耐久性等性能。当掺入$D_{50-1.0}$微珠后,由于其平均粒径在1μm左右,能发挥其微集料效应,有效填充于水泥等大尺寸颗粒间,大幅降低水泥浆体中的孔隙率,提高硬化水泥浆体的密实度。$D_{50-1.0}$微珠掺量增加至30%时,硬化水泥浆体的平均孔径和孔隙率显著降低,大孔径孔明显减少并被细化,小孔和微细孔的数量相对增加,孔结构改善。

2)$D_{50-3.0}$微珠—水泥二元体系

选取掺量为25%的$D_{50-3.0}$微珠—水泥二元体系作为研究对象,该掺量下浆体的流动性最大,养护至28d后进行硬化水泥浆体的孔结构分析,并与基准组进行对比,测试结果见表7-21和图7-41。基准组总孔隙率和平均孔径均较大,掺入25%的$D_{50-3.0}$微珠后,硬化水泥浆体的总孔隙率较基准下降了34%,平均孔径为基准的91%,提高了硬化水泥浆体的密实度。

$D_{50\text{-}3.0}$ 微珠—水泥二元体系复合胶凝材料硬化水泥浆体孔结构测试结果　　　表 7-21

编　号	累计孔容积（cm³/g）	平均孔径（nm）
$D_{50\text{-}3.0}$ - 0	0.06856	16
$D_{50\text{-}3.0}$ - 25	0.06230	14.59

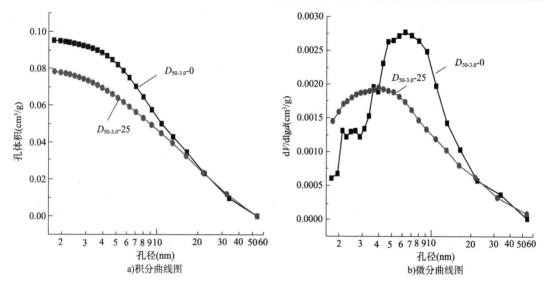

a) 积分曲线图　　　　　　　　　　b) 微分曲线图

图 7-41　$D_{50\text{-}3.0}$ 微珠—水泥二元体系复合胶凝材料硬化水泥浆体的孔结构

3) $D_{50\text{-}3.0}$ 微珠—硅灰—水泥三元体系

为使胶凝材料体系颗粒级配更合理, 结构更致密, 在 $D_{50\text{-}3.0}$ 微珠—水泥二元体系的基础上引入硅灰, 选取 $D_{50\text{-}3.0}$ 微珠和硅灰总掺量为 25%, 硅灰按质量分数 0%、3%、8% 取代微珠, 测试 $D_{50\text{-}3.0}$ 微珠—硅灰—水泥三元体系复合胶凝材料硬化水泥浆体 28d 的孔结构, 见表 7-22 和图 7-42。

$D_{50\text{-}3.0}$ 微珠—硅灰—水泥三元体系复合胶凝材料硬化水泥浆体孔结构测试结果　　表 7-22

编　号	龄期（d）	累计孔容积（cm³/g）	平均孔径（nm）
基准组	28	0.09508	16.12
$D_{50\text{-}3.0}$-25	28	0.06230	14.59
$D_{50\text{-}3.0}$-SF$_{3\%}$	28	0.04124	13.53
$D_{50\text{-}3.0}$-SF$_{8\%}$	28	0.03756	12.40

注: $D_{50\text{-}3.0}$-25 代表 $D_{50\text{-}3.0}$ 微珠掺量为 25% 的二元体系; $D_{50\text{-}3.0}$-SF$_{3\%}$、$D_{50\text{-}3.0}$-SF$_{8\%}$ 分别代表 $D_{50\text{-}3.0}$ 和 SF 总掺量为 25%, 而 SF 掺量分别为 3% 和 8% 的三元体系。

在 $D_{50\text{-}3.0}$ 微珠—硅灰—水泥三元体系中, 随着硅灰掺量的增加, 硬化水泥浆体的总孔隙率和平均孔径均呈下降趋势。硅灰的掺入可进一步降低硬化水泥浆体的总孔隙率, 改善孔结构分布; 随着硅灰掺量的增加, 硬化水泥浆体的总孔隙率降低更多, 孔径进一步减小, 有害孔和少害孔的数量进一步减少。

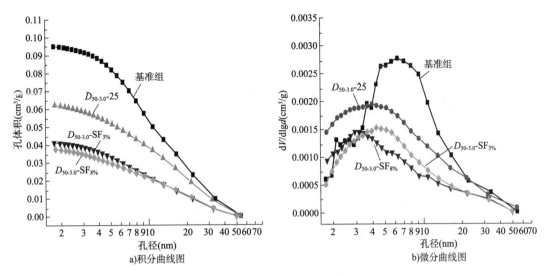

a)积分曲线图   b)微分曲线图

图7-42 $D_{50-3.0}$微珠—硅灰—水泥三元体系复合胶凝材料硬化水泥浆体的孔结构

7.11.4 粉煤灰微珠对水泥基材料强度的影响

1) $D_{50-1.0}$微珠—水泥二元体系

以不同掺量$D_{50-1.0}$微珠取代水泥,制备净浆试件,其中水胶比固定为0.2,高效减水剂掺量为0.8%。试件脱模后在20℃水中养护3d、7d、28d和60d,测试抗压强度,如图7-43所示。

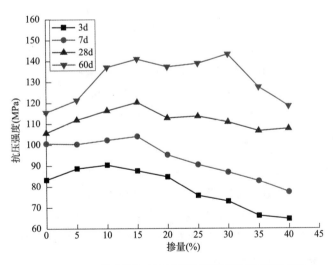

图7-43 $D_{50-1.0}$微珠掺量对复合胶凝材料净浆抗压强度的影响

净浆的抗压强度总体上随着$D_{50-1.0}$微珠掺量的增加呈现先增大后减小的规律。掺量低于15%时,随微珠掺量的增加,四个龄期的抗压强度均增大;此后,微珠掺量进一步增大,3d和7d抗压强度呈现大幅度降低趋势,而28d和60d则较为稳定,28d抗压强度均超过105MPa,而60d抗压强度最高可到143.7MPa。

水泥基复合胶凝材料的强度由水化活性和粉体初始堆积密实度两方面因素决定。$D_{50-1.0}$微珠掺量在0%~15%时,复合水泥粉体的堆积密度得到了大幅度提高,有利于浆体早期抗压强度的改善;随着水化龄期的延长,$D_{50-1.0}$微珠的火山灰效应有利于浆体后期抗压强度的提高。

2)$D_{50-3.0}$微珠—水泥二元体系

以不同掺量$D_{50-3.0}$微珠取代水泥,制备净浆试件,其中水胶比固定为0.2,高效减水剂掺量为0.8%。试件脱模后在20℃水中养护3d、7d、28d,测试抗压强度,如图7-44所示。可以看出,与$D_{50-1.0}$微珠相似,$D_{50-3.0}$微珠—水泥二元体系的抗压强度也随微珠掺量的增加而呈现先增大后减小的趋势,随龄期的延长抗压强度大幅提升。

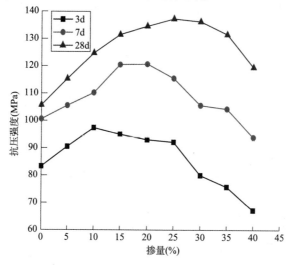

图7-44 $D_{50-3.0}$微珠掺量对复合胶凝材料净浆抗压强度的影响

对比图7-43和图7-44,在相同掺量条件下,$D_{50-3.0}$微珠—水泥二元体系复合胶凝材料28d抗压强度均高于$D_{50-1.0}$微珠—水泥二元体系复合胶凝材料,当$D_{50-3.0}$微珠掺量为25%时,复合胶凝材料浆体28d抗压强度达到最高值137MPa。

3)$D_{50-12.0}$微珠—水泥二元体系

以不同掺量$D_{50-12.0}$微珠取代水泥,制备净浆试件,其中水胶比固定为0.2,高效减水剂掺量为0.8%。试件脱模后在20℃水中养护3d、7d、28d,测试抗压强度,如图7-45所示。可以看出,随$D_{50-12.0}$微珠掺量的增加,早期(3d)抗压强度呈下降趋势,后期(28d)抗压强度呈先增大后减小的趋势,当微珠掺量为25%时,28d抗压强度最高可达134MPa。

4)$D_{50-3.0}$微珠—硅灰—水泥三元体系

选取$D_{50-3.0}$微珠和硅灰总掺量为25%,以不同掺量的硅灰取代$D_{50-3.0}$微珠,制备三元体系复合胶凝材料,测试3d、7d、28d和60d抗压强度,如图7-46所示。由该图可知,$D_{50-3.0}$微珠和硅灰复掺对复合胶凝材料早期抗压强度的贡献不大,对后期抗压强度有较好贡献。随着硅灰掺量的增加,复合浆体3d、7d的抗压强度逐渐降低,而后期抗压强度呈逐渐增长的趋势。当硅灰掺量为8%时,复合胶凝材料粉体初始堆积密度得到大幅度提高,细化浆体孔隙,有利于后期浆体抗压强度的改善,使得其28d和60d的抗压强度最高。当硅灰掺量小于10%时,掺入硅灰形成的三元体系的28d和60d龄期抗压强度整体略有降低,这与其粉体材料的堆积效应和密实度的下降有关。

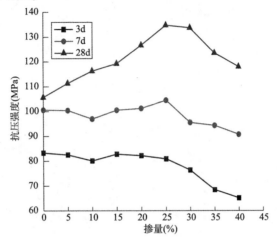

图7-45 $D_{50\text{-}12.0}$微珠掺量对复合胶凝材料净浆抗压强度的影响

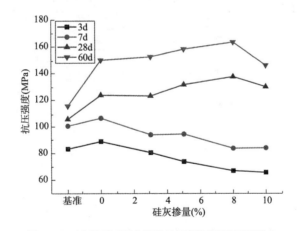

图7-46 硅灰掺量对复合胶凝材料净浆抗压强度的影响

7.11.5 粉煤灰微珠对水泥基材料微结构的影响

1) $D_{50\text{-}1.0}$微珠—水泥二元体系

不同 $D_{50\text{-}1.0}$ 微珠掺量下硬化水泥浆体28d的水化产物形貌如图7-47所示。对于基准样,硬化水泥浆体以C-S-H凝胶为主,但也能观察到少量氢氧化钙和钙矾石晶体,微结构相对疏松,含有少量孔隙。掺入10%的 $D_{50\text{-}1.0}$ 微珠后,部分微珠填充于孔隙中,发挥填充效应和活性效应,使得结构较基准样更密实。同时,可见部分球体微珠颗粒表面已被侵蚀,覆有一层水化产物,说明二次水化已经开始。掺入30%的 $D_{50\text{-}1.0}$ 微珠后,更多的微珠颗粒已发生水化反应,生成许多纤维状和网状的 C-S-H 凝胶,均匀地分布在浆体内部,与凝胶结构结合紧密,使得硬化水泥浆体的结构更为致密,性能更优,这与抗压强度测试结果也是一致的。

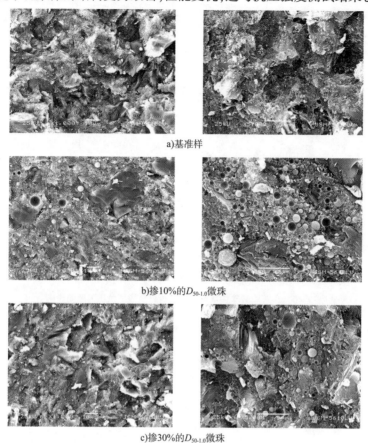

a)基准样

b)掺10%的$D_{50-1.0}$微珠

c)掺30%的$D_{50-1.0}$微珠

图 7-47　$D_{50-1.0}$微珠—水泥二元体系复合胶凝材料硬化水泥浆体的水化产物形貌(28d)

2)$D_{50-3.0}$微珠—水泥二元体系

不同 $D_{50-3.0}$微珠掺量下硬化水泥浆体28d 的水化产物形貌如图7-48 所示。$D_{50-3.0}$微珠掺量为 10%时,硬化水泥浆体中生成的凝胶体数量较多,部分 $D_{50-3.0}$粉煤灰的颗粒表面出现被侵蚀的现象,部分颗粒被凝胶体包裹,填充于孔隙中,形成密实体。$D_{50-3.0}$微珠掺量为 25%时,大量微珠发生水化反应,形成纤维状和网状的 C-S-H 凝胶,颗粒表面也覆盖了一层水化产物,并与凝胶体紧密结合,使得硬化水泥浆体的结构更致密。$D_{50-3.0}$微珠掺量为 40%时,未水化的 $D_{50-3.0}$微珠颗粒较多,微结构中孔隙相对较多,使得致密性降低。相应的,其强度也出现下降,这与前面的净浆强度测试结果一致。

3)$D_{50-3.0}$微珠—硅灰—水泥三元体系

$D_{50-3.0}$微珠 + 硅灰总掺量为 25%,硅灰掺量为 3%,制备的三元体系复合胶凝材料的硬化水泥浆体的微观形貌如图7-49 所示。对比图7-48b),$D_{50-3.0}$微珠单掺 25%,发现 $D_{50-3.0}$微珠—硅灰—水泥三元体系的硬化水泥浆体的结构更致密,因而其性能有进一步的提高。

a)掺10%的$D_{50-3.0}$微珠

b)掺25%的$D_{50-3.0}$微珠

c)掺40%的$D_{50-3.0}$微珠

图7-48　$D_{50-3.0}$微珠—水泥二元体系复合胶凝材料硬化水泥浆体的水化产物形貌(28d)

图7-49　$D_{50-3.0}$微珠—硅灰—水泥三元体系复合胶凝材料硬化水泥浆体的水化产物形貌

7.11.6　粉煤灰微珠在混凝土中的应用

由以上测试分析可知,粉煤灰微珠由于颗粒很细,具有较高的填充效应和火山灰活性,是一种优质的混凝土材料,以下介绍其在混凝土中的应用。

1)粉煤灰微珠在C60混凝土中的应用

采用$D_{50-3.0}$和$D_{50-12.0}$微珠制备C60混凝土,配合比见表7-23,工作性和抗压强度见

表7-24。可以发现,对于两种细度的粉煤灰微珠,随着其掺量的增加,混凝土的工作性有所提高,各龄期抗压强度呈下降趋势,但降幅较小。对比 $D_{50-3.0}$ 和 $D_{50-12.0}$ 两个细度,微珠颗粒越细,则混凝土的工作性和强度越高,抗压强度富裕度越大。

C60 混凝土配合比

表7-23

编　号	水泥 (kg/m³)	$D_{50-12.0}$ (kg/m³)	$D_{50-3.0}$ (kg/m³)	S95 矿粉 (kg/m³)	河砂 (kg/m³)	碎石 (kg/m³)	水 (kg/m³)	高效减水剂 (%)
$FA_{12.0}$-1	300	135	—	105	750	915	140	2.0
$FA_{12.0}$-2	300	160	—	80	750	915	140	1.8
$FA_{12.0}$-3	300	180	—	60	750	915	140	1.6
$FA_{3.0}$-1	300	—	135	105	750	915	140	1.4
$FA_{3.0}$-2	300	—	160	80	750	915	140	1.5
$FA_{3.0}$-3	300	—	180	60	750	915	140	1.7
$FA_{3.0}$-4	300	—	135	105	750	915	120	2.8

C60 混凝土的工作性和抗压强度

表7-24

编　号	倒筒 (s)	坍落度/扩展度 (mm)	抗压强度(MPa)		
			7d	14d	28d
$FA_{12.0}$-1	15	220/620	61.3	70.7	75.5
$FA_{12.0}$-2	10	240/660	58.5	67.9	74.4
$FA_{12.0}$-3	6	260/700	55.4	65.5	72.3
$FA_{3.0}$-1	4	275/700	67.7	76.1	84.6
$FA_{3.0}$-2	6	280/710	65.0	74.5	80.5
$FA_{3.0}$-3	7	280/730	64.3	72.7	78.1
$FA_{3.0}$-4	14	240/650	72.7	82.1	90.6

2)粉煤灰微珠在C80~C100高强混凝土中的应用

采用 $D_{50-1.0}$ 粉煤灰微珠制备 C80~C100 高强混凝土,混凝土配合比见表7-25,混凝土的工作性和抗压强度见表7-26。可以看出,当高强混凝土胶凝材料总量、水泥用量和水胶比不变,$D_{50-1.0}$ 粉煤灰微珠掺量在 10%~30% 之间变化时,随着微珠掺量的增加,外加剂掺量逐渐降低、坍落扩展度逐渐增大;微珠掺量超过 30% 后,则对混凝土的工作性有不利影响。$D_{50-1.0}$ 微珠掺量为 20% 时,混凝土 28d 前的抗压强度最高;随着养护龄期的延长,微珠掺量为 20% 和 30% 的混凝土 28d 抗压强度接近,且后者具有更好的工作性。当水胶比进一步降低时,可以制备抗压强度为 117.8MPa 的超高强混凝土($FA_{1.0}$-5),强度等级达 C100。

C80 ~ C100 高强混凝土配合比　　　　表 7-25

编　　号	水泥 （kg/m³）	$D_{50-1.0}$ （kg/m³）	S95 矿粉 （kg/m³）	河砂 （kg/m³）	碎石 （kg/m³）	水 （kg/m³）	高效减水剂 （%）
$FA_{1.0}$-1	300	60	240	740	980	120	3.0
$FA_{1.0}$-2	300	120	180	740	980	120	2.8
$FA_{1.0}$-3	300	180	120	760	1010	120	2.5
$FA_{1.0}$-4	300	240	60	760	1010	120	3.0
$FA_{1.0}$-5	300	180	120	720	980	96	3.0

C80 ~ C100 高强混凝土的工作性和抗压强度　　　　表 7-26

编　　号	倒筒（s）	坍落度/扩展度 （mm）	抗压强度（MPa）			
			3d	7d	14d	28d
$FA_{1.0}$-1	15	220/620	50.5	70.7	82.3	88.6
$FA_{1.0}$-2	8	260/680	55.1	78.8	85.8	94.5
$FA_{1.0}$-3	6	280/720	52.5	73.7	83.0	96.4
$FA_{1.0}$-4	10	250/660	47.2	67.5	76.4	85.2
$FA_{1.0}$-5	7	270/700	68.0	90.6	105.1	117.8

3）粉煤灰微珠在高强低热混凝土中的应用

结合某项目，开展了 C60 钢板剪力墙低热混凝土水化温升模拟试验。混凝土配合比和性能分别见表 7-27 和表 7-28。可以看出，混凝土水泥用量由 350kg/m³ 降至 150kg/m³ 时，混凝土的各龄期抗压强度呈现降低趋势，降幅较小。当采用 25% 掺量的 $D_{50-3.0}$ 粉煤灰，混凝土水胶比为 0.24，水泥用量为 150kg/m³ 时，混凝土 28d 抗压强度为 70.6MPa。

C60 钢板剪力墙高强混凝土配合比　　　　表 7-27

编　　号	水泥 （kg/m³）	$D_{50-3.0}$ （kg/m³）	S95 矿粉 （kg/m³）	河砂 （kg/m³）	碎石 （kg/m³）	水 （kg/m³）	PC （%）
基准	350	135	55	750	915	130	1.3
低热	150	135	255	750	915	130	1.3

C60 钢板剪力墙高强混凝土的工作性和抗压强度　　　　表 7-28

编　　号	倒筒 （s）	坍落度/扩展度 （mm）	U 形箱高度差 （mm）	抗压强度（MPa）		
				7d	14d	28d
基准	5	270/700	0	64.2	70.1	78.6
低热	4	275/720	0	54.7	60.1	70.6

低热混凝土模拟试验，混凝土尺寸为 1m×1m×1m，在混凝土内部中间位置安置垂直钢筋两根，其中一根固定在混凝土试块的中心位置，温度传感器固定在钢筋中间位置，测试试块中间位置的温升变化情况，模拟试验过程如图 7-50 所示。

图 7-50 C60 钢板剪力墙低热自密实混凝土模拟试验

图 7-51 是 C60 钢板剪力墙低热自密实混凝土 72h 水化温升曲线图。可以看出,在 36h 左右,基准和低热 C60 混凝土水化温升达到最高值,分别为 73.0℃和 61.0℃,低热 C60 混凝土比基准 C60 混凝土水化温峰低 12℃。同时,还可以观察到,在 20h 左右,普通 C60 和低热 C60 混凝土温度相差 15.8℃,为最大温度差值。对于高掺矿渣混凝土,掺加粉煤灰微珠后,在保障混凝土的工作性和抗压强度的基础上,混凝土温升也能得到有效控制。

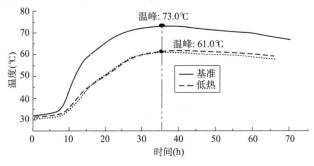

图 7-51 C60 钢板剪力墙低热自密实混凝土 72h 水化温升曲线图

本章参考文献

[1] 刘数华,方坤河.粉煤灰对水工混凝土抗裂性能的影响[J].水力发电学报.2005(2): 73-76.

[2] 刘数华,方坤河,曾力.粉煤灰品质对混凝土强度的影响[J].粉煤灰.2005(2):20-21.

[3] 刘小黎,等.龙首水电站碾压混凝土拱坝材料特性研究[J].水力发电.2001(10):18-20.

[4] 孙君森,陆采荣.龙滩碾压混凝土重力坝材料配合比试验研究[J].红水河.2002,21 (1):6-12.

[5] 杨华全,李家正,王仲华.三峡工程掺粉煤灰混凝土性能试验研究[J].水力发电.2002 (12):14-17.

[6] 曾祥虎,陈勇伦,李倩.高坝洲工程 RCC 现场试验及其结果[J].水力发电.2002(3): 70-72.

[7] 刘数华,方坤河,刘六宴.水工碾压混凝土的抗裂性能[M].北京:中国水利水电出版 社,2006.

［8］ P K Mehta. Reducing the environmental impact of concrete［J］. Concrete International，2001，23（10）：61-66.

［9］ V M Malhotra. Making concrete greener with fly ash［J］. Concrete International，1999，21（5）：61-66.

［10］ P K Mehta. Concrete technology for sustainable development［J］. Concrete International，1999，21（11）：47-53.

［11］ A Chambers. Innovation takes coal combustion by products from liability to assets［J］. Power Engineering，2000，24（3）：33-42.

［12］ Zielinski R A，Finkelman R B. Radioactive elements in coal and fly ash：abundance，forms，and environmental significance［R］. US Geological Survey，1997.

［13］ Malhotra V M，Mehta P K. Pozzolanic and cementitious materials［M］. Taylor & Francis，1996.

［14］ Owen. P. L Fly ash and its usage in concrete［J］. Journal of Concrete Society，1979，13（7）：21-26.

［15］ Mehta P K，Monteiro P J M. Concrete-microstructure，properties，and materials［M］. 3rd Ed. New York：McGraw-Hill，2005.

第 8 章　矿渣

8.1　概述

矿渣是冶金工业的副产品,也是一种常用的辅助胶凝材料。不同冶炼方法或处理形式产生的矿渣,其化学成分、结构和性能各不相同。例如,高炉铁矿渣具有水硬性,但LD(氧气顶吹转炉炼钢法)矿渣却没有,而镍和铜矿渣必须与石灰反应之后才具有水硬性,表现出火山灰活性等。各种矿渣其典型的化学成分见表8-1。

不同矿渣的化学成分(质量分数,单位:%)　　　　　　　　　　表8-1

化学成分	高炉铁矿渣		LD矿渣	锌矿渣	镍矿渣	铜矿渣	磷渣粉
	法国	日本	德国	英国	加拿大	南非	美国
SiO_2	35	31	13	18	29	34	41
CaO	43	37	47	20	4	9	44
MgO	8	8	1	1	2	4	1
Al_2O_3	12	16	1	6	1	6	9
$FeO + MnO$	0.4	0.7	31	38	53	44	1
CaO/SiO_2	1.2	1.2	3.6	1.1	0.1	0.3	1.1

目前,矿渣有几种使用方式。采用传统炼钢技术产生的矿渣如结晶石一般,这些矿渣有的当作垃圾填埋,有的用作路基材料,有的用作混凝土骨料。许多现代的钢铁厂生产水淬矿渣,由于具有玻璃质特性,可用作水硬性胶凝材料加入硅酸盐水泥生产中。在任何情况下,使用矿渣都会减少能量损耗,所以从能耗的角度来看,最重要的矿渣是高炉铁矿渣。本章将主要介绍此类矿渣的特性及其在不同混凝土中的应用。

8.2　矿渣的基本性质

8.2.1　生产

高炉铁矿渣是一种熔融物质,分布在熔炉底部的生铁之上。它由铁矿石的尾矿、焦炭的燃烧残留物、石灰石以及其他必须添加材料形成。它的产生温度和铁接近，在 $1400\sim1600℃$ 之间；其化学组成可用四元图 CaO-SiO_2-Al_2O_3-MgO 表示或者更简单地描述为 MgO 含量一定的 CaO-SiO_2-Al_2O_3（C-S-A）三元系（见图 8-1）。

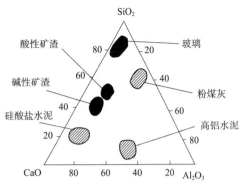

图 8-1 C-S-A 三元系图

熔融矿渣经过缓慢冷却后将成为稳定的固体，含有 Ca-Al-Mg 硅酸盐，特别是黄长石，黄长石是铝黄长石 C_2AS 和镁黄长石 C_3MS_2 的固溶体。晶态的矿渣具有与玄武岩相似的力学性能，只能用作骨料。如果矿渣在熔融状态进行快速水淬，则所获得的矿渣为玻璃质材料，这些被称作粒化矿渣，具有潜在水硬性，颗粒形貌如图 8-2 所示。

图 8-2 粒化矿渣的颗粒形貌

8.2.2 结构与组成

自矿渣硅酸盐水泥问世以来，国内外学者对矿渣的微观结构进行了大量的研究。借鉴玻璃的结构理论来解释矿渣的结构，一般有以下三种理论。

（1）粒化高炉矿渣是由不同的氧化物（Al_2O_3、SiO_2）形成的各个方向发展的空间网络，它的分布规律要比晶体差得多，近程有序，远程无序；

（2）粒化高炉矿渣是由极度变形的微晶组成，尺寸极其微小，仅 $50\sim4000\text{Å}$，是有缺陷的、扭曲的处于介稳态的微晶子，具有较高的活性；

（3）矿渣的结构在宏观上是由硅氧四面体组成的聚合度不同的网状结构，钙、镁离子分布在网状结构的空穴中，微观上大体是按相律形成不均匀物相或微晶矿物，近程有序，远程无序。

以上三种理论在解释玻璃的性质时具有很好的效果，但就矿渣玻璃体而言，不同组成的矿渣表现出的活性不一样，同样组成经历不同水淬工艺的矿渣也表现出不同的水化活性。在对粒化高炉矿渣水化性能的评价中，化学成分也很重要，决定着矿渣的碱性和玻璃的结构。由于进行化学分析很简单，各国报道了大量的化学水化因素和活性指数（见表 8-2）。在混合水泥砂浆的抗压强度和矿渣的水化活性预测中，常用的活性指数包含矿渣的主要氧化物 CaO、SiO_2、Al_2O_3、MgO（分别简写为 C、S、A、M）。很多国家采用 $\dfrac{C+M+A}{S}$ 值表示其活性指数，数值越小，对应的水化活性越低，因此一些国家规定可利用的粒化高炉矿渣的活性指数应大于1(德国)或1.4(日本)。表8-2 七种矿渣中,4 号和5 号矿渣的活性较低。虽然活性指数能在一定程度上说明矿渣的活性高低,但在不同龄期,活性指数和力学强度之间并不一定存在很好的关联。此后,一些新的活性指数被提出,其中考虑了包括微量元素和结晶程度在内的更复杂的化学分析,但很少被采用。

化学分析中粒化矿渣的一些活性指数 表 8-2

矿渣	1	2	3	4	5	6	7
$\dfrac{C}{S}$	1.31	1.26	1.22	0.95	0.93	1.30	1.34
$\dfrac{C+M+A}{S}$	1.88	1.88	1.79	1.63	1.39	1.98	1.92
$\dfrac{C+M+\frac{2}{3}A}{S+\frac{1}{3}A}$	1.52	1.57	1.51	1.32	1.15	1.55	1.41
$\dfrac{A}{S}$	0.43	0.36	0.34	0.41	0.34	0.51	0.45

我国标准《用于水泥、砂浆和混凝土中的粒化高炉矿渣粉》(GB/T 18046—2017)则依据矿渣的28d 活性指数是否达到105%、95% 和75% 而分别将其分为S105、S95 和S75 三级,同时比表面积也需达到相应的要求,见表8-3。

用于水泥和混凝土中的粒化高炉矿渣的技术指标 表 8-3

项 目		级 别		
		S105	S95	S75
密度（g/cm³）		≥2.8		
比表面积(m²/g)		≥500	≥400	≥300
活性指数（%）	7d	≥95	≥75	≥55
	28d	≥105	≥95	≥75
流动度比（%）		≥95		
含水量(质量分数,%)		≤1.0		
三氧化硫(质量分数,%)		≤4.0		
氯离子(质量分数,%)		≤0.06		
烧失量(质量分数,%)		≤3.0		
玻璃体含量(质量分数,%)		≥85		
放射性		合格		

8.2.3 作用机理

粒化矿渣的水化作用使其内部活性氧化物在拌和水中局部溶出,并反应析出 C-S-H、水化铝酸盐和铝硅酸盐。在初始阶段,首先进入溶液的是玻璃的碱性组分,如 $(Si_2O_7)^{6-}$ 或 $Al(OH)_4^-$。随着 C-S-H 的析出,溶出物几乎变得一致(含有与玻璃、溶液相同的化学成分)。由于 C-S-H 中 Ca/Si 值比矿渣低,溶液中富含氢氧化钙,可溶性物质中的硅酸盐离子较少。

此外,氧化铝在溶液中的不断积累直到水化铝酸盐开始结晶。对 $CaO\text{-}SiO_2\text{-}Al_2O_3\text{-}H_2O$ 四元结构的热动力学研究表明,在矿渣浆体中,与水相共存的水化相局限于三种:C-S-H、C_2ASH_8 和 C_4AH_n($n = 13 \sim 19$)。

矿渣在不同龄期的水化程度可以采用不同的方法测定:在有机酸溶液中水化产物的溶出量、非蒸发水的测定,以及水化热的测量。因为矿渣是非结晶态,不可能像硅酸盐水泥矿物那样通过 X 射线衍射准确地测得其水化率。

8.2.4 化学激发

矿渣和水的反应比硅酸盐水泥慢,但是可以采用化学方法激发。化学激发剂可以是碱性激发剂(如石灰、碳酸钠、硅酸钠),也可以是硫酸盐激发剂(如硫酸钙或磷石膏),同时也可以是两种激发剂共同作用。所有情况中都生成了 C-S-H,它占用了大量的 Al^{3+}、Mg^{2+}、SO_4^{2-} 和 Fe^{3+}。对于碱性激发剂,如 NaOH 和 $Ca(OH)_2$,产生的铝酸盐相结构各不相同:用 NaOH 时产物含有 C_4AH_{19} 和 C_2ASH_8;而用 $Ca(OH)_2$ 时产物只有 C_4AH_{19},因为 C_2ASH_8 不能与 $Ca(OH)_2$ 共存。对于硫酸盐激发剂石膏 $CaSO_4 \cdot 2H_2O$,半水化合物 $CaSO_4 \cdot \frac{1}{2}H_2O$ 和硬石膏 $CaSO_4$ 会导致 AFt 相的形成。混合激发剂(如石膏和石灰)将生成 C-S-H 和 AFt 相钙矾石。

8.3 矿渣硅酸盐水泥

矿渣硅酸盐水泥是在水泥厂中将粒化高炉矿渣与硅酸盐水泥熟料及硫酸钙碾磨、混合而生成的。

8.3.1 矿渣硅酸盐水泥的水化

矿渣硅酸盐水泥中有两种矿渣水化激发剂:石膏(硫酸盐激发剂)和熟料 C_3S、C_2S 水化释放的 $Ca(OH)_2$(石灰激发剂)。在所有工业矿渣水泥样品中,硅酸盐水泥熟料的水化比矿渣快,但放热曲线显示很早就开始水化反应。水泥的水化反应是放热反应,在一定时间内释放的热量大小可以描述所有化学反应的进程,矿渣水泥释放的总热量比硅酸盐水泥少,放热峰更低(见图 8-3)。矿渣颗粒的水化区域含有丰富的 Al_2O_3 和 MgO,比熟料的 C-S-H 多。石灰激发剂首先激发钙矾石或者 AFt 相的生成。针状钙矾石的形态取决于矿渣含量,矿渣含量高的水泥中,短针钙矾石似乎起着黏结剂的作用。后期,当石膏完全参与水化后,钙矾石转化为单硫型硫铝

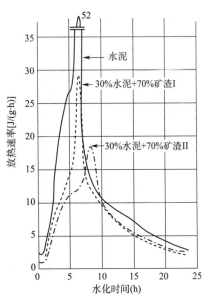

图 8-3 矿渣对混合水泥水化放热过程的影响

酸盐或者 AFm 相,形成含有四钙 C_4AH_{13} 的固溶液。

8.3.2 熟料特性和矿渣细度的影响

在矿渣硅酸盐水泥水化过程中,高炉矿渣和熟料之间存在相互作用。熟料的化学成分和矿物组成在普通碾磨的矿渣水泥中(比表面积为 $350m^2/kg$)比磨细水泥(比表面积为 $600m^2/kg$)更有效。含有大量 C_3S 的熟料在矿渣水泥强度发展的 $2\sim28d$ 中充当有效的矿渣激发剂。此后的一年内,矿渣的细度和活性比熟料的特性更重要。

在矿渣含量超过70%的矿渣硅酸盐水泥中,早期强度很大程度上取决于矿渣的活性。在矿渣含量低于70%的矿渣水泥中,熟料的影响更重要,C_3S 的水化形成石灰激发剂的作用比石膏硫酸盐激发剂大。

8.3.3 热处理的影响

在水泥水化过程中,化学反应的活化能可用阿伦尼乌斯定律估算,在水化程度相同时,水化时间 t_1 和 t_2 对应着的两个温度 T_1 和 T_2:

$$\frac{t_1}{t_2} = \exp\frac{E}{R}\left(\frac{1}{T_1} - \frac{1}{T_2'}\right) \tag{8-1}$$

矿渣硅酸盐水泥活化能低于等量的硅酸盐水泥,对于矿渣硅酸盐水泥中的矿渣水化来说,热处理是一种有效的活化能供给。但不是所有的粒化矿渣的反应方式都相同,富含 Al_2O_3 的活性矿渣由于水化铝酸盐晶体的形成特别迅速而不需要长期热处理。经过高温(180℃)和高压(2MPa)的蒸养处理可以提高力学强度,即物理和化学性质发生了改变:中孔(20~40Å)减少,结构更密实,且常发现存在托贝莫来石 $C_5S_6H_5$ 和水榴石 C_3ASH_4。

8.3.4 矿渣硅酸盐水泥的强度

矿渣硅酸盐水泥具有与硅酸盐水泥一样的水化产物和抗压强度,但强度的发展有些不同。当两种水泥的28d强度相同时,硅酸盐水泥的早期强度高于矿渣硅酸盐水泥,而后期的情况则完全相反。通过控制比表面积、矿渣掺量和石膏含量,可以得到具备足够强度的水泥。在混合水泥中 SO_3 的含量从0.75%提高到2%时,发现其3d抗压强度增大了一倍。但是28d抗压强度的最佳石膏含量应该低于此值。矿渣硅酸盐水泥的早期强度还可以添加三乙醇胺来提高,它可以促进铝相的水化,加快钙矾石的形成。

不管是混合水泥还是混凝土,都已有学者研究过矿渣细度对其早期强度的影响。在矿渣硅酸盐水泥(比表面积为 $350m^2/kg$)中,硅酸盐水泥熟料的细度影响其早期强度,而矿渣的细度影响着最终强度。然而,由于两者具有不同的易磨性,熟料和矿渣的共同粉磨极可能产生极细的熟料和依然粗大的矿渣。分开研磨矿渣和熟料将获得更细的矿渣,这种水泥已经在水泥工厂中研制。早期,矿渣硅酸盐水泥水化生成的钙矾石和 C-S-H 比硅酸盐水泥多。矿渣的早期水化作用将获得含有 C-S-H 和薄针形钙矾石的致密产物。而且,矿渣硅酸盐水泥是低热水泥,在大体积混凝土的绝热环境下,其应用效果比硅酸盐水泥好。

8.3.5 矿渣硅酸盐水泥的耐化学侵蚀性

所有长期试验都已经证实矿渣硅酸盐水泥在侵蚀环境下(如硫酸盐、海水、纯净水、碳酸水、热水和除冰盐)具有很好的性能。

当矿渣硅酸盐水泥中的矿渣含量高于65%时,对于侵蚀离子如Cl^-来说是不可渗透的。这些水泥中的孔隙率比硅酸盐水泥低30%,而且孔径分布也不同,直径大于300Å的孔隙更少。矿渣硅酸盐水泥比硅酸盐水泥具有更好的抗硫酸盐侵蚀能力,也与其不同的渗透性有关:硅酸盐水泥渗透性更高是由于反应颗粒周围水化产物的析出,矿渣渗透性更低则是因为熟料和矿渣颗粒之间形成的水化产物像半透膜一样填充着孔隙。

当硅酸盐水泥完全浸入海水中会表现出较大的膨胀,矿渣含量小于65%的矿渣水泥也是如此。与淡水中养护6个月的水泥抗压强度相比,只有掺入超过60%矿渣的水泥在海水中浸泡1年和3年后的抗压强度才能增大。强度的损失和体积的膨胀主要是由于氢氧化钙的滤析和钙矾石的形成。在矿渣水泥中,钙矾石的结晶方式与硅酸盐水泥不同。三硫型铝酸盐进入溶液的过程相对缓慢,并形成短针的散射分布。在其他情况下,比如潮汐区,侵蚀既是物理的,又是化学的。一些矿渣含量超过65%的矿渣硅酸盐水泥的劣化(如海水、海浪、砂子、风吹日晒和冰冻的破坏)不仅与混凝土表面干燥有关,还涉及矿渣颗粒缓慢水化导致水泥浆和骨料或无水矿渣之间的黏结相对较弱。因此,在海事环境中必须采取一些预防措施:在浸入海水之前,对矿渣硅酸盐水泥水化阶段的表层保护时间比普通硅酸盐水泥更长。

在钢筋混凝土中,矿渣硅酸盐水泥的碳化会导致钢筋表面钝化膜的解钝,但如果混凝土足够密实且处于足够潮湿的环境中,则矿渣硅酸盐水泥的碳化不会超过硅酸盐水泥。在碳化过程中,钢筋在含硫与不含硫的矿渣硅酸盐水泥中的锈蚀速度相同。在混凝土含水期间,矿渣含量超过80%的矿渣硅酸盐水泥对钢筋的保护能力和硅酸盐水泥一样。矿渣硅酸盐水泥对热碳酸水侵蚀具有良好的抵抗力。由于材料密实,溶解于水中的CO_2只能极其缓慢地扩散。

当硅质骨料与碱性的间质水相反应时,硅酸盐凝胶的形成将吸取大量水分并引起混凝土的膨胀和开裂。研究表明,碱—硅反应引起膨胀的减小与矿渣含量有关。德国标准规定,当混凝土中的骨料具有潜在活性时,矿渣水泥中允许的碱含量(以Na_2O当量计)可以从硅酸盐水泥的0.6%增加至2%。矿渣硅酸盐水泥之所以能防止碱—骨料反应,是因为C-S-H占用了结构中的Na^+和K^+。当硅酸盐水泥水化形成C-S-H的Ca/Si值较高(即矿渣含量超过70%的矿渣水泥中Ca/Si值是1.7,而不是1.3)时,这些碱性离子会相反地溶解在孔隙溶液中,与硅酸盐水泥混凝土一样,含气量对矿渣硅酸盐水泥混凝土的抗冻性影响最大。气泡系统随着矿渣含量的增加而变细。为了达到与硅酸盐水泥相同的抗冻性,矿渣硅酸盐水泥需要更高的含气量。对于矿渣含量低于60%的混合水泥,砂浆和混凝土的性能更好,这与28d水中养护形成的密实水化浆体和细小的孔隙结构有关。此外,氯离子扩散性的降低将提高混凝土的抗盐蚀能力,所以在冬季寒冷而漫长的地区,矿渣硅酸盐水泥没有硅酸盐水泥适用,因为温度低于20℃时水化缓慢,但使用化学激发剂加速水化和掺加引气剂可以提高其抗冻性和力学性能。

8.3.6　矿渣硅酸盐水泥的应用

高炉矿渣是一种水硬性材料,可以像硅酸盐水泥熟料那样用于混凝土结构,也可以像硅酸盐水泥一样保护钢筋混凝土和预应力混凝土中的钢筋。矿渣硅酸盐水泥具有很高的抗化学侵蚀力,常推荐用于侵蚀性环境中。由于水化热和渗透性较小,矿渣硅酸盐水泥也常用于大体积混凝土结构,如大坝、水库、游泳池、水电站、河堤、运河、码头以及核电站的冷却塔。

8.4　矿渣对混凝土性能的影响

8.4.1　工作性

尽管矿渣和水泥一样都是碾磨材料,具有多角的形状,但其表面结构比水泥更光滑,因而能够提高新拌混凝土的工作性。另外,由于矿渣的密度略低于普通硅酸盐水泥,等量取代水泥后将增加粉体材料的体积,这也有益于提高工作性。但磨细高炉矿渣对新拌混凝土工作性的影响仍不明确,特别是采用坍落度等标准方法测试工作性时。绝大多数研究表明,采用这种方法时,掺加矿渣对工作性几乎没有影响。现实中,在稠度、流动度和密实度相当时,使用矿渣通常会伴随着用水量的减少,特别是在泵送或机械振捣时。

磨细高炉矿渣与水的早期反应速度比硅酸盐水泥慢,因而凝结时间将延长。凝结时间的延长可能意味着拌合物处于塑性状态或可浇筑的时间更长,但工作性损失的速度并不一定受其影响。有研究表明,低温(5℃)下使用矿渣将使凝结时间稳步增加;但在较高温度(15℃和25℃)下,矿渣的影响就可以忽略。

矿渣对工作性损失的影响很小。Meusel 和 Rose 在室温下配制了矿渣掺量分别为0%和50%的两组混凝土,新拌混凝土的坍落度控制在150mm。试验发现,两种混凝土的坍落度损失速度基本上没有差别。

新拌混凝土的泌水速度和泌水量主要受胶凝材料的粒径分布、形状和表面结构影响,而非粗骨料和细骨料性质的影响。通常,磨细高炉矿渣具有和硅酸盐水泥相似的颗粒形状、粒径分布及密度,只是表面更光滑一些。胶凝材料活性是影响混凝土泌水的主要因素,因为早期水化产物的形成有助于阻止水分迁移至混凝土表面。由于矿渣的水化比普通硅酸盐水泥慢,因而可能导致泌水增加。随着矿渣掺量的增加,混凝土的泌水速度和总泌水量都会增大,由此还可能导致混凝土表面出现塑性开裂的风险增加。

8.4.2　力学性能

如前所述,矿渣与水的早期反应速度比硅酸盐水泥更慢,这意味着强度发展也更慢。不同水泥的强度发展还受很多因素影响,包括矿渣和硅酸盐水泥的化学成分、矿渣含量、环境温度和湿度。通常,矿渣的含量越高,强度发展越慢,但长期强度越高,如图8-4所示。

由于矿渣水泥的活化能比相应的硅酸盐水泥低，因而环境温度的提高将有助于矿渣水泥强度的更快增长。对于硅酸盐水泥混凝土，随着养护温度的提高，早期强度增大，但对后期强度有不利影响。然而，对于矿渣水泥，早期的高温养护对后期强度的不利影响更小，这可能是因为混合水泥中 C_3S 含量更低以及矿渣降低了水化速度。除温度外，环境的相对湿度对矿渣水泥混凝土的强度发展也有很大影响。因为含矿渣的混凝土早期水化比硅酸盐水泥混凝土慢，在水化期间可能会出现快速干燥失水，进而对胶凝材料的

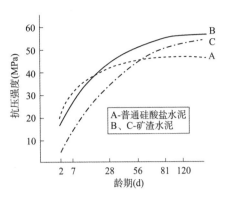

图 8-4　不同水泥混凝土的强度发展

水化以及混凝土的强度产生不利影响。通常要求矿渣水泥混凝土的养护相对湿度应达80%，并应避免风吹和日晒。

矿渣水泥混凝土的抗拉强度与抗压强度的发展规律相似，并受相同因素的影响（即温度、湿度、矿渣取代量、矿渣和水泥的组成等）。在抗压强度相同时，矿渣水泥混凝土具有比硅酸盐水泥混凝土更高的抗拉强度，通常高 20% 左右，这可能是由两种胶凝材料体系水化产物的结构不同引起。

弹性模量与龄期的关系同前面讨论的抗压强度与龄期的关系相似。当环境温度较低时，矿渣水泥混凝土弹性模量的发展比相应的硅酸盐水泥混凝土慢；矿渣掺量越高，水化反应越慢。但在高温下，情况就有些改变；矿渣水泥对温度的提高比硅酸盐水泥更敏感。因此，随着温度的提高，矿渣水泥混凝土早期弹性模量的增长速度比相应的硅酸盐水泥混凝土更快。

当基于相同的抗压强度进行比较时，掺加矿渣将导致弹性模量增大，但差别也并不大。Bamforth 对比了基准混凝土和掺 75% 矿渣混凝土在相同抗压强度下的弹性模量，结果表明，矿渣混凝土的弹性模量比基准混凝土高 3~6GPa，而 Tolloczko 的试验结果则表明，矿渣水泥混凝土与硅酸盐水泥混凝土的弹性模量基本上没有差别。

8.4.3　变形性能

很多研究表明，使用矿渣取代水泥对混凝土的干缩有较大影响。由于是在不同条件下获得的试验结果，因而进行直接比较还有些困难。Neville 和 Brooks 研究表明，混凝土在水中养护28d 后，在20℃的温度和60%的相对湿度下掺有50%矿渣的混凝土干缩比基准混凝土约低10%。但 Heaton 所得的试验结果却相反：将混凝土潮湿养护7d 后置于干燥环境下，掺有40%矿渣的混凝土干缩比相应的基准混凝土高25%。显然，这方面的研究还需要更多的试验资料，因为混凝土的干缩受很多因素影响，如矿渣的成分、细度等。但是，目前多数学者认为掺加矿渣将增大混凝土的干缩。

由于水化水泥浆是影响混凝土徐变的最主要因素，因而水泥品种会对该项性能产生一些影响。在对比不同研究者的徐变数据时，应考虑以下因素：①试验是否是在相同的应力（或应变）—强度比下进行；②加荷龄期；③试件在测试期间是否有水分损失。

多数试验是在没有水分损失的条件下进行的,并基本上得出了一致的结果:矿渣水泥混凝土的徐变低于相应的硅酸盐水泥混凝土。当矿渣掺量为50%时,该混凝土的基本徐变比基准混凝土约低40%(28d抗压强度和施加应力相似),如图8-5所示,而且混凝土的基本徐变随矿渣掺量的增加而线性减小。这可以从两个方面进行解释:首先,如果与工作性相同的硅酸盐水泥混凝土进行比较,则矿渣水泥混凝土的用水量更少,因而水泥浆含量也更少;第二,矿渣水泥混凝土在持荷期间强度增加更多,而强度发展更快的混凝土,其徐变更小。

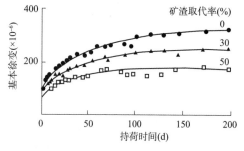

图 8-5 矿渣掺量对混凝土基本徐变的影响

但在干燥环境下(如60%相对湿度),矿渣水泥混凝土的总徐变却略高于硅酸盐水泥混凝土。这是因为干燥环境下矿渣水泥混凝土的强度退化比硅酸盐水泥混凝土更快,从而导致更高的长期总徐变。

如果矿渣水泥混凝土和相应的硅酸盐水泥混凝土在早期就承受相同的应力,则不管是在干燥还是潮湿环境下,矿渣混凝土都可能会表现出更高的徐变。这是因为含矿渣的混凝土强度发展更慢,因而承受了更高的应力—强度比。

8.4.4 热学性能

随着矿渣比例的增加,混合水泥的水化放热速度将减小。因而矿渣有利于防止过高水化热的出现,降低混凝土的温升,延迟温峰出现的时间。矿渣掺量与温降之间不存在简单的关系,但当矿渣掺量为70%时,混凝土的绝热温升将降低10℃,如图8-6所示。

掺加矿渣将使混凝土的温峰减小,温峰的下降程度还取决于浇注温度、矿渣掺量及热损失程度。对于大体积混凝土结构,矿渣对减小混凝土温升的作用更显著。

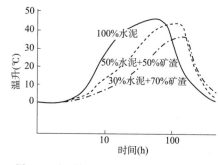

图 8-6 矿渣掺量对混凝土绝热温升的影响

矿渣水泥混凝土的水化放热特性还受硅酸盐水泥和矿渣组成、胶凝材料总量以及矿渣掺量的影响。掺加矿渣可降低混凝土的温升,进而减小热应变,降低早期热开裂的风险。但矿渣水泥也会产生一些负面作用,特别是徐变较小,这意味着应力松弛的作用更小。

此外,由于混凝土的热膨胀系数主要取决于所用粗骨料的品种,因而矿渣部分取代水泥对该性能的影响很小。在混凝土中掺入矿渣后,热膨胀系数通常会略有减小,减小幅度一般在5%以内。与热膨胀系数一样,混凝土的导热系数也主要受所用骨料品种的影响,掺与不掺矿渣的混凝土其导热系数之间没有显著差别。

8.4.5 耐久性

前面已经提到矿渣硅酸盐水泥的耐久性,强调的是涉及的化学反应。此处主要讨论矿渣对混凝土耐久性的影响。

相对于硅酸盐水泥混凝土,含有磨细高炉矿渣的混凝土具有更高的抵抗硫酸盐和海水侵蚀的能力。不管矿渣的成分和硅酸盐水泥的组成如何,当矿渣掺量超过65%时,混凝土都能表现出更高的抗硫酸盐性能。海水对混凝土的侵蚀情况与硫酸盐侵蚀相似,很多国家在海事工程中推荐掺加矿渣以提高混凝土的抗海水侵蚀能力。只要注意早期养护,矿渣水泥的性能通常比硅酸盐水泥好,因而也广泛地应用于海水工程。

在有氧气和一定湿度的条件下,如果没有水泥浆碱性的保护,钢筋将锈蚀。钢筋失去保护可能是因为碳化,也可能是因为氯盐侵蚀。矿渣水泥混凝土的碳化对养护比相应硅酸盐水泥混凝土更敏感,但"使用矿渣将加速混凝土碳化"的观点仍存在争议。特别是小块试件,干燥失水很快,很容易得出一些错误结论。事实证明,充分养护的矿渣混凝土碳化深度与硅酸盐水泥混凝土相当。当碳化深度相同时,对矿渣混凝土的养护时间要求比硅酸盐水泥混凝土长。矿渣水泥对防止氯离子扩散的能力比硅酸盐水泥高得多,其原因不仅是渗透性降低,还因为水化产物有效地阻止了氯盐的侵入。随着矿渣掺量的增加和养护温度的提高,混凝土的抗氯离子扩散性能增强。

随着矿渣掺量的增加,碱—硅反应引起的混凝土膨胀将减小;使用矿渣能有效降低碱—硅反应引起的开裂风险,这已在很多试验中得到证实,是很多国家推荐使用的碱—硅反应抑制措施。南非的碱—骨料反应问题很严重,那里很多混凝土道路都因此完全破坏,为了解决该问题,现在规定混凝土中的矿渣掺量应超过50%。

强度和含气量相当的硅酸盐水泥混凝土和矿渣混凝土具有相近的抗冻性。但是,为了获得一定的含气量,不同掺量矿渣的矿渣混凝土所需引气剂的掺量可能不同;而且,引气剂的掺量可能还需随矿渣掺量的增加而线性增大。

强度相同时,含磨细高炉矿渣的混凝土在养护充分的条件下具有与硅酸盐水泥混凝土相当的耐磨性;但养护不足的矿渣混凝土对磨损比硅酸盐水泥混凝土更敏感。

此外,很多砂浆和混凝土试验表明,提高矿渣的掺量通常能增强混凝土对稀酸(pH=4.0~5.5)侵蚀和碳酸的抵抗能力。

8.5　矿渣在高强混凝土中的应用

高强混凝土是一种近几十年新发展起来的用于特殊结构中的建筑材料。由于高强混凝土的强度较高,减小了混凝土结构的尺寸,从而也降低了结构的自重,使混凝土的结构更为轻巧美观。因而,高强混凝土在国内外受到高度关注并广泛采用。然而,高强混凝土自身也存在着很多缺点和不足,其主要缺点为容易发生脆断和抗裂性能差。脆断一般指材料破坏过程中的能量消耗值,是和韧性相对的指标,其实质是断裂临界点以前,材料内部积累起来的最大弹性能快速地转化为主裂纹断裂表面能的能量转化。断裂表面能起着抵抗裂纹扩展、抑制材料断裂的作用,其大小取决于材料的组成和结构的特性参数。由于原材料、制作工艺等方面的限制,高强混凝土内部也存在大量的微裂缝及不均匀性,内部结构显得极端复杂,因而改善高强混凝土的脆性也相对困难。

为了提高混凝土的强度、改善混凝土的结构与性能,国内外学者进行了大量的研究。从本质上讲,提高高强混凝土的性能应改善其内部结构,优化孔结构,降低孔隙率,改善水泥石与骨料过渡层的界面结构和性能,减少内部微裂缝,控制破坏时微裂缝的开裂和扩展等。本试验以抗裂特征长度为抗裂性能的评价指标,研究单掺磨细高炉矿渣以及与硅灰和粉煤灰复掺对高强混凝土抗裂性的影响,分析其在提高高强混凝土抗裂性能中的作用机理。

8.5.1　混凝土抗裂性能的评价指标

欧洲混凝土协会在总结近十多年混凝土断裂力学研究结果的基础上,公布了 CEB-FIP Model Code 1990(MC1990),得出了一些较为成熟的结论。

1)断裂能 G_F

可以由混凝土的抗压强度和骨料的最大粒径根据下式确定:

$$G_F = a_d \cdot f_c^{0.7} \tag{8-2}$$

式中:f_c——混凝土的抗压强度(MPa);

a_d——由骨料的最大粒径确定,与骨料最大粒径(d_{max})的关系见表8-4。

a_d 与 d_{max} 的关系　　　　表8-4

d_{max}(mm)	8	16	32
a_d	4	6	10

2)特征长度 l_{ch}

由下式确定

$$l_{ch} = \frac{G_F \cdot E}{f_t^2} \tag{8-3}$$

式中:E——混凝土的抗拉弹性模量(MPa);

f_t——混凝土的抗拉强度(MPa)。

l_{ch} 值越小,混凝土的抗裂性能越好。

8.5.2　试验结果及分析

试验采用42.5级普通硅酸盐水泥;磨细高炉矿渣、硅灰和Ⅰ级粉煤灰,其主要化学成分见表8-5,比表面积分别为 $652m^2/kg$、$20000m^2/kg$ 和 $558m^2/kg$;人工骨料的粗骨料最大粒径为20mm;外加剂采用高效减水剂 FDN。

矿渣、硅灰及粉煤灰的主要化学组成(质量分数,单位:%)　　　　表8-5

原材料	SiO_2	Al_2O_3	Fe_2O_3	CaO	MgO	SO_3	I. L
矿渣	31.68	12.77	2.02	40.80	4.76	2.10	—
硅灰	92.8	2.04	0.52	0.45	0.58	—	2.26
粉煤灰	56.03	24.85	3.65	4.10	1.31	0.52	0.27

本次试验中水灰比控制在0.30以下,砂率为0.35,以特征长度作为抗裂性能的评价指

标,通过调整掺合料的掺量来研究掺合料对提高高强混凝土抗裂性能的作用。首先研究了单掺磨细矿渣对高强混凝土抗裂性能的影响,磨细矿渣掺量范围为 0% ~ 40%,试验得出的高强混凝土抗压强度 f_c、抗拉强度 f_t 和抗拉弹性模量 E 见表 8-6,同时计算出高强混凝土的断裂能 G_F 和特征长度 l_{ch} 也列了该表中。

矿渣对高强混凝土性能的影响   表 8-6

编 号	矿渣(%)	f_c(MPa)	f_t(MPa)	E(GPa)	G_F(N/m)	l_{ch}(m)
S0	0	60.4	4.19	36.3	115	237
S1	10	62.4	4.63	37.2	117	204
S2	20	64.8	4.97	39.8	121	194
S3	25	65.3	5.13	41.4	121	191
S4	30	63.6	4.87	38.4	119	193
S5	35	61.2	4.55	36.5	116	204
S6	40	61.0	4.31	36.2	116	225

由该表可知,混凝土的配制强度均超过 60MPa,达到高强混凝土的强度要求。而且,当磨细高炉矿渣掺量小于 25% 时,高强混凝土的特征长度随矿渣掺量的增大而减小;当矿渣掺量大于 25% 时,高强混凝土的特征长度随矿渣掺量的增大而增大;矿渣掺量为 25% 时,高强混凝土的特征长度最小,说明此时具有最好的抗裂性能。

国内外的许多研究者经试验研究认为:高强混凝土中,硅灰的掺量一般为 5% ~ 15%;高强混凝土中,单掺粉煤灰取代水泥,掺量为 15% 时,混凝土的脆性最低。而且,在高强混凝土中掺用粉煤灰对混凝土的强度(特别是早期强度)不利。因此,本试验控制三指标:磨细矿渣掺量为 25%,硅灰的掺量为 10%,粉煤灰掺量为 15%,研究三者复掺对高强混凝土抗裂性能的影响。试验的配合比及混凝土性能见表 8-7,由该表可知:四组混凝土的强度达到了高强混凝土的强度要求;对比 S0 混凝土,不掺矿物掺合料时,高强混凝土的特征长度最大;矿渣掺量为 25% 时,高强混凝土的特征长度有较大的降低;矿渣、硅灰和粉煤灰任意两者复掺时,高强混凝土的特征长度进一步减小,且减小幅度大致相当;矿渣、硅灰和粉煤灰三者复掺时,高强混凝土的特征长度又有较大幅度的降低,说明此时混凝土的抗裂性能最好。

高强混凝土试验配合比及性能   表 8-7

编号	矿渣(%)	硅灰(%)	粉煤灰(%)	f_c(MPa)	f_t(MPa)	E(GPa)	G_F(N/m)	l_{ch}(m)
S7	25	10	0	70.6	5.86	43.1	128	161
S8	25	0	15	62.5	5.19	39.4	117	172
S9	0	10	15	65.7	5.47	41.6	122	169
S10	25	10	15	72.1	6.14	44.4	130	153

8.5.3 高强混凝土抗裂机理分析

水泥熟料的主要矿物成分是 C_3S、C_2S、C_3A 和 C_4AF,其水化产物的结构形态一般有两类：一类是凝胶体，另一类是结晶体。A V 内维尔研究表明：属凝胶体的水化产物主要是水化硅酸钙（C-S-H），凝胶体比结晶体具有更好的韧性。

图 8-7 是 S10 高强混凝土 90d 的 SEM 照片。在混凝土中掺入颗粒细、活性高的磨细矿渣、硅灰和粉煤灰后可显著改善界面过渡区的微结构。因为矿物掺合料与富集在界面的

Ca(OH)$_2$ 反应，生成 C-S-H 胶凝，使 Ca(OH)$_2$ 晶体、钙矾石和孔隙大量减少，C-S-H 凝胶相对增加。同时，颗粒极细的磨细矿渣、硅灰和粉煤灰的掺入可减少泌水，消除骨料下部的水隙，使界面过渡区的原生微裂缝大大减少，界面过渡区的厚度相应减小，其结构的密实度与水泥浆体相同或接近，骨料与浆体的黏结力得到增强。而且，由于改善了界面过渡区结构，消除或减少了界面区的原生微裂缝，使混凝土的抗裂性能得到提高。

图 8-7　S10 高强混凝土的 SEM 照片（90d）

8.6　矿渣在活性粉末混凝土（RPC）中的应用

8.6.1　RPC 的配制原理

RPC 是一种高强度、高韧性、低孔隙率的超高强混凝土。它的基本配制原理是：通过提高组分的细度与活性，使材料内部的缺陷（孔隙与微裂缝）减到最少，以获得超高强度与高耐久性。RPC 的制备原理包括：

1）提高匀质性，减少材料内部缺陷

普通混凝土硬化前，水泥浆体中的水分向亲水的骨料表面迁移，在骨料表面形成一层水膜，从而在硬化混凝土中留下细小的缝隙；此外，浆体泌水也会在骨料下表面形成水囊，这样，混凝土在承受荷载作用以前，界面处就充满了微裂缝。由于水泥石和骨料的弹性模量不同，当应力、温度发生变化时，浆体和骨料的变形不一致，在浆体与骨料的交界面上出现剪应力和拉应力，从而导致微裂缝的产生。随着应力的增长，这些裂缝不断扩展并伸向水泥石，最终导致浆体的断裂。为了消除上述不利影响，可以采取以下措施：

（1）去除粒径大于 1mm 的骨料，以改善内部结构的均匀性。RPC 只用细骨料，极大地减少水化初期由于化学收缩引起的微裂缝；同时，骨料粒径的减小，其自身存在缺陷的概率也减小，因而 RPC 整个基体的缺陷也随着降低。

（2）改善浆体的力学性能，强化浆体与骨料的界面。RPC 由于含有较多的辅助胶凝材料，富集在骨料周围的 Ca(OH)$_2$ 晶体因参与火山灰反应生成水化硅酸钙凝胶而大量减少；同时，在热处理的过程中，石英粉也会与水化产物发生反应，能大幅度地提高浆体的力学性能，特别是提高硬化水泥浆体的弹性模量。RPC 中骨料与硬化水泥浆体的弹性模量之比在 1 ~ 1.4 之间，两者不均匀性的影响几乎消除。

2）提高堆积密度

（1）优选颗粒材料级配：选用相邻两级平均粒径差较大，但同级内级配连续的粉末材料，使颗粒混合料体系达到最密实状态。

（2）优选与活性组分相容性良好的高效减水剂，改进搅拌条件，减低水胶比（一般控制在0.20以下），使浆体在最少用水量的条件下有良好的工作性。

（3）在新拌混凝土凝结前和凝结期间对其加压可以达到以下目的：其一，挤出拌合物中包裹的空气，减少气孔的数量和体积；其二，当模板有一定渗透性时，可将多余的水分自模板间隙中排出；其三，可以消除在水化过程中化学收缩引起的微裂缝。通过热养护还可加速活性粉末组分的水化反应，改善微观结构，提高界面的黏结力。

3）改善微观结构

在RPC凝固后进行热养护可以加速水泥水化反应的进程和火山灰效应的发挥，改善水化产物的微观结构。热养护温度不同，RPC的微观结构和水化产物的结构形态也有所不同。对于RPC200，进行20～90℃的常压养护就可以实现，但这时形成的水化产物仍是无定形的。但随着温度的升高，其火山灰效应率也相应提高，RPC的微观结构有所改善，主要表现为大于100nm孔径范围的有害孔体积降低，孔隙得到细化；对于RPC800，在250～400℃温度下压力养护，养护使水化产物C-S-H凝胶大量脱水，形成硬硅钙石结晶。

4）增加韧性

未掺钢纤维的RPC呈线弹性，断裂能低，受压破坏时呈明显的脆性破坏。掺入钢纤维则可以显著提高RPC的韧性和延性。表8-8为高强混凝土HSC和RPC的强度，图8-8为高性能混凝土HSC和RPC的应力—应变关系，RPC表现出极高的强度和韧性。

不同混凝土的强度　　　　　　　　　　　　　　表8-8

混凝土种类	RPC200	RPC800	HSC
抗压强度（MPa）	170～230	500～800	60～100
抗折强度（MPa）	30～60	45～140	6～10

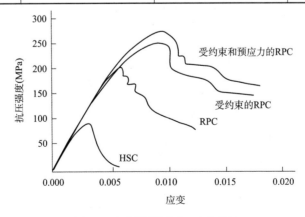

图8-8　各种材料的应力—应变关系

8.6.2　RPC 的原材料和成型程序

RPC 所用材料与普通混凝土有所不同,其组成材料主要包括以下几种:①水泥;②级配良好的细砂;③磨细石英粉;④硅灰等矿物掺合料;⑤高效减水剂。当对韧性有较高要求时,还需要掺入微细钢纤维。本试验采用的原材料主要有:42.5 级普通硅酸盐水泥,硅灰,磨细矿渣,S95 级;细石英砂(细度:40 ~ 70 目);钢纤维 $\phi 0.2mm \times 18mm$,抗拉强度大于 1000MPa;高效减水剂 20HE-1(40% 含固量);自来水。

首先将胶凝材料(水泥、硅灰和矿渣)搅拌 2min,加砂再搅拌 1min,再加入钢纤维搅拌 2min,加水和减水剂搅拌 8min。浇筑入模后 24h 拆模,并立即放入 90℃的蒸养养护箱中养护 72h,之后关闭养护箱,让其在养护箱内自然冷却 24h 然后对其进行性能检测。自加水算起,整个过程历时 5d。

8.6.3　正交试验及分析

为了提高 RPC 的强度,考察水胶比、砂胶比、硅灰掺量和矿渣掺量对 RPC 强度的影响。为此,选择四因素三水平表,见表8-9。

正交试验的因素水平表　　　　　　　　　　　　表 8-9

水　平	因　　素			
	水胶比	砂胶比	硅灰(%)	矿渣(%)
1	0.14	1/1	8	10
2	0.16	1.2/1	12	15
3	0.20	1/1.2	18	20

根据表 8-9 因素水平表安排的 RPC 正交试验,见表 8-10,由此得到的 RPC 抗压强度和抗折强度试验结果也一并列入该表中。同时,以抗压强度为考察指标,进行 K 值和极差 R 分析。

正交试验分析表　　　　　　　　　　　　表 8-10

试验号	因　　素				抗压强度(MPa)	抗折强度(MPa)
	水胶比	砂胶比	硅灰(%)	矿渣(%)		
RPC-1	1(0.14)	1(1/1)	1(8)	1(10)	163.2	25.3
RPC-2	1(0.14)	2(1.2/1)	2(12)	2(15)	158.2	26.0
RPC-3	1(0.14)	3(1/1.2)	3(18)	3(20)	162.9	25.5
RPC-4	2(0.16)	1(1/1)	2(12)	3(20)	154.8	22.3
RPC-5	2(0.16)	2(1.2/1)	3(18)	2(15)	149.4	25.3
RPC-6	2(0.16)	3(1/1.2)	1(8)	1(10)	142.5	23.5
RPC-7	3(0.20)	1(1/1)	3(18)	3(20)	148.1	18.2
RPC-8	3(0.20)	2(1.2/1)	1(8)	1(10)	136.3	20.0
RPC-9	3(0.20)	3(1/1.2)	2(12)	2(15)	147.7	20.9

续上表

试验号	因 素				抗压强度(MPa)	抗折强度(MPa)
	水胶比	砂胶比	硅灰(%)	矿渣(%)		
K_1	161.4	155.4*	147.3	147.3		
K_2	148.9	148.0	153.6*	151.8		
K_3	144.0	151.0	153.5	155.3*		
R	17.4	7.4	6.3	8.0		

注:*代表最佳水平。

直观分析可以看出 RPC-3 抗压强度最大,为162.9MPa。由正交试验的极差 R 分析可知:RPC 抗压强度的影响因素次序依次为水胶比、矿渣掺量、砂胶比和硅灰掺量,其中水胶比的影响最大,其余三因素的影响程度基本相当;RPC 抗压强度随水胶比的增大而减小,随矿渣掺量的增加而增大,砂胶比和硅灰掺量对抗压强度的影响没有很好的规律。由正交试验的 K 值分析可知:各因素的最好水平分别为水胶比 = 0.14、矿渣掺量 = 20%、砂胶比 = 1/1和硅灰掺量 = 12%(在表8-10 中已用"*"标出)。正交试验确定了 RPC 的最佳配合比,即选择各因素的最好水平,可以预计,采用此配合比得到的 RPC 强度更高。

本章参考文献

[1] 刘数华,曾力.掺合料对混凝土抗裂性能的影响[J].混凝土,2002(5):23-27.

[2] Smolczyk H G. Slag structure and identification of slags[A]. Proc. of the 7th International Cement Chemistry Conference[C]. Paris,France,1980:1,3-17.

[3] Demoulian E,et al. Influence de la composition chimique et de la texture des laitiers sur leur hydraulicité[J]. Vil Intem. Congr. Chem. Cem. (Parìs),1980,H:89-94.

[4] Hooton R D,Emery J J. Glass content determination and strength development predictions for vitrified blast furnace slag[J]. Special Publication,1983,79:943-962.

[5] Meusel J W,Rose J H. Production of granulated blast furnace slag at sparrows point,and the workability and strength potential of concrete incorporating the slag[J]. Special Publication,1983,79:867-890.

[6] PJ Wainwright,JJA Tolloczko. Early and later age properties of temperatrure cycled slag-opc concretes[J]. Journal of the American Concrete Institute,1986,83(2):340-340.

[7] Reeves C M. The use of ground granulated blast furnace slag to produce durable concrete// Improvement of Concrete Durability[M]. London:Thomas Telford Publishing,1986:59-95.

[8] Bamforth P B. In situ measurement of the effect of partial portland cement replacement using either fly ash or ground granulated blast-furnace slag on the performance of mass concrete [J]. Proceedings of the Institution of Civil Engineers Part Research & Theory,1980,69(3):777-800.

［9］ Heaton B S. Characteristics of concrete with partial cement replacement by fly ash and ground granulated slag［C］//Institution of Engineers, Australia Symposium on Concrete Cases and Concepts, Canberra, Australia, 1979.

［10］ Neville A, Brooks J J. Time-dependent behaviour of cemsave concrete［J］. Concrete, 1975, 9 (3):36-39.

第 9 章　磷渣粉

9.1　概述

2014 年地质调查表明,全球磷矿石储量为 670 亿 t,85% 以上集中在中国、摩洛哥、美国、南非和约旦五个国家。

磷矿资源开采量的 90% 用于各种磷肥的生产,3.3% 用于生产磷酸盐饲料,4% 用于生产洗涤剂,其余用于化工、轻工、国防等。在我国磷矿资源化利用中,生产磷肥占 82%,生产黄磷占 11% ~ 13%,生产其他磷制品占 5% ~ 7%。

磷渣是电炉制取黄磷过程中产生的一种工业废渣,在用电炉法制取黄磷时,所得到的以硅酸钙为主要成分的熔融物,经淬冷,即为粒化电炉磷渣,简称磷渣。

黄磷的生产主要按下式反应进行:

$$Ca_3(PO_4)_2 + 3SiO_2 + 5C \longrightarrow 3CaSiO_3 + 2P + 5CO \tag{9-1}$$

式中,焦炭(C)作为磷的还原剂,石英砂和生成的 CaO 结合,成为易熔炉渣($CaSiO_3$),因此,CaO 和 SiO_2 是磷渣的主要成分,平均含量在 90% 以上,生产上一般控制 SiO_2/CaO 在 0.7 ~ 1.0 之间。

通常,每生产 1t 黄磷大约产生 8 ~ 10t 磷渣,按 2000 年我国黄磷的实际产量 50 万 t 计,其产渣为 400 万 ~ 500 万 t;2018 年黄磷产量约为 81 万 t,产渣超过 600 万 t。如此多的废渣若不加以利用,长年露天堆放,风吹雨淋,则其中含有的磷、氟及有毒元素经水淋后会渗透到土壤中而造成环境污染。

磷渣作为水泥混合材,已有很长的应用历史,早在 20 世纪 80 年代,我国就已制定国家标准《用于水泥中的粒化电炉磷渣》(GB/T 6645—2008)和建材行业标准《磷渣硅酸盐水泥》(JC/T 740—2006)。但目前只有局部地区、局部行业对磷渣有回收利用,主要利用磷渣制备水泥、加气混凝土砌块、砖等,由于掺量不高,而且有着许多限制条件,未能充分发挥磷渣应有的作用,整体利用率较低,其回收利用量远远小于排放量。目前,云南省的磷渣利用率不到 30%。

磷渣粉由磷渣磨细加工而成,有研究表明,当磷渣粉用于制备混凝土时,磷渣粉能降低混凝土的水化热绝热温升、改善混凝土的强度和耐久性等性能。我国于 20 世纪 80 年代末开始进行磷渣粉作为混凝土掺合料的试验研究。90 年代初,研究成果开始应用于小型水利工程甲甸水库(砌石拱坝),并于1994年将磷渣粉作为大坝混凝土掺合料应用于云南昭通渔洞水库工程中。1997年,云南大朝山水电工程采用了凝灰岩和磷渣粉各50%混磨作为碾压混凝土掺合料。C15三级配碾压混凝土中,磷渣粉与凝灰岩的复合掺量为65%;C20二级配碾压混凝土中,磷渣粉与凝灰岩的复合掺量为50%。贵州索风营水电站由于粉煤灰紧缺,采用磷渣粉与粉煤灰各50%复掺作为混凝土掺合料,在C20二级配碾压混凝土中,磷渣粉与粉煤灰复合掺量为55%;在C15三级配碾压混凝土中,磷渣粉与粉煤灰复合掺量为60%。贵州构皮滩水电站主体工程也采用磷渣粉掺合料,鉴于对磷渣粉作为混凝土掺合料的特性没有完全了解,在大坝混凝土的最大掺量控制为30%。

通过试验研究得出,磷渣经过磨细加工后作为混凝土矿物掺合料,具有低热、缓凝、后期强度高、抗硫酸盐腐蚀性好的特点,特别适用于大体积建筑物的浇筑。这种途径不但可以节约水泥,改善混凝土的性能,解决混凝土掺合料供应不足的问题,而且还可以减少污染,有利于环境保护。利用磷渣作为混凝土的掺合料,取代量可达20%~40%,可以100%地消化磷渣。又因其料源广泛,单价低(废料利用),如能广泛应用,必将带来显著的经济效益和社会效益。

9.2 磷渣粉的基本特性

9.2.1 化学成分

磷渣在离炉前呈熔融状态,温度在1350~1400℃之间,经过水淬后,成为粒状磷渣。磷渣的主要矿物成分是假硅灰石($2CaO \cdot SiO_2$的一种形态),与水泥熟料的基本矿物成分类似,其性能与水淬高炉矿渣接近,具有一定的活性。化学成分以CaO、SiO_2为主,这两项的总和一般约为90%,另含有Al_2O_3、Fe_2O_3及1%~3%的P_2O_5、F^-等少量成分。各个厂家由于生产条件不一样,成分波动较大,这取决于生产黄磷时所用磷矿石、硅石、焦炭的化学组成和配合比关系。磷矿石中CaO含量高低直接决定了磷渣的CaO含量,硅石与原矿石的配合比量主要影响磷渣的SiO_2含量和Ca/Si值。表9-1是国内23个厂家的磷渣化学成分统计。

国内磷渣化学成分统计   表9-1

化学成分	SiO_2	Al_2O_3	Fe_2O_3	CaO	MgO	P_2O_5	F^-
平均值(%)	39.9	4.0	1.0	45.8	2.8	2.4	2.3
均方差	3.15	1.95	0.85	2.41	1.51	1.37	0.21
变异系数	0.079	0.480	0.850	0.052	0.535	0.568	0.031
波动范围(%)	35.4~43.0	0.8~9.0	0.2~3.5	44.1~51.1	0.7~6.0	0.4~5.2	1.9~2.7

9.2.2 矿物组成

熔融状的磷渣可通过空气冷却(气冷),呈块状;也可以水淬冷却,呈粒状。两种磷渣的矿物成分截然不同,只有水淬急冷的磷渣才有活性,气冷(冷却速度慢)的磷渣是没有活性的。气冷的块状磷渣呈淡灰色或灰色,有气孔和晶洞,并在其中广泛存在晶簇,块状磷渣结构稳定、活性极低。水淬粒状磷渣呈白色至淡灰色,玻璃光泽,有多种不规则形状,偏光镜下观察呈粒状结构,无结晶相,这是因为高温熔渣经水淬处理急剧冷却,急剧快速收缩,破裂形成碎粒状结构,快速冷却固化使结晶过程缺乏足够的时间,导致水淬磷渣呈非晶态结构,具有较高的潜在活性。

急冷磷渣中大约含有 90% 的玻璃体和少量的结晶相,磷渣玻璃相的主要化学组成是 $CaO\text{-}SiO_2\text{-}Al_2O_3$,化学成分不同导致玻璃相结构也会不同。潜在矿物相为假硅灰石、枪晶石及少量的磷灰石,这些晶体中有磷酸钙、假硅灰石、石英,还有少量的硅酸三钙和硅酸二钙等,活性较低。而对于慢冷的磷渣,其主要矿物成分为环硅灰石、枪晶石、硅酸钙(两种 Ca_2SiO_4,$Ca_8Si_5O_{18}$),我国几种黄磷渣的 Ca/Si 值在 1.16 ~ 1.46 之间。图 9-1 是水泥熟料和磷渣的 XRD 图谱对比,可见磷渣中存在大量的玻璃体,同时还有硅灰石、钙长石等矿物晶相。此外,磷渣的水淬方式对玻璃体的数量和结构有重要影响,当化学成分变化不大时,玻璃体的结构主要由水淬方式来决定,水淬越迅速及时,磷渣的重度就越小,且活性越大。对水淬磷渣粉进行放射性检验,符合国家标准《建筑材料放射性核素限量》(GB 6566—2010)要求,为建筑用料的合格产品。

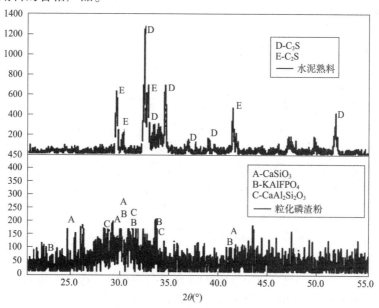

图 9-1 熟料和磷渣的 XRD 图谱对比

用扫描电镜对磨细的水淬磷渣粉进行观察,结果如图 9-2 所示。该磷渣粉的比表面积为 340m²/kg,与水泥细度相当。从磷渣粉的 SEM 照片可以看出,磷渣磨细后颗粒大小不均,粒径在数微米到数十微米之间,大多在 10 ~ 30μm 之间;磷渣粉颗粒表面光滑,呈棱角分明的多棱形和块状、碎屑状,纯度很高,基本不含杂质。

气冷磷渣基本上不具有胶凝活性,它一般只用作填料或混凝土骨料。水淬粒状磷渣具有和高炉矿渣相似的玻璃体结构,从化学组成上来看,磷渣是一种具有潜在胶凝性的材料,其活性指数以质量系数 K 表征:

$$K = \frac{CaO + MgO + Al_2O_3}{SiO_2 + P_2O_5} \qquad (9-2)$$

图9-2 磷渣粉的颗粒形貌

化学成分在一定的程度上能够说明磷渣本质的一个方面,因而是评定磷渣质量的主要方法之一。但是,仅仅根据化学成分判别其活性是不够全面的,因为它没有涉及磷渣的内部结构和激发条件等因素。所以,常采用抗压强度试验法,活性指数 A 计算如下:

$$A = \frac{R}{R_0} \times 100\% \qquad (9-3)$$

式中:R——50%磷渣和50%熟料配制的磷渣水泥胶砂强度;

R_0——纯水泥胶砂强度。

9.3 磷渣粉的水化机理

磷渣粉的玻璃相含量在 $80\% \sim 90\%$,还含有少量细小晶体,结晶相中有少量的硅酸三钙、硅酸二钙、方解石、石英和氟化钙等存在,因而具有较高的矿物活性。尽管磷渣粉具有较高的活性,但其自身并不具有水硬性,只有在激发剂存在的情况下才能发生水化反应,形成凝胶物质并具有水硬活性。P_2O_5 在磷渣粉中可以同时以正磷酸盐和多聚磷酸盐的形式存在,正磷酸盐易溶,它会延长硅酸盐水泥的凝结时间;因为 P-O 键的键能高于 Si-O 和 Al-O 键,因此多聚磷酸盐成为网络形成体而降低粒化磷渣的活性。

磷渣粉掺合料加入混凝土中,并和水泥一起作为混凝土胶结料,其水化过程为:混凝土加水后,首先是水泥熟料矿物发生水化反应,生成的氢氧化钙成为磷渣粉的碱性激发剂,液相中的磷酸根离子抑制了 AFt 的形成,而 SO_4^{2-} 离子又阻碍了"六方水化物"向 C_3AH_6 转化。可溶性磷与石膏的共存,它们的复合作用延缓了 C_3A 的整个水化过程,即 C_3A 的水化停留在生成"六方水化物"阶段,既没有 AFt 生成,也没有 C_3AH_6 生成,因此磷渣混凝土的早期强度不高。但是,根据一般规律,若水泥早期水化被抑制,其晶体"生长发育"条件好,使水化产物的质量显著提高,水泥石结构更加紧密,内部孔隙率下降,气孔直径变小,则有利于使混凝土后期强度的提高。

混凝土在干燥条件下会引起体积收缩,在潮湿条件下(或水中)体积会膨胀。干燥收缩在混凝土总收缩中占有相当的比例,水分蒸发引起的混凝土收缩,主要是微毛细孔失水和凝胶体失水所引起的体积变化,磷渣混凝土和普通混凝土的干缩机理基本相同,由于磷渣以玻璃相为主,早期水化速度比较慢,参与水化反应的水就比较少,故可蒸发的水就较多,所以磷渣混凝土的早期收缩比普通混凝土要大。

图9-3 为掺磷渣粉的水泥净浆 SEM 照片。由图9-3a)可以看出,浆体中水泥已经开始水化,主要生成的氢氧化钙和 C-S-H 凝胶,附着在磷渣粉颗粒表面,促使少数磷渣粉颗粒表面参与水化,表面可见侵蚀痕迹。随着水化的进行,到28d 时大部分磷渣粉颗粒边缘受到侵蚀作用后开始参与水化,生成 C-S-H 凝胶和结晶较小的氢氧化钙晶体,如图 9-3b)所示。到90d 时,磷渣粉大部分都已参与水化,其水化产物与水泥水化产物相互交织,形成致密结构,致使孔隙减少,特别是大孔很少,从而改善了水泥浆体的微结构,提高其性能。

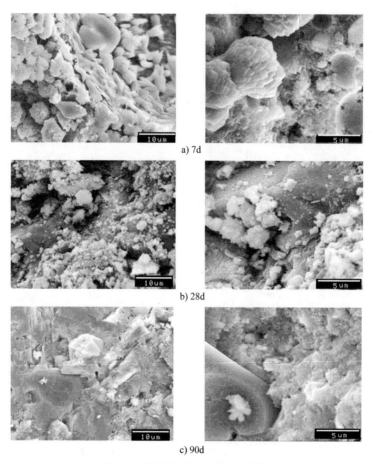

a) 7d

b) 28d

c) 90d

图9-3　磷渣粉水化产物的 SEM 照片

9.4　磷渣粉对混凝土性能的影响

9.4.1　凝结硬化特性

一般来说,硅酸盐水泥在掺入磷渣粉后,其凝结时间均有不同程度的延长,而且掺磷渣粉的混凝土的凝结时间随 P_2O_5 含量的增加而延长。产生该现象的几种解释如下。

第一种学说认为,磷渣粉中少量的 P_2O_5 和 F^- 与水泥水化析出的 $Ca(OH)_2$ 反应,生成难溶解的磷酸钙和氟羟磷灰石,包裹在水泥颗粒的周围,从而延缓水泥的凝结硬化。同时,磷渣粉掺入后也使得水泥中熟料的量相对减少,从而导致凝结时间的延长。

第二种学说认为,氟羟磷灰石的存在量很小,不足以包裹水泥颗粒,不会对水泥的凝结时间产生较大影响,从而认为磷渣粉对水泥的严重缓凝效应很可能是由于液相中的 PO_3^{3-} 等离子的存在限制了 AFt 的形成,而 SO_4^{2-} 离子又阻止了 C_3A 的“六方水化物”层向 C_3AH_6 转化。磷渣粉中可溶性 P_2O_5 与石膏的复合作用延缓了 C_3A 的整个水化过程,从而产生缓凝效应。

第三种学说认为,磷渣粉对硅酸盐水泥的缓凝作用是由于吸附作用引起的,即硅酸盐水泥水化初期形成的半透水性水化产物薄膜对磷渣粉颗粒的吸附,导致这层薄膜致密性增加,从而导致离子和水通过薄膜的速率下降,引起水化速率的降低,从而导致缓凝,并且磷渣粉中可溶性磷和氟对硅酸盐水泥的缓凝同样起作用。

磷渣粉对胶凝材料体系的标准稠度用水量和凝结时间有较大影响,这与磷渣粉的化学成分和细度密切相关,大致的规律如图9-4和图9-5所示,其中磷渣粉的比表面积为 $340m^2/kg$。从试验结果来看,随着磷渣粉掺量的增加,胶凝材料的标准稠度用水量稍有提高,而凝结时间大大延长,说明磷渣粉具有很强的缓凝性,还可注意到初凝和终凝的间隔时间变化不大。磷渣粉的细度与水泥接近,但标准稠度用水量却有所增加,主要由磷渣粉的矿物组成和内部多孔结构引起。

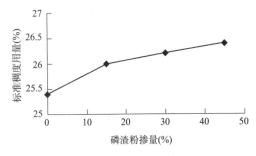

图9-4　磷渣粉对胶凝材料标准稠度用水量的影响　　　图9-5　磷渣粉对胶凝材料凝结时间的影响

磷渣粉的缓凝作用还可表现在混凝土中,如图9-6所示。试验中,水胶比为 0.45、胶凝材料用量为 $200kg/m^3$、砂率为 30%。试验结果表明,磷渣粉对混凝土也具有很强的缓凝作用,而且随着磷渣粉掺量的增加,缓凝效果更加明显,磷渣粉掺量为 45% 时,混凝土的初凝时间和终凝时间分别延长了约 7h 和 8h。

9.4.2　胶凝材料的水化热和混凝土的绝热温升

混凝土温度应力源于混凝土受约束时温度变化而导致的体积变形。特别是大体积混凝土中,水泥水化放热过程将导致内部混凝土温度的升高,从而在混凝土内外部形成温度梯度,产生拉应力。当温度梯度导致的拉应力较大时,可使大体积混凝土内部产生贯通性裂缝,破坏结构的整体性。因此,混凝土绝热温升的控制非常重要。

由于混凝土的温度升高主要由胶凝材料水化放热引起,因而首先需确定磷渣粉对胶凝材料水化热的影响规律。如图9-7所示,在混凝土中采用磷渣粉掺合料可显著降低水化热,而且磷渣粉掺量越高,水化热降低越多;当磷渣粉掺量达45%时,不仅7d的水化热降低1/4左右,而且1d的水化热也较小,仅为纯水泥水化热的1/3。而且,含磷渣粉胶凝材料的水化热热峰值小,增长速度慢,热峰值出现的时间比粉煤灰略早,但比纯水泥推迟14h以上,水化热产生时间较晚,温升小。

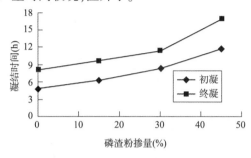

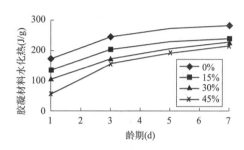

图9-6 磷渣粉对混凝土凝结时间的影响   图9-7 磷渣粉对胶凝材料水化热的影响

磷渣粉之所以能降低胶凝材料体系的水化热,其原因在于:掺入磷渣粉使水泥熟料含量相对减少,进而减少发热量较大的C_3A和C_3S含量,降低水化热。由于磷渣粉对混凝土具有较大的缓凝作用,因而可延缓水泥水化过程,降低水化速率,推迟放热峰出现的时间,降低早期水化热。

绝热温升是混凝土在绝热条件下由于胶凝材料水化释放出的热量引起的温升。由于混凝土是热的不良导体,连续浇筑的大体积混凝土内部温升接近混凝土的绝热温升。混凝土绝热温升的大小主要取决于水泥品种及用量、掺合料品种及用量、水灰比、外加剂和混凝土浇筑温度等。由于磷渣粉的掺加降低了胶凝体系的水化热,相应地也将降低混凝土的绝热温升,这有益于大体积混凝土的温控。

9.4.3 胶砂强度

磷渣粉具有缓凝效果,在有高效减水剂的作用下,复掺粉煤灰和磷渣粉试件的凝结时间要比单掺粉煤灰和单掺磷渣粉试件大大延长。在水化早期,磷渣粉的活性未能充分显现出来,使得早期强度较低;水化后期,复掺粉煤灰和磷渣粉试件强度增长速度最快,最后强度优于单掺粉煤灰。

掺入磷渣粉后,砂浆的早期强度有明显降低,掺入20%~40%磷渣粉的砂浆后期强度比未掺入磷渣粉的砂浆有所提高,但当磷渣粉掺入量大于40%时,砂浆的后期强度有所降低。分别进行粉煤灰、磷渣粉和石灰石粉单掺和复掺胶砂试验,试验结果见表9-2,随着粉煤灰、磷渣粉和石灰石粉掺量的增加,胶砂强度逐渐降低。当磷渣粉与粉煤灰掺量相同时,掺粉煤灰的胶砂强度比掺磷渣粉的胶砂强度降低幅度更大;当石灰石粉与粉煤灰掺量相同时,掺石灰石粉的7d胶砂强度略高于掺粉煤灰的胶砂强度,28d则相反,掺石灰石粉的胶砂强度略低于掺粉煤灰的胶砂强度;当磷渣粉和石灰石粉分别与粉煤灰复掺时,其胶砂强度均超过相同掺量下单掺粉煤灰的胶砂强度。

胶砂强度试验结果

表 9-2

编　号	掺合料及其掺量	抗折强度（MPa）		抗压强度（MPa）	
		7d	28d	7d	28d
S0	0	9.8	11.4	41.8	59.3
S1	20%粉煤灰	7.8	10.6	31.5	46.3
S2	40%粉煤灰	5.3	8.7	21.4	33.9
S3	20%磷渣粉	7.0	9.6	30.6	48.8
S4	40%磷渣粉	5.5	8.4	20.3	39.2
S5	20%石灰石粉	6.2	9.3	32.1	46.1
S6	40%石灰石粉	5.4	7.5	21.8	33.4
S7	20%粉煤灰 + 20%磷渣粉	6.1	8.9	21.5	37.5
S8	20%粉煤灰 + 20%石灰石粉	6.3	8.1	22.3	34.1

　　此外,随着磷渣粉细度的增加,砂浆早期强度增大,但增加的幅度不明显,而砂浆的后期强度随磷渣粉细度的增加而有明显提高,但增幅逐渐减小,如图9-8所示。

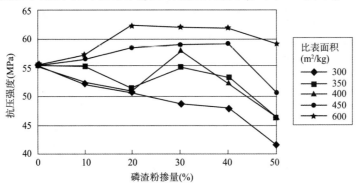

图 9-8　磷渣粉细度对 28d 胶砂抗压强度的影响

9.4.4　混凝土强度

1) 磷渣粉掺量的影响

　　混凝土所用粗骨料为 5~31.5mm 石,细骨料为河砂、中砂,P.S.A 42.5 级水泥,水胶比为 0.55,坍落度为 70~90mm。使用比表面积为 400m²/kg 的磷渣粉配制混凝土,磷渣粉按 0%、20%、40%、60% 等量取代水泥,测 3d、7d、28d、56d、90d、180d 抗压强度,试验结果如图9-9 所示。

　　由该图可以看出,掺加了磷渣粉的混凝土 3d、7d 强度均低于基准混凝土,而且随磷渣粉掺量的增加,混凝土早期强度大幅下降,这主要是由于磷渣粉的缓凝作用引起的。掺量为 20% 和 40% 的磷渣混凝土达到 28d 龄期时,抗压强度比基准混凝土略低,但相差不大;达到 56d 龄期时,掺量为 20% 的磷渣混凝土强度已高于基准混凝土,掺量为 40% 的磷渣混凝土强度与基准混凝土基本持平;56d 以后,掺加磷渣粉 20% 和 40% 的混凝土强度高于基准。当磷渣粉掺量提高到 60% 时,混凝土的强度较低,发展很慢。

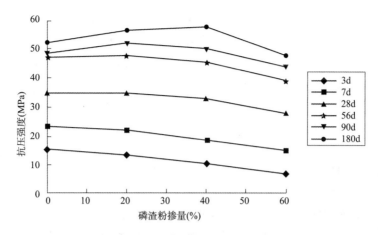

图 9-9　磷渣粉掺量对混凝土强度的影响

由于磷渣粉的缓凝作用,磷渣混凝土早期强度有所降低。同时,水泥早期水化被抑制,其晶体"生长发育"条件好,使水化产物的质量显著提高,水泥石结构更加紧密,内部孔隙率下降,气孔直径变小,从而对混凝土后期强度发展有利。此外,磷渣粉的二次水化反应会提高水泥石强度,改善界面结构和孔径分布,使混凝土后期强度提高。磷渣粉的活性比水泥低,它对于混凝土的后期强度发展有辅助作用。但是,如果磷渣粉掺量太大,水泥用量太少,那么混凝土中水泥石产量太少,结构疏松,磷渣粉失去辅助作用。磷渣粉掺量宜控制在40%以内,最佳掺量为 20% ~ 30% 。

2)磷渣粉细度的影响

除磷渣粉掺量外,其细度对混凝土强度也有显著影响。采用比表面积分别为220m^2/kg、300m^2/kg、400m^2/kg、500m^2/kg 的磷渣粉配制泵送混凝土,混凝土中磷渣粉取代水泥量均为30%(等量取代)。其中,外加剂为 ATM 萘系缓凝高效减水剂,粗骨料为 5 ~ 31.5mm 石,细骨料为河砂、中砂,P.O 42.5 级水泥,水胶比为 0.48,坍落度为 180 ~ 200mm,试验结果如图 9-10 所示。

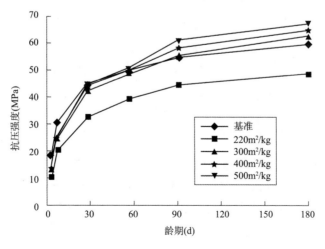

图 9-10　磷渣粉细度对混凝土强度的影响

由该图可知,掺比表面积为220m²/kg的磷渣混凝土强度发展十分缓慢,而且低于基准混凝土,56d只能达到基准强度的80%,这是由于磷渣粉颗粒太粗,活性太低所致。掺比表面积为300~500m²/kg的磷渣混凝土早期强度(3d、7d)变化不大,说明磷渣粉的细度对于混凝土早期强度的影响没有明显的规律性。这是由于随着磷渣粉比表面积的增大,大量细小的磷渣粉颗粒填充在水泥颗粒的间隙中,起到物理填充作用,有利于提高水泥浆体的致密程度,降低孔隙率,从而提高混凝土强度;随着磷渣粉比表面积增大,也增大了磷渣粉与水的接触面积,由于可溶性磷、氟也相应增加了,它所造成的缓凝效果也更明显;从而导致磷渣混凝土早期强度的无规律性。7d龄期以后,混凝土的硬化后期,掺比表面积为300~500m²/kg的磷渣混凝土抗压强度都呈现出快速增长的趋势。

掺比表面积越大的磷渣混凝土,强度增长速度越快,幅度也越大。这是因为磷渣粉比表面积增加,即对磷渣粉进行了机械活化,大大提高了磷渣粉的活性,磷渣粉颗粒表面断裂键数量提高,使得它与水泥水化产物$Ca(OH)_2$的反应程度更高,从而对混凝土的强度贡献更大,这说明磷渣粉的比表面积越大,其掺加到混凝土中的后期增强效果越好。由于磷渣粉较难磨细,磨机效率低和工程成本较大,作为混凝土矿物掺合料的磷渣粉比表面积宜控制在300~400m²/kg。

在混凝土水化的早期,磷渣粉的细度对混凝土强度发展的影响不明显;但在混凝土强度发展的后期,掺入磷渣粉的混凝土强度随磷渣粉细度的增加而增强,且龄期越长,该规律越明显。这主要是由于随着磷渣粉细度的增加,其中可溶性离子的溶出速率和溶出量增加,但也加剧了磷渣粉在碱性环境中的解聚速度,从而使得磷渣粉的微集料效应和活性效应增强。在混凝土水化的早期,前一种效应起主导作用,因此混凝土的强度随磷渣粉细度的增加而降低;但在混凝土水化的后期,后一种效应占主导地位,因此混凝土的强度随磷渣粉细度的增加而升高。

综上所述,磷渣粉掺入对混凝土的抗压强度起着一定的增强作用。磷渣混凝土早期强度偏低,这主要是由于磷渣的缓凝效应所致。但后期强度增长较快,接近或超过基准混凝土,这主要源于其火山灰反应;而且由于磷渣粉的缓凝效应使得水泥的早期水化被抑制,促使其晶体生长的质量显著提高,从而使硬化水泥浆体的孔结构得以优化。在一定掺入量下,磷渣粉的比表面积增加,磷渣混凝土的抗压强度逐渐增加。磷渣掺量、细度及激发剂掺量对混凝土抗压强度的影响作用大小不同,激发剂掺量对混凝土抗压强度的影响较小,磷渣掺量和细度占主导。

9.4.5 混凝土的抗渗性能

使用比表面积分别为300m²/kg、400m²/kg、500m²/kg的磷渣粉配制混凝土,混凝土中磷渣粉取代水泥量均为30%(等量取代)。试验所用材料与抗压强度试验一致,水胶比为0.48,坍落度为180~200mm,测量混凝土抗渗性能。试验水压从0.1MPa开始,每过8h加压0.1MPa,加到2.0MPa时无试件渗水,恒压8h后停机,测量试件的渗水高度,测量结果见表9-3。

磷渣粉对混凝土渗水高度的影响（单位：mm）　　　表 9-3

比表面积（m²/kg）	28d	56d
基准	36	34
300	40	27
400	36	24
500	35	20

由表可以看出，基准普通混凝土的抗渗能力在 28d 龄期时就已基本稳定，随着龄期增长，水泥水化的进一步完成，后期抗渗会有较小幅度的提高。掺加磷渣粉的混凝土，在 28d 龄期时与基准混凝土的抗渗性能相近，而到达 56d 龄期时抗渗能力已优于基准混凝土。这是因为磷渣粉颗粒与水泥水化产物 $Ca(OH)_2$ 的二次反应，生成大量低碱性的水化硅酸钙凝胶，使得水泥石更紧密，从而降低混凝土的孔隙率，堵塞毛细孔通道，阻断了可能形成的渗水通道。从表中还可以看出，磷渣粉的比表面积越大，磷渣混凝土中的抗渗性能越好。这是因为磷渣粉颗粒越细，其在混凝土中的物理填充效果越好；活性越高，二次反应程度越充分。

9.4.6　混凝土的干缩

使用比表面积为 400m²/kg 的磷渣粉配制混凝土，磷渣粉取代水泥量为 0%、20%、40%（等量取代），水胶比为 0.55，坍落度为 70～80mm，分别测量混凝土的干缩值，结果见表 9-4。

磷渣粉对混凝土干缩的影响　　　表 9-4

磷渣粉掺量（%）	28d	60d	90d
基准	211×10^{-6}	272×10^{-6}	300×10^{-6}
20	228×10^{-6}	276×10^{-6}	296×10^{-6}
40	241×10^{-6}	281×10^{-6}	297×10^{-6}

由表可知，磷渣混凝土 28d 收缩值都大于基准混凝土；到 60d 龄期时，三组试件的收缩值相近，磷渣混凝土的收缩值略大；而到达 90d 龄期时，磷渣混凝土收缩值已小于基准混凝土。引起混凝土干缩的主要原因是毛细孔水、吸附水和层间水的蒸发。首先，磷渣粉的成分以玻璃体为主，其混凝土拌合物的泌水较大；其次，磷渣粉早期水化速度慢，水化用水较少，所以蒸发的水量较大。这样就造成了磷渣掺量越大，其早期收缩也越大。60d 以后，混凝土进入硬化后期，磷渣粉在水泥浆体中产生二次火山灰效应，产生大量水化胶凝材料填充了孔隙，相应补偿了因孔隙失水而产生的部分干缩，使得磷渣混凝土的收缩率增长明显小于基准混凝土，改善了混凝土的收缩情况。

9.4.7　混凝土的耐久性

由不同磷渣粉掺量的混凝土抗冻性能的试验结果表明，磷渣粉掺量在 40% 内，磷渣混凝土的抗冻融能力高于普通混凝土；磷渣粉掺量为 50% 时，混凝土的抗冻融能力接近于普通混凝土，如图 9-11 所示。

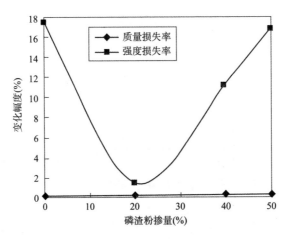

图 9-11 磷渣粉掺量对混凝土抗冻融能力的影响

针对掺用磷渣粉后混凝土的抗硫酸盐侵蚀性能,不掺磷渣粉的基准混凝土和磷渣粉等量取代水泥量为 30%、36%、42%、48%、54% 和 60% 时混凝土的抗硫酸盐侵蚀能力,图 9-12 和图 9-13 分别给出了在不同龄期的抗压抗蚀系数和抗折抗蚀系数的试验结果。研究结果表明,磷渣混凝土具有较好的抗硫酸盐侵蚀性能,且在磷渣粉掺量为 42% 时的抗硫酸盐侵蚀性能最好。

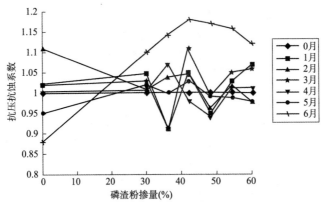

图 9-12 不同掺量磷渣混凝土的抗压抗蚀系数

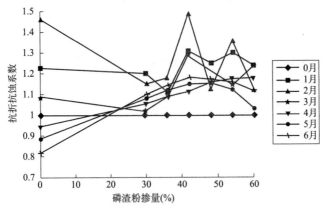

图 9-13 不同掺量磷渣混凝土的抗折抗蚀系数

此外,很多研究还发现磷渣混凝土具有优良的抗海水和硫酸盐的能力,以及抑制碱—骨料反应的能力。

9.4.8 小结

通过大量试验和文献调研,探讨了磷渣粉在混凝土中的作用机理及其对混凝土性能的影响:

(1)用超细磷渣粉代替部分水泥后,磷渣粉在混凝土中既起填充和减水作用,又发挥其火山灰活性,具有明显的流化效应和增强功能;

(2)用适当(30%)超细磷渣粉代替普通硅酸盐水泥后的高性能混凝土,其力学性能有明显提高,其抗渗性、抗冻性、耐磨性、抗碳化性和抗收缩性能均有不同的改善,混凝土的耐久性能得到提高;

(3)用30%超细磷渣粉代替普通硅酸盐水泥后的高性能混凝土,其硬化浆体的微观结构得到明显改善,水化产物的含量也有明显变化,其中 $Ca(OH)_2$ 明显减少,C-S-H 凝胶增多,结构变得致密。

磷渣粉作为混凝土掺合料,具有以下特点:

(1)大幅度降低混凝土的水化热和绝热温升;

(2)降低混凝土的弹性模量,提高混凝土的极限拉伸值;

(3)混凝土的后期强度高,强度增长率大;

(4)磷渣粉的缓凝作用可满足大体积混凝土施工的需要;

(5)磷渣混凝土具有优良的抗海水和硫酸盐侵蚀的能力;

(6)提高混凝土的抗渗能力,抑制混凝土的碱—骨料反应等;

(7)尽管磷渣粉会增大混凝土的干缩,但只要在配合比设计中加以注意,可以减小或避免该不利现象的出现。

总体来讲,磷渣粉能够有效地改善混凝土的强度、变形性能、热学性能及耐久性,可以作为一种新型辅助胶凝材料用于混凝土中,达到充分利用工业废料的环保节能效果。

9.5 磷渣粉在水工混凝土中的应用

磷渣粉和石灰石粉作为新型的混凝土掺合料,它们对水工混凝土性能的影响尚未探明,需进行全面研究。此处全面对比磷渣粉、石灰石粉和粉煤灰对混凝土各方面性能的影响,以此得出磷渣粉和石灰石粉两种新型掺合料在水工混凝土中的应用效果。

9.5.1 原材料与试验

试验采用的胶凝材料主要有 42.5 级中热硅酸盐水泥、Ⅱ 级粉煤灰、贵州翁福磷渣粉及实验室自行加工的石灰石粉,它们的主要化学成分见表 9-5。此外,水泥、粉煤灰、磷渣粉和石灰石粉的比表面积分别为 $320m^2/kg$、$300m^2/kg$、$340m^2/kg$、$480m^2/kg$,水泥、粉煤灰和磷渣粉的细度相当,石灰石粉最细。骨料由灰岩加工制成,二级配粗骨料,细骨料细度模数为2.60,属中砂,颗粒级配良好。此外还有 JG-3 缓凝高效减水剂。

胶凝材料的主要成分(质量分数,单位:%)　　　　　　　表 9-5

胶凝材料	SiO$_2$	Al$_2$O$_3$	Fe$_2$O$_3$	CaO	MgO	P$_2$O$_5$	SO$_3$	K$_2$O	Na$_2$O	烧失量
水泥	21.04	4.42	4.75	61.58	4.15	—	1.72	0.24	0.28	1.02
粉煤灰	56.03	24.85	3.65	4.10	1.31	—	0.52	0.81	0.40	0.27
磷渣粉	36.43	3.85	0.94	47.28	3.06	1.53	0.11	0.22	0.31	1.07
石灰石粉	2.50	0.60	0.36	54.03	0.54	—	0.01	0.10	0.08	41.59

为了研究磷渣粉和石灰石粉对混凝土性能的影响,设计系列配合比,该系列配合比混凝土的强度等级为 C30,并将之与粉煤灰进行对比。其配合比见表 9-6。

混凝土的配合比(单位:kg)　　　　　　　表 9-6

编号	水	水泥	粉煤灰	磷渣粉	石灰石粉	砂	中石	小石	JG-3
C1	100	150	100	0	0	785	705	575	1.25
C2	100	150	0	100	0	785	705	575	1.25
C3	100	150	0	0	100	785	705	575	1.25
C4	100	150	50	50	0	785	705	575	1.25
C5	100	150	50	0	50	785	705	575	1.25

9.5.2　试验结果与分析

按照表 9-6 制备 C30 混凝土,并对比磷渣粉、粉煤灰单掺及分别与粉煤灰复掺对 C30 水工混凝土性能的影响。混凝土的主要性能试验结果见表 9-7。

混凝土性能试验结果　　　　　　　表 9-7

编号	凝结时间(h)		抗压强度(MPa)			抗拉强度(MPa)		
	初凝	终凝	7d	28d	90d	7d	28d	90d
C1	21.5	26.0	26.8	38.5	46.1	2.02	3.00	3.22
C2	15.5	20.5	30.5	40.4	48.7	2.63	3.38	3.55
C3	19.0	23.0	27.2	36.0	39.5	2.31	2.85	3.03
C4	18.5	23.0	29.6	39.8	49.6	2.53	3.21	3.68
C5	17.5	24.5	27.4	38.3	45.6	2.24	3.03	3.15

编号	弹性模量(GPa)			极限拉伸值(×10^{-6})			抗冻性 F200(%)		抗渗等级
	7d	28d	90d	7d	28d	90d	相对动弹性模量	质量损失	
C1	33.8	37.7	45.8	59	86	94	77	1.51	>W12
C2	34.7	38.8	46.1	67	89	102	83	1.19	>W12
C3	33.0	35.9	42.1	57	78	87	68	1.88	>W12
C4	33.6	38.1	45.9	62	90	105	85	0.97	>W12
C5	34.1	38.3	43.7	61	83	96	71	1.48	>W12

从凝结时间来看,掺磷渣粉和石灰石粉混凝土的凝结时间,不论是初凝还是终凝,都较掺粉煤灰混凝土有提前,这说明磷渣粉和石灰石粉能够加速胶凝材料的早期水化,加快混凝土的凝结硬化。掺磷渣粉混凝土的抗压强度和抗拉强度均高于单掺粉煤灰,这与胶砂强度试验结果一致,说明磷渣粉具有比粉煤灰更高的活性。而掺石灰石粉混凝土的强度试验规律有所不同,早期抗压强度和抗拉强度略高于掺粉煤灰混凝土,后期则更低,该试验结果也和胶砂强度试验结果相似,说明石灰石粉早期能促进混凝土强度的提高,但由于石灰石粉水化活性很低,后期强度也较低。磷渣粉和石灰石粉分别与粉煤灰复掺时,能够形成较好的颗粒级配效应,强度较单掺时均有所提高。

由表 9-7 还可以看出:对比 C1、C2、C3、C4、C5 五组混凝土的弹性模量,掺磷渣粉混凝土的弹性模量高于粉煤灰,而掺石灰石粉混凝土的弹性模量低于粉煤灰;相对于粉煤灰和石灰石粉,磷渣粉更有利于混凝土极限拉伸值的提高。

图 9-14 为五组混凝土的绝热温升试验结果。可以看出,掺磷渣粉混凝土的绝热温升也稍高于粉煤灰,这是由于磷渣粉较粉煤灰有更高的活性引起的;而掺石灰石粉混凝土的绝热温升最低。水工大体积混凝土的内部温升过大通常会导致内外温度梯度过大,引发温度裂缝,一般是在混凝土中掺入粉煤灰等掺合料以降低胶凝材料的水化热和混凝土的绝热温升,而从本试验结果来看,石灰石粉更有益于降低混凝土的绝热温升,是提高水工大体积混凝土的优质掺合料。有资料显示,掺加粉煤灰后,混凝土温度升高趋势将明显降低,粉煤灰掺量越大,降低效果越明显。虽然磷渣粉混凝土的绝热温升要比掺粉煤灰的稍高,但是总的来说,磷渣粉也能大幅度地降低混凝土的绝热温升,其原理与粉煤灰相似,掺入磷渣粉后使水泥熟料含量相对减少,从而降低混凝土的绝热温升值。

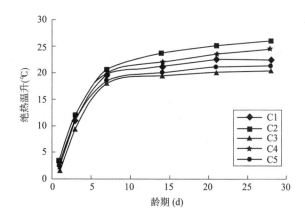

图 9-14　各种掺合料对混凝土绝热温升的影响

图 9-15 为五组混凝土的干缩试验结果。可以看出,掺加磷渣粉混凝土的干缩高于粉煤灰,这与以往的研究结论一致;而掺加石灰石粉后,混凝土的干缩较低,特别是石灰石粉与粉煤灰复掺时混凝土的干缩最小。干缩是水工混凝土开裂的主要原因之一,该试验结果表明掺入磷渣粉后混凝土的干缩较大,在混凝土配合比设计和优化时应予以特别重视。

混凝土的耐久性,首先是抗渗性,从试验结果来看,五组混凝土 90d 的抗渗等级均超过 W12,具有较高的抗渗性能;其次是抗冻耐久性,从表 9-7 来看,五组混凝土标准养护 90d 后经过 200 次冻融循环,其质量损失均低于 5%(2% 以内),相对动弹性模量均超过 60%,说明五组混凝土的抗冻等级达到 F200,具有很好的抗冻耐久性。相对而言,掺入磷渣粉以后,混凝土 200 次冻融循环后的质量损失较小、相对动弹性模量较大,具有更好的抗冻耐久性;而磷渣粉与粉煤灰复掺时,其抗冻耐久性还将有所提高。

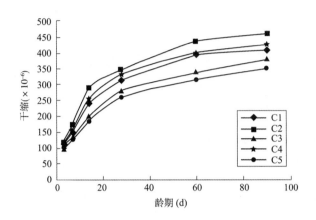

图 9-15　各种掺合料对混凝土干缩的影响

9.6　磷渣粉在基础混凝土中的应用

武汉时代广场总建筑面积约 18 万 m^2,是一座以住宅、办公为主,集餐饮、商贸、观光以及其他公共设施于一体的大型超高层建筑群。该工程地下室局部三层,占地东西向约 160m、南北向约 170m,工程底板厚度大多在 3.5～7.5m 之间,底板总计混凝土量 31000m^3。该工程 4 月中旬分次浇筑了四块地下室 C40 混凝土基础底板,总计 5230m^3,其中最大的板块 2900m^3。并在基础底板混凝土中掺加了磷渣粉,试验所用磷渣粉为黄磷生产排出的水淬磷渣,经多次试配,取得了理想的混凝土强度和经济效益。

磷渣粉的化学成分见表 9-8,同时与矿渣进行对比。磷渣粉化学成分 P_2O_5 含量大于标准要求 3.5%,此标准用于水泥中的磨细磷渣粉标准。由于排放的磷渣为高温水淬而成,主要由微晶玻璃体组成,活性较高,磷渣粉的质量系数 K 为 1.18。

磷渣粉和矿渣的化学成分(单位:%)　　　　　　　　　　　表 9-8

材　料	化 学 成 分					
	CaO	MgO	SiO_2	SO_3	P_2O_5	Fe_2O_3
磷渣粉	46.14	2.05	34.80	2.14	5.98	1.22
矿渣	35.65	10.29	33.11	—	—	0.27

试验对比了磷渣粉和矿渣对 C40 混凝土性能的影响,试验结果列于表 9-9,掺入矿物掺合料后,混凝土的抗压强度仍较高。同等取代量的情况下,掺入磷渣粉的混凝土抗压强度比矿渣高。

磷渣粉和矿渣对混凝土强度的影响　　　　　　　　　　　　表 9-9

编　　号	配合比（kg/m³）			坍落度/扩展度	抗压强度（MPa）	
	水泥	磷渣粉（矿渣）	掺量(%)	（mm）	28d	60d
C40-1	400	0	0	245/670	56.6	71.2
C40-2	320	80	20	220/580	55.7	69.7
C40-3	280	120	30	230/630	48.3	74.7
C40-4	280	(120)	30	250/650	55.0	68.6

掺用优质的磨细矿物粉料取代部分水泥,采用高效缓凝型减水剂,优化大体积混凝土的配合比是降低混凝土的水化热、减小混凝土的失水收缩,控制混凝土温度收缩裂缝的重要措施之一,磨细磷渣用作掺合料有明显的效果。掺加 30% 磷渣粉后,胶凝材料的水化热相对纯水泥有较大幅度的降低,见表 9-10。磷渣粉不仅参与水化、减少水泥用量、有效降低混凝土的水化热温升,而且还可以减少混凝土的体积收缩,有利于对大体积混凝土的温度收缩裂缝控制。

水化热对比试验结果（单位:J/g）　　　　　　　　　　　　表 9-10

胶凝材料	3d	7d
水泥	291.64	322.86
70% 水泥 + 30% 磷渣粉	222.38	239.85

在大量试验的基础上,确定基础底板混凝土的配合比见表 9-11。按照该配合比配制的混凝土入模坍落度为 160 ~ 180mm,施工性能良好,标准养护 28d 抗压强度为 45.7MPa。

基础底板混凝土的配合比　　　　　　　　　　　　表 9-11

原材料	水泥	水	粉煤灰	磨细磷渣	砂	石	外加剂
规格品种	P.O 42.5	地下水	Ⅱ级	比表面积 400m²/kg	中砂	5 ~ 31.5mm 石灰石	FDN-5 33% 减水剂
用量（kg/m³）	250	180	100	100	705	1085	9.5

图 9-16 为 6m 厚基础底板大体积混凝土测温曲线图。可以看出,此次混凝土的入模温度为 22℃,最高温度为 63℃ 左右,绝热温升为 41℃。掺加磷渣粉和粉煤灰后,有效地控制了混凝土的绝热温升,这对混凝土的温控以及防止温度裂缝的出现有积极的作用。

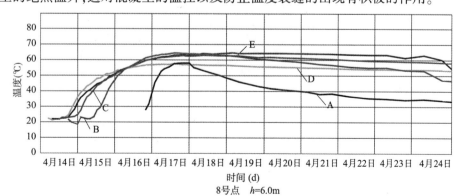

图 9-16　武汉时代广场基础底板大体积混凝土测温曲线图

本章参考文献

[1] 冷发光,冯乃谦.磷渣粉综合利用的研究与应用现状[J].中国建材科技.1999(3):43-46.

[2] 曹庆明.磷渣粉——新型混凝土掺合料的应用[J].水利水电科技进展.1999(2):61-63.

[3] 胡以仁,胡晓林.凝灰岩和磷渣粉混凝土磨作为 RCC 掺合料的探索与实践[J].云南水力发电,2000(2):53-57.

[4] 赵三其,吴元东,何开明.磷渣粉粉和粉煤灰混掺的混凝土性能试验研究[J].贵州水力发电.1999(4):81-82.

[5] 王绍东.新型磷渣硅酸盐水泥的水化特性[J].硅酸盐学报.1990(4):379-384.

[6] 程麟.磷渣对硅酸盐水泥的缓凝机理[J].硅酸盐通报.2005(4):40-44.

[7] 唐祥正.磷渣作为大坝混凝土掺合料的试验研究[J].云南建材.1995(4):14-17.

[8] 于忠政,陆采荣.大朝山水电站碾压混凝土新型PT掺合料的研究和应用[J].水力发电.1999(5):15-17.

[9] 胡鹏刚.磷渣掺合料对水泥混凝土性能的影响及机理探讨.混凝土.2007(5):48-52.

[10] 田起财.磷渣对混凝土抗硫酸盐侵蚀性能的影响[J].中国水运.2007(7):152-153.

[11] 高培伟.磷渣超细粉对高性能混凝土强度与耐久性的影响[J].山东建材学院学报.1998(12):130-134.

[12] 易俊新.磷渣在水工混凝土中的应用特性研究[D].武汉:武汉大学,2006.

成膏。

11. 子宫肌瘤案

黄某,女,36岁,已婚,1988年11月7日就诊。剖腹产后不久,未哺乳,经水即按月转,数月来经转量多,腰酸头眩,足跟疼痛,神疲乏力,经B超检查提示子宫肌瘤。此乃产虚未复,血气不和,结为石瘕。值此冬令进补之际,宜扶正攻坚并举。处方:

吉林人参50g　南沙参120g　潞党参150g　紫丹参150g　南沙参120g　京玄参120g　粉丹皮90g　全当归120g　杭白芍120g　大熟地120g　蓬莪术90g　京三棱90g　生山楂150g　鸡内金90g　穿山甲片150g　小青皮60g　铁刺苓150g　枸杞子150g　女贞子150g　墨旱莲150g　仙鹤草200g　夏枯草150g　槐花末150g　茜草根150g　川续断150g　金狗脊150g　桑寄生150g　菟丝子150g　海螵蛸150g

另:陈阿胶250g　鳖甲胶120g　金樱子膏500g　小红枣120g　胡桃仁120g　莲肉120g　龙眼肉120g　文冰500g　陈酒500ml　收膏

按:《济阴纲目》中记载:"善治癥瘕者,调其气而破其血,消其食而豁其痰,衰其大半而止,不可猛攻峻施,以伤正气。"本患者产后正虚,子宫肌瘤又属邪实,用药时更当顾护正气。血瘀胞宫,新血不得归经,故月经量多,腰酸头眩,足跟疼痛,神疲乏力。方用仙鹤草、海螵蛸收涩止血;茜草活血止血;山楂、三棱、莪术活血化瘀,起到"止血不留瘀,化瘀不动血"的作用。川断、桑寄生、菟丝子、狗脊补益肾气;夏枯草、铁刺苓散结消癥。全方攻补兼施,攻而不峻,补而不腻,以期正气恢复,肌瘤得以消散。

12. 不孕症案

胡某,女,39岁,已婚。1984年12月20日就诊。婚后十载未孕,禀赋素虚,肾气不足,冲任不利,复因房事不节,精血亏耗,损及肾阳,胞脉失于温煦,乃致不能摄精成孕。症见月经量少,少腹冷感,头晕耳鸣,腰酸乏力,性感淡漠。舌黯胖、苔薄腻,脉沉细。冬令之际,进以益肾养肝之品,资其生化之源。处方:

吉林人参50g　潞党参120g　炙黄芪120g　生地90g　熟地90g　全当归120g　抚川芎60g　赤芍90g　白芍90g　怀山药120g　山萸肉60g　仙灵脾120g　巴戟天90g　覆盆子120g　枸杞子120g　女贞子120g　鹿角片90g　石楠叶90g　坎炁60g　制香附90g　小茴香30g　陈艾叶60g　官桂45g　蛇床子90g　炒川断120g　金狗脊120g　桑寄生120g　川牛膝90g　新会皮60g　云茯苓120g　焦白术60g　广木香60g

另:阿胶250g　红枣90g　胡桃仁90g　龙眼肉90g　文冰500g　陈酒300ml　收膏

按:《素问·上古天真论》云:"女子七岁,肾气盛,齿更发长。二七而天癸至,任脉通,太冲脉盛,月事以时下,故有子。"肾气充盛是有子的必要条件。本案患者禀赋素虚,肾气不足,冲任不利,先天已不足,后天又不知珍重调养,复因房事不节,亏耗精血,损及肾阳,胞脉失于温煦,乃致不能摄精成孕。方宗景岳"毓麟珠"之意加减,加巴戟天、仙灵脾、蛇床子等温肾壮阳。该案患者禀赋亏虚,加以后天戕伐,其虚尤甚。以鹿角片配脐带,此皆为血肉有情之品,温肾助阳,温补督脉。《得配本草》有载:"鹿茸入冲、任、督三脉,大能补血,非无情之草木所可比也。"今人以鹿角片代鹿茸,唯其力稍弱。胞宫冷甚,予小茴香、艾叶、官桂散寒止痛,温通经脉。期精充血足,冲任得养,胎孕易成。

13. 求嗣案

陈某,女,26岁,已婚,1989年12月15日就诊。患者自幼患有喘咳,每至秋冬相交之际必发,冲任不足,肺肾不能相资。经来量少,腰酸,腹痛,平素神疲,自汗,夜寐梦扰,时而畏寒,时而恶热,脉细,舌红,苔腻。证属肝肾阴虚,肺失濡养。婚后1年余未孕,值此冬令之际,拟益肾养肺,调理冲任,以冀来年精血充盛,有望怀麟。处方:

生晒参50g　潞党参120g　南沙参90g　北沙参90g　紫丹参150g　京玄参150g　炙黄芪120g　全当归150g　大熟地150g　甘枸杞150g　赤芍90g　白芍90g　抚川芎90g　淮小麦150g　制首乌150g　炒冬术90g　云茯苓120g　制黄精150g　怀山药150g　山萸肉120g　巴戟天120g　菟丝子120g　覆盆子120g　川杜仲120g　制狗脊120g　仙灵脾120g　鹿角片90g　紫石英150g　益母草150g　山楂肉120g　姜半夏90g　新会皮60g

另:陈阿胶250g　鳖甲胶125g　龟甲胶125g　红枣125g　胡桃肉125g　莲肉125g　黑芝麻125g　文冰500g　收膏

按:此方补气补精,脾胃健而生精自易,是补脾胃之气血,正所以补肾之精与水也。又益以补精之味,则阴气自足,阳气易升,自而升腾于上焦矣。阳气不下临,则无非大地阳春,随遇皆是化生之机。患者去岁服膏后,喘咳见轻,经期趋准,量亦增多。唯结婚后1年余未孕。值此隆冬封蛰之际,宜健脾以资血源,养肝肾以充血海,冲任得润,始望有子。全方以八珍汤补气益血,南北沙参、玄参培补肺阴,半夏、新会皮、南楂肉燥湿化痰,理气化积,扫除宿疾。肾为先天,主藏精,维一身阴阳。《难经》记载,命门为"诸神精之所会、元气之所系","男子以藏精,女子以系胞,其气与肾通"。方中鹿角片、紫石英、杜仲、巴戟天、仙灵脾温补肾阳以助孕,枸杞子、菟丝子、覆盆子、山萸肉补肝益肾,黄精、怀山健脾益精,首乌、丹参养血活血,益母草养血调经、疏通络道。全方统筹兼顾、主次有序,共奏标本兼治、补肾纳肺、阴平阳秘之意,以期来年早日得子。患者服用上方后次年即怀孕,顺产一子,母子平安。

14. 产后身痛案

王某,女,31岁。2006年12月2日就诊。产后10个月,周身关节疼痛酸楚、下肢足跟尤甚,遇冷加重,神疲尿频,腰背酸软,头晕乏力,心悸寐差,面色无华。脉细缓,舌质黯尖红,苔薄腻。证属产后气虚血少,肝肾不足,筋脉失养,脉络运行失活。治拟益气养血,补益肝肾,温经散寒,活血通络。处方:

潞党参150g　炙黄芪150g　全当归150g　抚川芎90g　大熟地150g　生白芍120g　枸杞子150g　菟丝子150g　覆盆子150g　巴戟天150g　仙灵脾150g　甜苁蓉120g　黄精120g　鹿角片90g　川续断150g　川杜仲150g　金狗脊150g　紫河车90g　山萸肉120g　柏子仁120g　威灵仙120g　桑寄生120g　桑螵蛸120g　紫石英180g　生白术90g　新会皮60g　山楂肉120g　春砂仁50g　鸡金皮120g

另:吉林人参60g　陈阿胶250g　龟甲胶200g　胡桃肉150g　桂圆肉120g　莲肉150g　白蜜250g　黄酒500ml　收膏

按:《傅青主女科》认为凡病起于血气之衰,脾胃之虚,而产后尤甚。是以丹溪先生论产后,必大补气血为先,虽有他症,以末治之,斯言尽治产后之大旨。若能扩充立方,则治产可无过矣。夫产后忧、惊、劳、倦,气血暴虚,诸症乘虚易入。患者产后气血两亏,百节空虚,经脉失养,不荣则痛,故周身痛;风寒之邪趁虚而入,则疼痛加重;加之产伤肾气,腰为肾府,肾之经脉过足跟,肾虚,府失所养,经络失濡,故腰背酸软,足跟痛;肾气亏虚,封藏失职,则尿频;气血亏虚,形体失养,故神疲乏力;血虚,无以上荣头目,则头晕;心主血脉,血虚则心无所养,故心悸寐差。治法如《沈氏女科辑要笺正》云:"此证多血虚,宜滋养,或有风、寒、湿三气杂至之痹,则养血为主,稍参宣络,不可峻投风药。"故予圣愈汤补益气血,紫河车、鹿角片为血肉有情之品,填精血、补督脉、养冲任、强筋骨,山萸肉、黄精、枸杞子滋补肝肾、益肾填精;菟丝子、覆盆子、巴戟天、仙灵脾、苁蓉、川续断、杜仲、狗脊、桑螵蛸、紫石英、威灵仙等补肾壮阳,祛风除湿;白术、陈皮、山楂肉、砂仁、鸡内金健脾消食,理气消滞。诸药合用,益气养血,补益肝肾,温经通络。

（董　莉）